DIE Agnes Flügel
HONIGFRAU

DIE Agnes Flügel
HONIGFRAU

Wie ich meinen Träumen Flügel verlieh

LUDWIG

Verlagsgruppe Random House FSC-DEU-0100
Das für dieses Buch verwendete
FSC®-zertifizierte Papier *EOS*
liefert Salzer Papier, St. Pölten, Austria.

Lektorat: Anja Freckmann

Copyright © 2011 by Ludwig Verlag, München,
in der Verlagsgruppe Random House GmbH
www.ludwig-verlag.de
Umschlaggestaltung: Eisele Grafik-Design, München,
unter Verwendung einer Bildcollage von ZSR Designbureau,
Hamburg (Fotos: Thomas Neckermann/Picture Press
und Agnes Flügel)
Satz: Leingärtner, Nabburg
Druck und Bindung: Pustet, Regensburg
Printed in Germany 2011
ISBN: 978-3-453-28028-1

Für die Bienen

Inhalt

Vorwort

Vor Ihnen liegt ein Buch über eine Frau, die, mitten im Leben stehend, ihre wahre Passion entdeckte und sich traute, ihre Leidenschaft auch tatsächlich zu leben: Agnes Flügel kündigte ihren Job in Hamburg und zog für ihren Traum vom Imkern von der Stadt aufs Land. Ein mutiger Schritt in einer Zeit, in der es immer weniger Imker gibt und es um die Existenz der Honigbienen nicht zum Besten steht. Aus jeder Zeile Agnes Flügels spricht aufrichtige Leidenschaft für ihre neue Tätigkeit und für alles, was damit zusammenhängt. Ohne die Bienen wäre sie nicht glücklich.

Und wie unglücklich wären wir alle ohne Bienen! Es mag pathetisch klingen, ist jedoch eine Tatsache: Unsere Existenz ist eng mit dem Wohl der nützlichen Insekten verbunden. Bienen sind der leise brummende, abgasfreie Motor unserer Landwirtschaft. Seit mindestens 25 Millionen Jahren gehen die pelzigen Insekten ihrem Geschäft des Nektarsammelns nach und bestäuben dabei nebenbei Blüte um Blüte. Von ihrer Arbeit hängen laut dem Deutschen Imkerbund (DIB) 85 Prozent der Erträge im Pflanzen- und Obstbau hierzulande ab. Ohne sie gäbe es also kein Obst, keine Kräuter, keine Nüsse, keine Blumen … Und für die Ökonomen hält der DIB auch die ganz harten finanziellen Fakten parat: »Der volkswirtschaftliche Nutzen der Bestäubungsleistung liegt in Deutschland bei rund zwei Milliarden Euro jährlich – und bei 70 Milliarden US-Dollar weltweit. Damit nimmt die Honigbiene den dritten Platz der wichtigsten Nutztiere hinter Rind und Schwein ein.«[1]

---

[1] Quelle: http://www.deutscherimkerbund.de/index.php?
    zahlen-die-zaehlen, abgerufen am 11. Mai 2011

Die Kilometer, die eine Biene für ein Pfund Honig zurücklegt, entsprechen einer dreifachen Erdumrundung. Ein ganz schön strapaziöser Job. Und wir Menschen unterstützen die Bienen nicht gerade dabei, ihn zu bewältigen. Vor allem die industrielle Landwirtschaft, deren wichtigster Verbündeter diese Insekten eigentlich sind, macht ihnen das Leben schwer. Monokulturen und das Abmähen von Wiesen, bevor Blumen eine Chance haben zu blühen, entziehen den Tieren einen wichtigen Teil ihrer Nahrungsgrundlage. So entsteht gerade im Spätsommer, wenn die Obstblüte vorbei ist und die Rapsfelder abgeerntet sind, häufig eine Nahrungslücke. Ausgerechnet zu einer Zeit, in der die Bienen den Honigvorrat für den Winter sammeln müssen. Ein Übriges tun Pestizide und unzureichend getestete Wirkstoffe: Der nachlässige Umgang mancher Landwirte beim Spritzen ihrer Felder kann zur Vernichtung ganzer Bienenvölker führen, wie auch Agnes Flügel eines Tages leidvoll erfahren musste.

Die Ignoranz gegenüber unseren geflügelten Verbündeten lässt Imker gelegentlich verzweifeln. Hoffnung machen Kooperationsprojekte wie »Biene sucht Bauer und Winzer« oder das Netzwerk Blühende Landschaft. Hier tun sich Landwirte, Imker, Verbraucher, Naturschützer und Wissenschaftler zusammen, um durch Aktionen, Aufklärung, konkrete Beratung und Modellprojekte die Lebensgrundlage von Honig- und Wildbienen sowie anderen Insekten zu verbessern und das Verständnis für die jeweiligen Bedürfnisse zu stärken. Ob Blühstreifen an Feld- oder Wegesrändern, bienenfreundlich gestaltete Gärten oder Balkone, die Möglichkeiten, blühende Landschaften für Biene und Mensch zu schaffen, sind groß – los geht's! Solche Kooperationen sollten viel stärker gefördert werden. Dialog und Erkenntnis sind oft der erste Schritt zur Verbesserung einer Situation – in diesem Fall der prekären Lage der Bienen.

Dass es insgesamt nicht gut bestellt ist um die Bienen in Europa und auch in anderen Teilen der Erde, hat mancher vielleicht schon in der Zeitung gelesen. »Colony Collapse Disorder« (CCD) oder zu Deutsch »Völkersterben« heißt das Phänomen, das in den vergangenen Jahren Angst und Schrecken unter den Imkern verbreitete. Zu Zehntausenden verenden die kleinen Tiere – die Meldungen darüber schaffen es aber nicht auf die Titelseiten. Agnes Flügel beklagt dies in ihrem Buch zu Recht: Stellen Sie sich ganz einfach vor, es wären deutlich größere Tiere, die in solchen Massen verendeten … Die Gründe für das Bienensterben sind noch nicht vollständig geklärt. Das finde ich angesichts der Ausmaße unfassbar. Zwar gibt es in Deutschland ein breit angelegtes Bienen-Monitoring-Projekt, das jedoch bei den großen Umweltverbänden umstritten ist. Ein Kritikpunkt lautet, das Projekt verstoße gegen die Grundsätze guter wissenschaftlicher Untersuchungen wie Transparenz, Unparteilichkeit und Objektivität, da 50 Prozent der Kosten von der Industrie (v. a. Pestizidherstellern) getragen würden. Seit 2010 wird das Bienen-Monitoring glücklicherweise nur noch vom Bundesministerium für Ernährung, Landwirtschaft und Verbraucherschutz (BMELV) und den beteiligten Forschungsinstituten der Länder finanziert. Wenn ich jedoch die Maßnahmen des BMELV zur Erforschung des Bienensterbens mit denen rund um den jüngsten Dioxinskandal beim Geflügel vergleiche, kann ich mich nur über die mangelnde Weitsicht unserer Politikerinnen und Politiker wundern. Warum muss immer erst eine Katastrophe passieren, bevor Maßnahmen ergriffen werden? Es geht hier schließlich um ein ganz grundlegendes Glied in unserer Nahrungskette.

Die Imkerei ist kein leichtes Geschäft. Man braucht schon eine ganze Menge Enthusiasmus, um in diesem Gewerbe Erfüllung zu finden und vor allem Erfolg zu haben. Ich bin froh, dass es Menschen wie Agnes Flügel gibt: Wenn ich mir morgens duftenden Honig aufs Frühstücksbrötchen schmiere, wenn ich heimisches Obst zu einer köstlichen Nachspeise verarbeite, wenn ich Beeren sammle, wenn ich beim Spazierengehen das leise Brummen über Sommerwiesen höre … Langsam, aber sicher scheint in einigen Teilen der Bevölkerung bereits die Erkenntnis angekommen zu sein, wie nützlich Bienen sind und welchen großen Beitrag Imker zu Umweltschutz und Artenvielfalt leisten. In deutschen Großstädten erfreut sich »urbanes Gärtnern« wachsender Beliebtheit und auch die Imkerei hält auf Dachterrassen, Brachflächen und in Kleingartensiedlungen Einzug. So bekommen die Menschen wieder einen direkten Bezug zu den fleißigen Insekten und lernen ihre Bedürfnisse kennen. Und nur was man kennt, kann man schützen.

Agnes Flügels Buch wird hoffentlich dazu beitragen, größeres Verständnis für die kleinen Insekten zu schaffen. So unterhaltsam wie kenntnisreich bringt »Die Honigfrau« ihrem Leser die wesentlichen Fakten über die Bienen nahe und verdeutlicht die Bedeutung der Tiere für unsere Gesellschaft und Umwelt. Dieses Buch macht hoffentlich vielen Menschen Lust aufs Landleben und die Imkerei und schärft ihr ökologisches Bewusstsein. Jeder kann einen kleinen Beitrag zur Nachhaltigkeit leisten, zum Beispiel indem er darauf achtet, deutschen Honig zu kaufen! Oder mit einer Bienen-Patenschaft beim Verein »Mellifera« e.V. (www.beegood.de), bei dem auch ich ein Bienenvolk »adoptiert« habe. Außerdem wünsche ich mir, dass auch Entscheidungsträger in Politik, Verwaltung und Wirtschaft dieses Buch lesen. Aus diesen

Reihen muss Imkerinnen und Imkern endlich die Unterstützung zuteil werden, die ihnen für ihre verantwortungsvolle Aufgabe zusteht.

Ich hoffe, »Die Honigfrau« sorgt dafür, den Bienen eine breite Lobby zu verschaffen, und wünsche Agnes Flügel weiterhin viel Erfolg und alles Gute. Wer weiß, ob nicht der oder die eine oder andere das Buch nach der Lektüre beiseitelegt und sich aufmacht, selbst eine Honigfrau oder ein Honigmann zu werden!

Sarah Wiener, Berlin, Mai 2011

I.

Im 1. Kapitel wagen mein Mann und ich das Undenkbare: Wir tauschen das Leben in der Großstadt gegen ein Reetdachhaus im Schleswig-Holsteinischen Nirgendwo ein.

Wir haben unsere schicke Fünf-Zimmer-Altbauwohnung im trendigen Hamburg-Eimsbüttel gegen ein einsam gelegenes Reetdachhaus an Schleswig-Holsteins Ostseeküste eingetauscht. Unsere Adresse kann Google Maps nicht finden, ins Internet geht es nur im Schneckentempo und nachts ist es stockdunkel. Wir können nicht mehr bis 22.00 Uhr einkaufen, haben kein Kino mehr vor der Haustür, und um einen Latte Macchiato zu trinken, müssen wir mindestens 15 Kilometer weit fahren. Und dann schmeckt er noch nicht mal.

Manchmal fragen wir uns, ob das eine gute Idee war. Dann kommen wir für einen Moment ins Grübeln und stellen fest: Ja, es war eine gute Idee. Und das ist es immer noch. Denn wir sind meinen Bienen hinterhergezogen.

Seit Studienzeiten war Hamburg der Ort meines Herzens. Hier hatte ich meine erste eigene Wohnung bezogen, in den Clubs und Bars von St. Pauli die Nacht zum Tage gemacht, hatte mich ver- und entliebt, hatte unzählige Praktika und Jobs absolviert, war dick und dann wieder dünn geworden, hatte Freunde und Freundinnen fürs Leben, einen tollen Job und einen noch viel tolleren Mann gefunden.

In unserem Dorf hatte ich mich nie wohlgefühlt. Ich war weder Mitglied in der Landjugend noch im Sportverein oder in irgendeiner anderen ländlichen Gemeinschaft gewesen, und hatte auch nie Interesse daran gehabt. Wenn samstags die Bürgersteige gefegt wurden, um sie bis montagmorgens hochzuklappen, wenn es endlos regnete oder das Wetter so mies war, dass es gar nicht richtig hell wurde, dann hatte ich das Gefühl, als machte das Leben einen Bogen um mich. Dass ich jemals wieder aus Hamburg weg und freiwillig aufs Land ziehen würde, hätte ich nie für möglich gehalten. Aber genau das habe ich getan.

»Tschüss, bis nächste Woche, wenn wir euch wieder abholen!« Grinsend und ohne eine Antwort abzuwarten, stiegen die Männer in ihre Möbelwagen, manövrierten gekonnt durch das enge Tor auf die schmale Straße und hupten noch zweimal zum Abschied.

Es war Anfang Mai. Der Tag versprach schön zu werden. Die Vögel zwitscherten und die Wiese war taunass. Mein Mann und ich winkten den beiden Möbellastern hinterher. Selbst als der Klang der Hupe längst verstummt war und nur noch die Rücklichter der Fahrzeuge zu sehen waren, standen wir vorm Haus und winkten. Dann waren sie hinter der Kurve verschwunden. Wir ließen die Arme sinken und schauten uns unschlüssig an. Ich hatte einen Kloß im Hals, meine Augen waren tränenfeucht.

»Das war's dann. Das war Hamburg. Jetzt bin ich also wieder 'n Landei«, murmelte ich selbstmitleidig.

Zwei Tage hatte es gedauert, unsere Habe aus dem Inneren der zwei riesigen 7,5-Tonner auszuladen und an den entsprechenden Orten im Haus zu verteilen. Zwei Tage lang war die Nabelschnur zur alten Heimat durch die Anwesenheit der Hamburger Möbelpacker noch nicht völlig durchtrennt. Ein paar Mal hatten mein Mann und ich uns verstohlen angeschaut, während wir die Kisten ausluden. Wir wussten, dass wir das Gleiche dachten: Lass uns einfach alles wieder einpacken und mit ihnen zurückfahren!

»Bis nächste Woche« – der spöttische Abschiedsgruß des netten Möbelpackers klang uns noch im Ohr. Er und seine Leute hatten zuvor auch unsere Wohnung in Hamburg leer geräumt, und uns war nicht entgangen, wie er immer wieder ungläubig den Kopf geschüttelt hatte: »Oh nee, oh nee, wie kann man hier nur ausziehen. Oh nee, oh nee …«

Jetzt war es zu spät. Sie waren weg und ich fühlte mich plötzlich unglaublich einsam. Minutenlang standen wir unschlüssig vor der Tür unseres neuen Zuhauses und blickten über die Wiese auf die blühenden Obstbäume und die Bienenstöcke. Hinter den Bäumen kam langsam die Sonne hervor und verwandelte den Tau auf dem Gras in unzählige glitzernde Perlen. Eine leichte Brise wehte von Osten und wir hörten das Rauschen der Wellen und das Schreien der Möwen. Unser Abenteuer »Landleben« begann.

»Komm, wir gehen rein und frühstücken erst mal in Ruhe.« Die Stimme meines Mannes durchbrach die Stille und er verschwand in der Diele.

Nach kurzem Zögern folgte ich ihm. Ich wusste noch nicht so genau, ob ich mich freuen oder ob ich heulen sollte – dabei war ich am Ziel meiner Träume.

Angefangen hatte alles vor fünf Jahren im Urlaub: Jeden Morgen saß ich mit heißem Tee und Keksen am Strand, beobachtete den Sonnenaufgang und ließ meinen Blick über den Horizont schweifen. Ich suchte dort nach irgendetwas, hatte aber keine Ahnung wonach. Ich war allein. Um diese Zeit lag Jon meistens noch im Bett, drehte sich genüsslich von links nach rechts und schnarchte zufrieden weiter. Wir waren schließlich im Urlaub. Ab und an radelten Einheimische fröhlich pfeifend am Meeressaum entlang, da, wo der Sand von den Wellen betonhart zusammengepresst worden war. Im seichten Wasser dümpelten bunt bemalte Fischerboote. Eine Melange von Kaffee mit Rührei wehte zu mir herüber. In einiger Entfernung klapperte Geschirr. Hin und wieder vernahm ich das Gackern und Schnattern mehrerer Frauen. Immer wenn unser Budget es zuließ, waren mein Mann und ich vor dem Winter geflohen und für drei oder vier Wochen dorthin gereist, wo es warm war. Nach Touren in die Karibik, nach Südafrika oder Namibia waren wir diesmal auf der Insel Sansibar im Indischen Ozean gelandet. In einer Woche würde es schon wieder zurück nach Hamburg gehen. Ich seufzte, starrte mittlerweile fast verkrampft auf den Horizont und versuchte Klarheit in mein innerliches Tohuwabohu zu bringen. Könnte ich doch dieses morgendliche Gefühl von Optimismus konservieren und mit nach Hause nehmen! Leider wusste ich jetzt schon, dass ich mich dort um diese Uhrzeit ganz anders fühlen würde. Es war Zeit für meine Mission in eigener Sache! Mein selbst gestellter Auftrag für die verbleibenden Urlaubstage lautete: Wer bin ich, was will ich und wie kann ich es erreichen? Dass ich innerhalb so kurzer Zeit darüber Klarheit finden würde, glaubte ich zwar nicht, aber ich wollte mich wenigstens ein wenig mit diesen Fragen beschäftigen.

Neben den üblichen Utensilien für einen mehrwöchigen Bade- und Tauchurlaub hatte ich beim Packen zwei Bücher des amerikanischen Management-Gurus Brian Tracy in unseren Koffer gemogelt. Allein die Titel der Bücher waren mir peinlich. »Thinking Big« und »Eat The Frog« klangen nach platten amerikanischen Motivationshymnen, die unterbezahlte Wal-Mart-Mitarbeiter dem Filialleiter beim morgendlichen Appell fröhlich entgegenzuschreien hatten, sofern sie nicht fristlos gekündigt werden wollten. Meine Hoffnung, dass mein Mann diese Lektüre nicht schon vor dem Abflug entdecken würde, zerschlug sich, als wir am Check-in feststellten, dass unser Koffer zu schwer war und umgepackt werden musste. Er angelte die beiden Bände zwischen Kulturtaschen und Badekleidung hervor und hielt sie mir mit einem breiten Grinsen unter die Nase. Ich wurde rot. Kleinlaut packte ich die Bücher im Tausch gegen ein paar vermeintlich unverzichtbare Klamotten in mein Handgepäck, nicht ohne ihm zuzuraunen, dass der Autor es immerhin vom Tellerwäscher zum Millionär gebracht habe und ich doch wohl lesen könne, was ich wolle, auch wenn die Titel doof klängen. Zum Glück war das Thema damit vom Tisch und die Bücher lagen nun neben mir am Strand von Sansibar.

Träumen Sie große Träume, begann das erste Kapitel. Bei der norddeutschen Pragmatikerin, die ich war, stellte sich sofort ein Gefühl des Fremdschämens ein. Reflexartig drehte ich mich um und vergewisserte mich, dass auch niemand sehen konnte, was ich las. Keiner da. Ich entspannte mich, trank einen Schluck Tee und las weiter. Was da stand, war gar nicht so verkehrt! Am Ende des Kapitels gab es eine interessante Übung: *Nehmen Sie sich ein Blatt Papier und schreiben Sie ganz oben das Wort »Wunschliste« drauf. Notieren Sie darunter alles, was Sie sich schon immer gewünscht haben. Setzen Sie sich keine Grenzen: Misserfolg ist ausgeschlossen.*

Ich wollte meinen Träumen und dem Buch eine Chance geben, daher nahm ich meine Reisekladde zur Hand und notierte brav das Wort »Wunschliste«. Ich hielt inne. Erst mal nachdenken. Sofern es sich nicht um Materielles wie Klamotten oder andere Konsumgüter handelte, hatte ich bisher selten Wünsche oder Ziele formuliert. Meistens hatte ich die Dinge einfach auf mich zukommen lassen. Klar hatte ich mir mal gewünscht, im Casino den Jackpot zu knacken oder im Lotto zu gewinnen. Aber das tat jeder. Und Lotto gespielt hatte ich trotzdem nie. Und nun sollte ich auf einmal aufschreiben, was ich mir für mich wünschte? Was ich haben – sein – erreichen wollte? Zögerlich schrieb ich untereinander:

- *schönes Haus auf dem Land mit großem Garten*
- *Wohnung in der Stadt*
- *genug Zeit für mich und mein Privatleben*
- *genug Geld für die schönen Dinge des Lebens*
- *Job ohne doofen Chef, der Spaß macht und mich herausfordert*
- *Katzen und sonstige Tiere um mich herum*

Der Strandsand knirschte leise. Erschrocken drehte ich mich um. Mein Mann stand hinter mir. Hastig klappte ich mein Reisetagebuch zu und versteckte es ganz unten in meinem Bastkorb.

»Da bist du ja. Ich hab dich überall gesucht«, begrüßte er mich fröhlich. Er reichte mir seine Hand. »Komm, lass uns frühstücken gehen.«

Hatte er gesehen, was ich geschrieben hatte? Hoffentlich nicht. Erst mal wollte ich mich selber daran gewöhnen und meine Gedanken sacken lassen. Wenn ich mehr Klarheit hätte, könnte ich ihm immer noch davon erzählen.

Eine Woche später flogen wir nach Hamburg zurück. Ich hatte auf Sansibar zwar noch keine Antworten auf all meine Fragen gefunden, spürte aber, dass ich am Beginn eines spannenden Weges stand.

Und nun waren wir hier. Nach einem ausgiebigen Frühstück zwischen Umzugskartons und auseinandergeschraubten Möbeln durchstreiften wir die Räume und eroberten das Haus. Es roch nach Holz und frischer Farbe, alles war noch fremd.

Wir fühlten uns wie Eindringlinge, die unentdeckt bleiben und tunlichst keine Spuren hinterlassen wollten. Irgendwie beklemmend.

Plötzlich hatte ich eine Idee. Ich kramte das Päckchen von Jons Schwester aus Amerika hervor. Zum Einzug hatte sie uns Weißen Salbei für ein Räucherritual geschickt. Wir hatten nicht viel Sinn für Esoterik und hatten ihr Einzugsgeschenk, das uns hier schon erwartet hatte, mit nachsichtigem Lächeln beiseitegelegt. Über ein schickes Namensschild, einen amerikanischen Briefkasten oder einen hübschen Schlüsselanhänger für die neue Haustür hätte ich mich vermutlich mehr gefreut als über diesen »Kokelkram«. Aber jetzt bekam das Kräuterbündel auf einmal eine ganz neue Bedeutung. Nach Tradition der nordamerikanischen Indianer – so stand es auf dem kleinen Beipackzettel – sei dieser Salbei zur rituellen Reinigung oder in Segnungszeremonien zu verwenden. Durch den Rauch würde Altes verabschiedet und Raum für Neues geschaffen werden, versprach die Anleitung. War das nicht genau das, was wir jetzt brauchten?

»Los«, sagte ich zu meinem Mann, »wir probieren das einfach aus!«

»O. k.«, sagte Jon, fuhr sich mit der Hand über das stoppelige Kinn und gab sich einen Ruck, »ein bisschen Qualm in der Hütte kann nicht schaden.«

Hand in Hand betraten wir die Küche. Ich hielt das rauchende Bündel und verlas feierlich die Beschwörungsformel: »Liebe Küche, lass das Alte los und öffne dich für Neues. Empfange unser Leben und heiße es willkommen. Wir laden Liebe, Freude, Freiheit und Erfolg ein, sich in diesem Raum zu entfalten.« Wir sahen uns an und mussten kichern. Ich knuffte Jon in die Seite und blickte ihn streng an: »Nicht lachen! Sonst wirkt es nicht!«

Wir gingen weiter von Raum zu Raum. Unser Kichern verebbte. In seinem künftigen Arbeitszimmer angekommen, wollte Jon die magische Formel sogar unbedingt selber sprechen. Es war erstaunlich: Dieses Ritual tat gut. Hätte uns irgendjemand dabei überrascht, wären wir bestimmt für Mitglieder einer abgedrehten Sekte gehalten worden, die in der Abgeschiedenheit des Anwesens eine konspirative Zelle eröffneten. Am Ende unserer Pilgerreise durch Haus und Garten hatten wir selbst die Speisekammer, die Waschküche und die zwei Schuppen gründlich eingeräuchert.

»Schnupper mal«, flüsterte Jon am Ende der Zeremonie. Ich sog die Luft durch die Nase. Es roch angenehm harzig und auch irgendwie frisch. Wir spürten, dass wir genau das Richtige getan hatten.

Mittlerweile stand die Sonne hoch am Himmel. Ich ging hinaus in den Garten, um auf der Bank vorm Haus die ersten warmen Sonnenstrahlen zu genießen. Aus den Apfelbäumen tönte ein sonores Summen. Unzählige weißrosa Tupfen verzierten das Grün der Äste. In jeder Blüte sah ich meine diensteifrigen Bienen bei der Arbeit. Im Gegensatz zu mir würden sie nie etwas dem Zufall überlassen. Systematisch verfolgten sie ihr Ziel, klapperten Blüte um Blüte ab und sogen mit ihrem Rüssel den Nektar aus den Tiefen, um möglichst viel davon für den Winter zu sammeln. Fasziniert beobachtete ich das geschäftige Treiben im Apfelbaum und freute mich schon auf meine erste Honigernte im neuen Zuhause. Für die Bienen und mich brach jetzt die arbeitsintensivste Zeit an. Meine Arbeitskleidung bestand ab sofort aus einem weißen Overall, Lederhandschuhen und einem Hut mit Schleier. Hamburger Schick konnte ich in meinem neuen Job nicht mehr gebrauchen.

Ich dachte an Bernie und stellte mir für einen Augenblick vor, was passiert wäre, wenn ich ihn nicht kennengelernt hätte. Wahrscheinlich würde ich längst an einem Burn-out-Syndrom leiden oder mich mit Tinnitus und ähnlichen Stress-Symptomen von Arztpraxis zu Arztpraxis schleppen, so wie es vielen meiner Kollegen erging. Und selbst wenn dieser Kelch an mir vorübergegangen wäre: Mit Sicherheit wäre ich immer noch unzufrieden, ohne genau zu wissen, warum. Denn bei einem gut bezahlten Job in einem weltweit agierenden Medien-Konzern hat man kein Recht auf Zweifel. Stattdessen würde ich mir ständig neue Klamotten, Handtaschen oder Schuhe kaufen oder meinen diffusen Frust mit anderen Ersatzbefriedigungen kompensieren. Vielleicht würde ich mich auch, wie mein Kollege Sebastian, ständig in Krankheiten flüchten und mit jedem Zipperlein zum Arzt laufen, um mit einem Attest in der Hand die Dauer einer Arbeitswoche auf erträgliche zwei bis drei Tage schrumpfen zu lassen. Zum Glück war es anders gekommen. Schon ehe wir hierhergezogen waren, hatten wir mehrere Jahre lang eine Datsche an der Ostsee gemietet, die wir mit viel Liebe und jeder Menge Eigenarbeit von einer alten Bruchbude in ein einfaches, aber gemütliches Wochenenddomizil verwandelt hatten. Die Miete war gering und der Aufwand hatte sich gelohnt. Ich hatte Wände und verrottete Holzböden herausgerissen, den Fußboden aus gestampftem Lehm ausgehoben, Beton angemischt, neue Böden gegossen, gefühlte Quadratkilometer an getäfelten Wänden weiß gestrichen, Kacheln abgeschlagen, Wände verputzt und anschließend gestrichen.

Sooft es unsere Zeit erlaubte, fuhren wir raus zu diesem Häuschen und genossen die Pause vom Stadtleben. Manchmal war ich auch alleine dort. Dann fuhr ich Freitagabend nach der Arbeit los und kehrte erst am Montagmorgen zurück – direkt an meinen Schreibtisch. Im Sommer zögerte ich meine Heimfahrt besonders lange hinaus und ging morgens noch einmal genüsslich schwimmen, um dann erst gegen zehn Uhr bei der Arbeit einzutrudeln. Nicht selten hatte ich mir damals gewünscht, einfach bleiben zu können.

Als ich nach einem langen Winter das erste Mal wieder zum Ferienhaus fuhr, wollte ich eigentlich nur den Frühjahrsputz hinter mich bringen. Aber der Himmel war knallblau und das Wetter einfach zu verlockend. Ich schmiss Lappen und Eimer in eine Ecke, schwang mich aufs Fahrrad und radelte drauflos. Wie vom Hafer gestochen trat ich in die Pedale. Ich quoll fast über vor Freude. Irgendwas musste raus. Ich nahm die Hände vom Lenker und fuhr freihändig den Waldweg entlang. Ein zaghaftes Jauchzen drang aus der Tiefe meines Körpers. Ein *sehr* zaghaftes, denn ich war ein kontrollierter Mensch, dem Gefühlsausbrüche fremd waren. Ich schämte mich urplötzlich vor mir selber und hatte Angst, jemand könnte mich so sehen.

Seit Kindertagen war ich darin geübt, mich selbst mit den kritischen, fast schonungslosen Augen eines Außenstehenden zu betrachten. Es war vor allem der Blick meiner Mutter, der mich begleitete, den ich verinnerlicht hatte und der sich in solchen Momenten vehement zu Wort meldete.

Sie hatte sich für mich immer nur das Beste gewünscht und war der Meinung, dass man mit korrektem Auftreten und guten Manieren gegenüber Lehrern, Nachbarn und der ganzen Welt besonders gut durchs Leben käme. Wenn wir gemeinsam unterwegs waren, spürte ich ihren Blick auf mir. Er prüfte, ob ich freundlich grüßte, wenn die alte Frau Krüger vorbeikam, die zwar eine hinterlistige Klatschbase war, aber im Krieg Schlimmes durchgemacht hatte und deswegen besonders freundlich behandelt werden musste. Der Blick registrierte, ob ich die Hände aus den Taschen nahm, wenn wir Bekannte trafen. Ob ich freundlich lächelte und allen entgegenkommenden Leuten in die Augen schaute, wenn wir die Dorfstraße entlanggingen. Er verfolgte mich sogar, wenn ich Schulfreundinnen zu Hause besuchte. Er überwachte, ob ich die Eltern begrüßte, ob ich höflich auf Fragen antwortete und beim Essen nicht zu gierig um Nachschlag bat. Kam ich dann heim, fragte sie nicht etwa, was ich Schönes erlebt hätte. Ihr Interesse galt zuallererst meinem einwandfreien Benehmen, und ich musste meiner Mutter beteuern, dass ich selbstverständlich Frau Hinz zuerst begrüßt hätte, dann erst Herrn Kunz, und auch sonst bestimmt nicht dumm aufgefallen war.

Prompt ermahnte ich mich auch an diesem herrlichen Morgen: Leg die Hände zurück an den Lenker und fahre normal Fahrrad. Was sollen denn die Leute denken? Das ist doch lächerlich und gefährlich noch dazu. Ich hatte gerade erfolgreich meine frühlingshaften Gefühlswallungen unterdrückt, als mich ein Hupen aus meinen Gedanken riss.

Ein silberner Opel Kombi schoss dicht an mir vorbei. Erschrocken schlingerte ich mit dem Rad über den schmalen Wirtschaftsweg und umklammerte den Lenker, um nicht das Gleichgewicht zu verlieren. Im nächsten Moment schliff mein Vorderrad an der Straßenkante entlang. Ich konnte das Fahrrad nicht mehr auf die Spur zurücklenken und kippte seitlich in den Straßengraben. Sofort war meine innere Stimme wieder da: O Gott, wie peinlich ... Los! Steh auf und tu so, als ob nichts wäre! Du hast dir doch gar nicht wehgetan!

Der Wagen hielt ein paar Meter weiter an. Ein älterer Herr sprang heraus und lief auf mich zu.

»Is dir wat passiert?«, rief er und hielt mir die Hand entgegen. »Hast du dir wehgetan?« Ich schüttelte den Kopf und rappelte mich auf. »Mensch, mien Deern, musst doch nich gleich vom Fahrrad fallen, wenn ich komm!« Ich krabbelte aus dem Graben. »Dat tut mir ja nun leid. Ist dir denn auch wirklich nix passiert?«

Der rüstige Rennfahrer legte mir seine Hand auf die Schulter und hielt mich eine Armlänge auf Abstand, um mich von oben bis unten auf Verletzungen abzusuchen.

»Nee, alles in Ordnung«, murmelte ich, während mir dämmerte, dass mir dieser Sturz jede Menge blaue Flecken bescheren würde. Eigentlich wollte ich meckern, wie er dazu käme, auf dieser engen Straße so schnell zu fahren. Aber seine ehrliche Sorge um mein Wohlergehen und sein Anblick entwaffneten mich. Seine Augen umgab ein Kranz von Lachfältchen, sein volles Haar war schlohweiß, und ein rotes Halstuch leuchtete fröhlich in der Sonne – der Mann war ein Bilderbuch-Opa. Jetzt fehlte nur noch, dass er mir zum Trost zwei Storck-Riesen zusteckte.

»Ich bin der Bernie«, stellte sich der flotte Großvater vor und schüttelte mir die Hand.

Meine Gabel war so verbogen, dass ich meine Radtour nicht fortsetzen konnte. Bernie quetschte mein Fahrrad in den voll gerümpelten Kofferraum – zu einem Sammelsurium von Eimern, grün bemalten Kisten, zusammengeknüllten Klamotten und anderem undefinierbarem Zeugs.

Aha, ein Handwerker, dachte ich. Aber es roch nicht nach Farbe oder Lösungsmittel. Eher süßlich und würzig mit einer Spur von Rauch. Bernie brachte mich nach Hause. Mein Rad nahm er mit, um es zu reparieren.

Als ich am nächsten Tag vom Einkaufen kam, fand ich mein in Stand gesetztes Fahrrad und zwei Gläser mit Rapshonig vor meiner Haustür. Wie süß! Ich war ganz gerührt und nahm mir vor, noch am gleichen Nachmittag bei ihm vorbeizuschauen, um mich zu bedanken. Mein Ärger über den Sturz und die vielen blauen Flecken war vergessen.

»Honig aus eigener Imkerei«, stand auf dem gelben Schild am Straßenrand. Hier musste es sein. Das Haus war ein schmuckloser, schmutziggrau verputzter Bau mit einem Spitzdach. Eines dieser Siedlungshäuser, die in den 50er und 60er Jahren in vielen Dörfern Schleswig-Holsteins entstanden waren, um den Kriegsflüchtlingen aus dem Osten eine neue Heimat zu geben: Das Grundstück war groß und hinter dem Haus befand sich noch ein Schuppen.

Selbstversorgung war damals das Motto. Es war üblich, einen großen Gemüsegarten zu bewirtschaften und auch ein Schwein und ein paar Hühner zu halten. Ich konnte mich noch gut an die Zeit erinnern, als meine Familie Anfang der siebziger Jahre in genau so einer Siedlung wohnte und unsere Nachbarn einmal im Jahr ihr Schlachtfest abhielten. Dann wurde das Schwein, das ein Jahr lang im Schuppen hinterm Haus mit Essensresten gemästet worden war, von einem Metzger im Hof geschlachtet, zerlegt und zu Wurst verarbeitet. Ich war drei oder vier Jahre alt und hatte neugierig zugeschaut, als das tote Schwein mit den Hinterbeinen an einem Gerüst aufgehängt und ausgeweidet wurde und die noch warmen, dampfenden Gedärme wie ein Knäuel Schlangen in eine Wanne plumpsten. Für mich war das ganz normal und der Anblick überhaupt nicht erschreckend. Vielleicht wäre ich später nicht zur überzeugten Vegetarierin geworden, wenn diese Art der Hausschlachtung nicht von Massentierhaltung, Tiertransporten und Fließbandschlachtung verdrängt worden wäre.

Ich klingelte an der Haustür, aber alles blieb still. Das Auto stand vor der Tür, also musste jemand da sein. Zaghaft schlich ich ums Haus herum – und da sah ich ihn: Bernie stand im Garten über eine der grünen Kisten gebeugt, die ich am Vortag im Kofferraum seines Wagens gesehen hatte. Er trug einen schmuddeligen, ehemals weißen Overall, der um den Bauch leicht spannte, und einen Strohhut mit Schleier. Eine riesige Wolke von Bienen schwirrte um seinen Kopf. Fasziniert beobachtete ich ihn aus sicherer Entfernung. Mein letzter Bienenstich lag zwar Jahre zurück, aber ich hatte ihn noch lebhaft in Erinnerung. Damals war ich direkt zwischen die Augen gestochen worden und hatte für eine Woche so ausgesehen, als hätte ich einem der Klitschko-Brüder etwas zu lang im Weg gestanden. Bernie hatte mich noch nicht bemerkt und zog konzentriert Wabe für Wabe aus dem Kasten. Er hielt sie ins Sonnenlicht, besah sie prüfend, drehte sie um, hielt sie wieder in die Sonne und steckte sie dann an ihren Platz zurück. Nachdem er etliche Waben auf diese Weise untersucht hatte, schloss er den Deckel des Bienenstocks, drehte sich um und entdeckte mich.

»Ach mien Deern, da bist du ja!«, rief er mir freundlich zu. Es klang fast so, als hätte er mich erwartet.

»Sag mal«, traute ich mich schließlich zu fragen, »kann ich da vielleicht auch mal mit reingucken?« Ich deutete auf die Bienenkästen.

Bernie machte nicht viele Worte. »Na sicher«, nuschelte er und kramte eine vergilbte Imkerjacke aus derbem Baumwollstoff mit angenähtem Imkerhut aus seinem Kofferraum. Auf der Stirnseite des Hutes prangte eine winkende Comic-Biene. »Hier, guck mal, ob dir die passen«, rief er und warf mir ein paar poröse Haushalts-Gummihandschuhe zu.

Eigentlich hasste ich solche Dinger, da die Haut in ihnen immer so feuchtklebrig wurde. Aber diesmal war ich froh, dass ich sie hatte.

Den Rest des Nachmittags verbrachte ich in Bernies Garten unter den Apfelbäumen. Wir öffneten Bienenstock um Bienenstock. Jetzt war auch ich von Bienen umschwärmt, aber merkwürdigerweise hatte ich auf einmal keine Angst mehr vor ihren Stichen. Ganz im Gegenteil. Hier fand etwas Großartiges statt und ich durfte ein klein wenig daran teilhaben: Hunderte von Flugbienen pendelten zwischen Bienenstock und Apfelbaum hin und her. Sie sammelten Nektar aus den Tiefen der Blüten und bestäubten gleichzeitig wie durch Zufall die Apfelblüten. Während Bernie die Waben kontrollierte, erklärte er mir, was er machte.

»So 'n Bienenvolk wächst im Frühjahr explosionsartig – an die 2000 Eier legt die Königin pro Tag! Irgendwann wird's für die Tierchen halt eng im Stock. Und wenn die dat spüren, wollen die sich aufteilen und legen sogenannte Weiselzellen an. Dat sind größere Zellen, größer als alle anderen.«

»Aha …«, nickte ich, verstand aber nicht viel mehr als Bahnhof.

»So, und um diese Jahreszeit«, fuhr Bernie fort, »muss ich die Stöcke regelmäßig absuchen. Nach diesen Zellen! Die Made, die sich da drin entwickelt, wird mit einer besonders gesunden, von den Bienen selbst erzeugten Mixtur versorgt – dem Gelee Royale.« Aha! Dieser Begriff war mir natürlich schon auf diversen Cremetöpfen begegnet. Bernie grinste wissend: »Das Zeug ist voller Vitamine, Nährstoffe und Enzyme. 'n wahres Wundermittel für die Schönheit.« Er zwinkerte mir zu. »Dat is wat für 'ne Königin! Daher auch der Name.«

»Ach so«, entgegnete ich, nachdem der Groschen bei mir gefallen war, »dann kriegt nur die das leckere Gelee?«

Bernie kniff die Augen zusammen. »Ja – dat is 'ne dolle Sache: Die Made ist erst mal völlig normal, aber die wird zur Königin. Einzig und allein durch dat royale Futter.« Ich staunte. »Sag ich ja«, lachte Bernie, »dat is 'n Wundermittel!« Seine Lachfältchen kräuselten sich.

»Und wieso musst du nach diesen Waisenzellen suchen?«, fragte ich.

»Weisel«, korrigierte Bernie. »Weiselzelle heißt dat.« Der Imker stemmte die Hände in die Hüften und legte los. Seinem Vortrag konnte ich damals allerdings nur in groben Zügen folgen: Nachwuchs, Schwarmstimmung, Teilung, Ableger …

»Ableger?«, fragte ich unwillkürlich nach. Die kannte ich bisher nur aus der Pflanzenwelt.

»Genau.« Bernie hob den Zeigefinger. »Dat steht bald an. Für einen Ableger nimmst du volle Brutwaben aus dem Bienenvolk raus, ersetzt die durch unbebrütete Waben und packst die entnommenen in 'n neuen Kasten rinn. Dann haste mit 'nem Mal zwei Völker.«

In meinem Kopf begann es auch langsam zu schwirren. Bernie überhäufte mich mit Informationen, die mir völlig neu waren. Klar, vom Schwänzeltanz der Bienen hatte ich vor über 20 Jahren im Biounterricht gehört und auch die Zeichentrickserie »Biene Maja« hatte ich mir früher gerne angeschaut. Aber das war auch alles, was ich zu diesem Thema vorzuweisen hatte. Dass Bienen für die Artenvielfalt unverzichtbar waren, dass sie 80 Prozent unserer Blütenpflanzen bestäuben, dass die Blumen nur durch die enge Beziehung mit den Bienen ihr schönes Äußeres entwickelt hatten und dass die Apfelbäume ohne Bienen kaum Äpfel tragen würden, hörte ich nun zum ersten Mal.

In der nächsten halben Stunde gelang es mir nur mit Ach und Krach, mal ein »Aha«, »Ah!« oder »Echt?« zwischen Bernies Bandwurmsätze zu werfen. Aber interessant war sein Vortrag allemal. Der Nachmittag verging wie im Fluge.

Als ich auf mein Fahrrad stieg, um zum Ferienhaus zurückzuradeln, stand die Sonne schon tief am Himmel.

»Bis nächste Woche«, verabschiedete mich der Imker mit kräftigem Händedruck. Auf der Rückfahrt wurde ich von einem euphorischen Gefühl gepackt. Ich ahnte, dass ich gerade dabei war, eine kostbare Entdeckung zu machen. Bernie hatte mich garantiert nicht zum letzten Mal gesehen. Als ich an der Stelle vorbeikam, an der ich fast mit ihm zusammengestoßen war, jauchzte ich aus voller Kehle.

2.

Im 2. Kapitel merke ich, dass etwas in meinem Leben gehörig schiefläuft und schnuppere zum ersten Mal richtige Imkerluft.

Es war mein erster Arbeitstag nach unserem Urlaub. Ich stand im Fahrstuhl und beobachtete die Stockwerkanzeige, als ein Mann in rosafarbenem Hemd und dunkelgrauem Anzug zustieg. Er trug sein Haar zurückgegelt und klimperte mit einem Schlüsselbund herum. Der Geruch seines Rasierwassers erfüllte die Kabine. Wir nickten uns kurz zu und versuchten ansonsten, im rundum verspiegelten Fahrstuhl aneinander vorbeizuschauen. Nanu?, dachte ich verwundert als wir den 4. Stock hinter uns ließen, nicht vom Marketing oder Controlling? Doch mein stark duftender Mitfahrer ließ auch die nächsten Ausstiegsmöglichkeiten verstreichen. Er schien nach ganz oben zu wollen. Als sich die Türen des Fahrstuhls endlich öffneten, warf ich ein kurzes Tschüss über meine Schulter und bog nach rechts in unseren Gang ab. Waren das seine Schritte hinter mir? Ich schnupperte kurz durch die Nase: Kein Zweifel, der Duft folgte mir. Ich ging den Gang bis zum Ende und öffnete die Tür zu unserem Büro.

»Weißt du es schon?!« Kollegin Heike empfing mich sichtlich aufgeregt.

»Was weiß ich schon?«

»Dass wir einen neuen Chef haben! Seit Ende letzter Woche, da hat er sich aber nur kurz vorgestellt, und heute haben wir unser erstes Team-Meeting …«

»Ach nee, echt? War das etwa der schmierige Typ, mit dem ich eben im Fahrstuhl hochgefahren bin?«

»Garantiert, der ist aalglatt. Wir fanden ihn ziemlich arrogant.« Heike machte ein Gesicht, als hätte sie gerade einen verfaulten Fisch im Kühlschrank entdeckt.

»Schreck lass nach«, seufzte ich. »Da kommt man guter Dinge und voller Tatendrang aus dem Urlaub und dann gleich so ein Hammer …« Schon jetzt lag der Strand von Sansibar Lichtjahre hinter mir.

Am Nachmittag lernte ich unseren neuen Chef richtig kennen.

»Also meine Damen und Herren«, begann er ohne Umschweife, »ab heute ist Schluss mit lustig. Jetzt werden neue Saiten aufgezogen.« Er schmiss seinen Schlüsselbund auf die Tischplatte, zog ihn zu sich heran und ließ ihn mit metallischem Scheppern wieder zurück auf den Tisch fallen. »Am besten wird sein«, fuhr er fort, während er uns ein kurzes Grinsen schenkte, »ihr vergesst einfach alles, was ihr bisher gemacht habt, und tut nur noch das, was wir euch sagen.« Dabei zeigte er jovial grinsend auf seine Assistentin. »Und wer nicht mitzieht, wird bald sehen, was er davon hat.«

Aus dem Augenwinkel sah ich Heike an. So bedripst hatte ich sie noch nie erlebt. Ein mulmiges Gefühl stieg in mir hoch. Was um alles in der Welt passierte hier gerade? Auch die anderen Kollegen saßen da wie begossene Pudel. Was bildete sich der Typ mit dem Berlusconi-Grinsen eigentlich ein? Wieder schepperte der Schlüsselbund auf den Tisch.

»Meine Assistentin Andrea …«, der Gegelte zeigte erneut auf die hinter ihm strammstehende Kollegin, »… und ich – wir werden euch zeigen, wo der Hammer hängt. Und übrigens: Das nächste halbe Jahr herrscht Urlaubssperre – und zwar für alle.«

Zurück im Großraumbüro mussten wir uns erst mal von dem Schreck erholen.

»Eins ist ja wohl klar«, murmelte Heike finster. »Der Typ hat einen Hackenschuss. Satan höchstpersönlich. Und die Assistentin ist seine Bulldogge. Gehorcht aufs Wort.«

Wie recht sie hatte, sollten wir von nun an täglich zu spüren bekommen.

Ohne, dass es mir bewusst war, fing ich in den nächsten Wochen an herumzutrödeln, bevor ich ins Büro ging. Meist trank ich auf dem Weg zum Büro noch einen Kaffee oder radelte bei gutem Wetter einfach ein paar Umwege. Aber irgendwann musste ich ja zur Arbeit, und je näher ich meinem Ziel kam, desto weicher wurden meine Knie. Wenn wir hörten, dass Satan oder die Bulldogge auf dem Flur unterwegs waren, warfen wir uns verstohlene Blicke über die Schreibtische zu und hofften, dass sie irgendwo abbiegen und andere Kollegen behelligen würden.

Der schlimmste Tag der Woche war der Mittwoch: Da riefen er und seine Bulldogge zum Rapport. Wir mussten die Auswertungen der letzten Woche vorlegen und die Planung für die kommenden Tage präsentieren. Während unserer Erklärungen fummelte unser Chef permanent mit seinem Schlüsselbund herum und schien es sichtlich zu genießen, uns damit zu verunsichern. In seinen Augen waren wir reine Zeitverschwendung. Nicht wichtig genug, um seiner Karriere dienlich zu sein. Egal wie gut wir unsere Arbeit machten, egal wie viel Mühe wir uns gaben – es reichte nie aus.

Nach einem dieser grässlichen Team-Meetings stampfte Heike zurück in unser Büro, griff sich einen Edding und kritzelte »AvD« hinter ihren Namen aufs Türschild. Ich sah sie fragend an.

»Mein neuer Titel«, verkündete sie, »Arsch vom Dienst.«
Kollege Sebastian entwickelte eine eigene Taktik, um mit der Situation fertig zu werden. Schon früher hatte es mit seiner Gesundheit nicht zum Besten gestanden – nun aber konnten wir schon im Voraus sagen, wann er die nächste Auszeit benötigen würde.

Und ich? Wie sollte ich in dieser Atmosphäre überleben?

Dabei war die Arbeit als Online-Redakteurin einmal mein Traumjob gewesen. Fröhlich pfeifend war ich morgens zur Arbeit geradelt. Auf dem Weg dorthin hatte ich manchmal sogar kleine Gebete zum Himmel gesandt und dem lieben Gott für mein Glück gedankt. Dieser Job war ein Geschenk! Ende der 90er Jahre, mitten im größten Internet-Hype, war ich direkt nach dem Studium dort gelandet und hatte mich für alle Zeiten am Ziel gewähnt.

Ich war begeistert von meiner Arbeit. Die Branche entdeckte sich gerade erst selbst. Starre Regeln, Hierarchien oder gar Mobbing waren hier Fremdwörter. Das Arbeitsklima war freundschaftlich, man duzte sich, konnte sich ausprobieren und Erfahrungen sammeln. Als Berufsanfänger ohne nennenswerte Kenntnisse des World Wide Web verdiente ich vom Fleck weg einen Haufen Geld, saß in einem schönen Büro mit Blick über den Hamburger Hafen und fühlte mich riesig.

Charlotte, die Kollegin, mit der ich das Büro teilte, war bezaubernd, unsere Frotzeleien herzerfrischend und freundschaftlich. Ihre offenherzigen Berichte über ihr Liebesleben brachten ihr den Namen »Frau Mösenfröhlich« ein – was sie veranlasste zurückzuschießen und mich wegen meiner geliebten Ausflüge aufs Land »Frau Schneckenschlick« zu nennen. Nicht selten hatte ich zu Feierabend Muskelkater von unseren Lachanfällen.

Die Arbeit machten wir mit links und voller Euphorie. Wir waren ein tolles Team. Wir waren Pioniere. Unsere Markenzeichen waren mit Firmenlogo bedruckte hellblaue Schlüsselbänder, die lässig aus unseren Gesäßtaschen baumelten. Unsere Büros sahen aus wie Jugendzimmer, individuell dekoriert, und in jedem zweiten lehnte ein teures Mountainbike an der Wand. Auf Betriebsfeiern ließen wir es richtig krachen. Die Locations waren originell, das Buffet vom Feinsten, und für die musikalische Untermalung wurden aktuelle Popbands verpflichtet. So fühlte sich Goldrausch an.

Dann plötzlich, vielleicht zwei oder drei Jahre später, drehte sich der Wind. Auch in unserer bis dahin boomenden Internet-Branche konnte nicht nur Geld ausgegeben, es musste auch verdient werden. Die ersten Start-ups gingen pleite. Ein Freund, der mir ein paar Wochen zuvor noch stolz seine bevorstehenden Aktiengewinne vorgerechnet hatte, stand eines Tages leichenblass vorm Café Transmontana, dem Treffpunkt der bis dahin so erfolgsverwöhnten WWW-Schickeria. Aus der Traum vom neuen Auto und der Eigentumswohnung.

In der Firma wurden zum ersten Mal Kollegen gefeuert und Abteilungen zusammengelegt. Es begann ein Gerangel um die Arbeitsplätze. Wer sich unverzichtbar machen wollte, versuchte, möglichst häufig mittags mit dem Vorgesetzten essen zu gehen, bei allen erdenklichen Meetings dabei zu sein oder jemand anderen schlecht zu machen. Der Sound und die Geschwindigkeit der Schritte auf dem Flur wurden zur Maßeinheit der eigenen Unverzichtbarkeit: Je lauter, nachdrücklicher und flinker die Absätze der Designer-Pumps beim Durchqueren der Abteilungsflure in den Boden gerammt wurden, desto wichtiger war man.

Im Halbjahresrhythmus wurden neue Marschrichtungen

ausgegeben. Die Geschäftsführung wusste scheinbar auch nicht so recht, wo es langgehen sollte. Ständig wurden angeblich bessere, bestimmt aber teurere Führungskräfte eingestellt, Teams wurden umstrukturiert, neu zusammengewürfelt, bekamen neue Aufgaben und Bezeichnungen verpasst. Wir wanderten mit unseren Arbeitsplätzen durch alle Stockwerke des Bürogebäudes, so lange, bis wir schließlich unseren Standort im Herzen St. Paulis aus Kostengründen verlassen mussten und uns in einem hellhörigen Großraumbüro am anderen Ende der Stadt wiederfanden.

Als Online-Redakteurin war ich damit beschäftigt, journalistische Texte zu verschiedenen Themen zu verfassen. Anfangs war ich für den Bereich Partnerschaft zuständig und schrieb über Liebeskummer, Partnerwahl oder Flirttipps. Dann wechselte ich zu Reisen und textete Beiträge über Ziele mit Sonnengarantie, die spannendsten Metropolen der Welt oder die sichersten Fluggesellschaften. Wir wollten den Nutzern unseres Online-Dienstes so interessante Inhalte anbieten, dass es für sie überflüssig würde, selbst im World Wide Web zu surfen. Sie sollten möglichst ihren gesamten Informationsbedarf auf unseren Seiten decken können – das Internet im Internet. Wir brachten Nachrichten, Entertainment, Shopping, Reisen, Partnerschaft, Wetter, Wissen und Sport und noch vieles mehr. Die Firmenstrategie sah vor, möglichst viele thematische Bereiche zu bedienen, in denen dann zahlende Werbepartner wie Fluggesellschaften, Kaufhäuser oder Mietwagenanbieter ihre Waren oder Dienstleistungen präsentieren und verkaufen konnten. Die Maßeinheit für erfolgreiche Internet-Werbung war die Zahl der Seitenabrufe von Nutzern, Page Impressions (PIs) genannt, und diese Zahl sollte tunlichst wachsen.

Jeden Tag war ich damit beschäftigt, neue Artikel für Seiten zu erstellen, die kurze Zeit später schon wieder veraltet waren. Irgendwann begann das zu nerven. Nie gab es eine längerfristige Befriedigung. Alles, was ich heute schrieb, war morgen schon Schnee von gestern. Wenn ich überhaupt noch schrieb! In den ersten Jahren hatten wir noch umfangreiche Themenspecials zu interessanten Reisezielen verfasst, jetzt wurden nur noch Bildergalerien zum Durchklicken gebaut. Titel wie »Die besten Flirtstrände« oder die »Top 10 der wildesten Partybeaches« waren bei den Kunden am beliebtesten. Meine redaktionelle Tätigkeit beschränkte sich daher zusehends auf das Texten von listenähnlichen Wortbeiträgen zu Parametern wie Flirtfaktor, Wasser- und Lufttemperatur und Sonnenstunden kombiniert mit dem passenden Billigfliegerangebot.

Erste Zweifel klopften an die Tür: Wollte ich wirklich mein Leben lang in einem Bereich arbeiten, der so schnelllebig und oberflächlich war? Ich brannte nicht mehr für das, was ich tat. Ich war Ende 30 und hatte das Gefühl, in einer Sackgasse gelandet zu sein. Aber einen Job mit diesen Konditionen gibt man nicht leichtfertig auf. Außerdem wusste ich nicht, was ich überhaupt machen wollte. Mein Selbstfindungsprozess, der im Urlaub auf Sansibar begonnen hatte, war noch lange nicht beendet. So vergingen die Monate, das Arbeitsklima wurde immer schlechter und ich immer deprimierter.

Es war wieder mal Mittwochmorgen: Das Meeting mit Satan und seiner Bulldogge stand an. Mit jedem Meter, den mich mein Fahrrad meinem Arbeitsplatz entgegentrug, wuchs meine Angst. Plötzlich wurde mir schwarz vor Augen und die Knie gaben nach. Schon öffneten sich meine Schleusen.

Von Heulkrämpfen geschüttelt, puterrot im Gesicht und mit tränenverschleiertem Blick erreichte ich die nächste Bank und setzte mich. Ich heulte und heulte. Eines war klar, zur Arbeit würden mich an diesem Tag keine zehn Pferde bringen. Ich drehte um, schob das Rad zurück nach Hause und ging zu meiner Hausärztin.

Als ich vor ihr saß, heulte ich gleich wieder los. Sie schrieb mich bis zum Ende der Woche krank. Beim Abschied umfasste sie meine Hand mit beiden Händen, sah mir tief in die Augen und sagte: »Suchen Sie sich einen anderen Job. Sie können die Verhältnisse dort nicht ändern und Sie tun sich keinen Gefallen, wenn Sie das noch lange mitmachen.«

Sehnsüchtig wartete ich auf das Wochenende. Ich wollte raus aufs Land. Das Wetter war schön und die Sonne schien strahlend vom Himmel. Kurz hinter Hamburg lachte mich das erste Gelb der Rapsblüten an. Seitdem ich in der Stadt wohnte und diese Zeichen des Frühlings nicht mehr automatisch miterlebte, erschienen sie mir umso verheißungsvoller. Im Wochenendhaus angekommen, machte ich mich gleich auf den Weg zu Bernie. Dort lag nur das wohlklingende Summen der Bienen in der Luft – keine knurrende Bulldogge und kein Schlüsselbund werfendes Berlusconi-Double weit und breit.

»Na, mien Deern, wat guckst du so miesepetrig aus der Wäsche?«, begrüßte mich Bernie mit einem freundlichen Augenzwinkern. »Bei deinem Anblick kriegen ja sogar die Bienen Angst und nehmen Reißaus«, neckte er mich.

»Wie sehe ich denn aus?«, fragte ich verunsichert, wollte aber eigentlich gar keine Antwort.

Hatte sich meine Alltagslaune etwa schon auf meinem Gesicht eingefräst? Hängende Mundwinkel? Schlaffe Wangen?

Grauer Teint? Bernie hatte gut reden. Als Rentner konnte er schließlich den lieben langen Tag tun und lassen, was er wollte, und musste sich von niemandem ärgern lassen.

Während ich mürrisch die Imkerjacke mit der Comic-Biene überstreifte, schlurfte der Bienenmeister bereits in Richtung Garten und erzählte, was wir heute zu tun hatten. Wo war denn bloß der Rest meiner Schutzkleidung? Als ich ihn an der Tür zum Schuppen einholte, schnappte ich nur noch das Wort »Honigraum« auf.

In dem kleinen Häuschen standen jede Menge grüner Kästen übereinandergestapelt. Ich erinnerte mich, dass Bernie mir erzählt hatte, dass sie Zargen genannt werden. Er balancierte einen Turm von drei Zargen aus dem Schuppen und stellte sie vor mir ab.

»Dat sind Honigräume«, erklärte er. »Die müssen wir heute auf die Bienenvölker stellen. Der Raps fängt auch hier langsam an zu blühen, und die Viecher benötigen Platz, damit sie ordentlich Nektar sammeln können.«

Neugierig nahm ich den Deckel von der obersten Zarge. Sie war voller ausgeschleuderter Waben. Während ich mir die leeren Honigwaben anschaute und hier und da noch kleine Zuckerkristalle aufnaschte, holte Bernie eine Zarge nach der anderen aus dem Schuppen und stapelte sie draußen auf.

»20 Völker – 20 Honigräume«, rechnete Bernie vor sich hin. Dann verschwand er wieder in seinem Schuppen und reichte mir mehrere viereckige Metallgitter entgegen. »Dat sind Absperrgitter.« Bernie kam meinem fragenden Blick zuvor. »Damit verhindern wir, dass die Königin in den Honigraum kommt und dort Eier ablegt. Dat soll die man schön unten machen und nich, wo der Nektar eingetragen wird. Den wollen wir ja später als Honig ernten, oder?« Lächelnd deutete er auf die Gitterstäbe. »Hier – die Abstände sind so lütt, dass nur die Arbeiterinnen durchpassen. Von den Absperrgittern brauchen wir also auch 20 Stück, eins pro Bienenvolk.«

Mit diesen Worten begann Bernie die Honigräume so zu präparieren, dass wir sie zuoberst auf die Bienenstöcke setzen konnten. Sein Kennerblick hatte sofort erfasst, dass die Menge an ausgeschleuderten Waben, die sich in den Zargen befand, nicht ausreichte, um alle 20 Kästen zu befüllen. Also musste noch ein Stapel neuer Rähmchen her. Jedes war mit einer dünnen Bienenwachsplatte versehen, die eine geprägte Wabenstruktur aufwies.

»So, mien Deern, du füllst jetzt fein säuberlich jede Zarge abwechselnd mit einer neuen Mittelwand und einer ausgeschleuderten Honigwabe vom letzten Jahr.« Ich nickte. »Und wenn du nachher noch Lust hast, zeig ich dir, wie man diese Wachsplatten in die Rähmchen einlötet.«

Gedankenversunken stand ich vor Bernies Schuppen in der Frühlingssonne und stellte auf einmal fest, dass ich in der letzten Stunde nicht einmal an die Arbeit gedacht hatte. Die frische Luft, die Sonne, das Zwitschern der Vögel – alles tat so gut. Zwischen mir und Hamburg lagen nur 130 Kilometer, aber die Distanz reichte aus, um den Frust im Job vollkommen zu vergessen.

Bei Bernie konnte ich im Freien werkeln, Neues lernen und in eine Welt eintauchen, die mich faszinierte. Er strahlte großväterliche Ruhe aus und hatte immer einen lustigen Schnack parat. Wie ich lebte und »aus welchem Stall« ich kam, schien ihn nicht zu interessieren. Jedenfalls fragte er nie danach. Aber wenn ich ihm meine Storys von Satan und der Bulldogge erzählte, hörte er immer aufmerksam zu und kommentierte meine Geschichten meist mit einem trockenen »›Alles geht vorüber!‹, sagte der Bauer und piekste seine

Frau mit der Mistforke«, woraufhin wir in Gelächter aus-
brachen.

Als ich mit meinen Zargen fertig war, ging es zu den Immen. Bernie verwendete gerne diesen altmodischen Begriff,
wenn er von seinen Bienen sprach. Irgendwie passte er auch
zu ihm, war er ja selber nicht mehr taufrisch. Hier versahen
wir die Völker Stück für Stück mit einem Absperrgitter und
einem Honigraum. Anders als beim letzten Mal schossen die
kleinen Flieger diesmal immer wieder wie Raketen aus dem
offenen Bienenstock und gegen meinen Schleier. Erschrocken
wich ich zurück und schlug um mich. Mir konnte zwar nicht
viel passieren, aber was war mit den Tierchen los? Warum
waren die so aggressiv? Ängstlich schaute ich zu Bernie.

»Na, mien Deern, hast dich wohl heute besonders schön
gemacht und ein feines Parfum aufgetragen, wat? Dat war
keine gute Idee. Dat mögen die Mädels gar nich.« Belustigt
drückte er mir den Smoker in die Hand. »Hier, benebel sie 'n
bisschen, dat beruhigt die Gemüter.«

Der vom Smoker verbreitete Rauch, so erklärte mir Bernie,
versetzte Bienen in Habachtstellung. Dieser Geruch konnte
für sie nur Waldbrand bedeuten. Deshalb zogen sie sich zwischen die Waben zurück. Außerdem nahmen sie Honig auf,
um notfalls mit ordentlich Proviant flüchten zu können. Dadurch waren sie abgelenkt und wir konnten ruhiger weiter-
arbeiten.

»Wenn du dat nächste Mal kommst, lass bloß den Tinnef
weg! Dann hast du deine Ruhe«, erklärte er am Ende seines
Vortrags.

Wie bitte? Mein Parfum war kein Tinnef, sondern der
Millenniums-Duft von Kenzo. In kleiner Stückzahl und nur
für kurze Zeit hergestellt. Er war Ausdruck meiner Individualität. Oft wurde ich darauf angesprochen. So manchem

Kollegen hatte dieser Duft schon den Verstand geraubt. Ein paar Sekunden lang wollte ich gegen Bernies flapsige Äußerung protestieren. Aber ich ließ es und ging milde darüber hinweg. Landeier wie er haben einfach keine Ahnung, dachte ich. Hier riecht man halt nach Gülle oder nach übertrieben dosiertem Waschpulver, im besten Fall gibt's sonntags einen Spritzer Pitralon aus der »Parfümerie« Rossmann, giftete ich innerlich vor mich hin.

Andererseits fand ich es ja auch super, wenn Lifestyle- und Mode-Schnickschnack überhaupt keine Rolle spielten. Im Wochenendhaus konnte ich den ganzen Tag ungeduscht, im Schlabberlook und in Gummilatschen rumlaufen und empfand das als sehr angenehm. Selbst wenn ich zum Bäcker fuhr, um Brötchen und die Samstagsausgabe des *Hamburger Abendblattes* zu holen, betrieb ich nur den allernötigsten Aufwand. In Hamburg wäre das ein einziger Spießrutenlauf gewesen. In unserer Straße reihten sich Boutiquen und Straßencafés aneinander. Attraktive Paare bummelten samstagvormittags von Schaufenster zu Schaufenster, und schwarze Volvos, SUVs und Audis verstopften die Straße. Wäre ich dort auch nur einmal mit verquollenen Augen, strubbeligen Haaren und verbeulter Jogginghose auf die Straße gegangen? Für kein Geld der Welt.

»Ach ja, ich hab da noch was für dich«, unterbrach Bernie meine Gedanken und zog dabei ein glänzendes werkzeugähnliches Ding aus seiner Tasche. »Ein echter Imker braucht 'nen Stockmeißel. Ohne den geht gar nix.« Er drückte mir das Werkzeug in die Hand. »Damit aus dir auch ja 'ne gute Imkerin wird!«, drohte er verschmitzt.

Überrascht, gerührt und mit schlechtem Gewissen wegen meines stillen Herumzickens nahm ich mein erstes eigenes Imkerzubehör in Empfang, *das* Universalwerkzeug eines jeden Imkers. Ich sollte schnell merken, wie wichtig das gute Stück war, um aneinanderklebende Zargen zu trennen oder im Bienenstock mit Propolis verkittete Waben zu lösen. Ein Stockmeißel ist wirklich unverzichtbar.

Nachdem wir alle Honigräume verteilt hatten, lud Bernie mich zu sich auf die Terrasse ein. An dem windgeschützten Plätzchen in der Sonne war es richtig heiß.

Den Tisch hatte er mit einer dieser merkwürdigen dickfleischigen Kunststofftischdecken eingedeckt, wie man sie oft in den Oma-Cafés vorfindet, in denen auf der Terrasse nur Kännchen gereicht werden. Die Decke war im Grundton leberwurst-beige und mit kläglichen Resten weißer Fransen gesäumt. Fasziniert betrachtete ich das Teil. Selbst wenn ich unbedingt eine Tischdecke wie diese gewollt hätte, hätte ich beim besten Willen nicht gewusst, wo man so etwas bekommt. Auf dem Land hatte jeder so ein Ding.

Vor uns stand eine gelb verfärbte Thermoskanne mit Kaffee, die scheinbar seit Ewigkeiten nicht gereinigt worden war. In der abgeschlagenen Zuckerdose daneben klebte ein Berg Würfelzucker. Anstelle von Milch gab es Kaffeeweißer. Bernie hielt mir eine angebrochene Packung Löffelbiskuits unter die Nase. Man merkte, dass hier schon lange keine Frau mehr im Haus war. Bernie war seit vielen Jahren Witwer.

Als die Terrasse nicht mehr in der prallen Sonne lag, holte Bernie eine alte Pappschachtel, einen Stapel Rähmchen ohne Wachsplatten und ein dickes, in Packpapier gewickeltes Paket hervor.

»Sooo, wenn du mal eigene Bienen haben solltest, wovon ich man ganz stark ausgehe, mien Deern, dann musst du wissen, wie man die Rähmchen vorbereitet. Eigentlich is dat 'ne typische imkerliche Winterarbeit und ich hab für dieses Jahr auch schon genug von den Dingern, aber egal.« Aus der

Schachtel holte Bernie einen Trafo mit zwei Polen raus. »Pass mal gut auf«, verkündete er. »Jetzt zeig ich dir, wie man diese Mittelwände einlötet, die du vorhin in die Honigräume gesteckt hast.«

»Wieso löten, mein Bruder hat früher immer mit einem Lötkolben gelötet?«, fragte ich verwundert, als ich das Gerät sah, an dem zwei Kabel runterhingen.

»Dat nennt man einfach so, weil da wat schmilzt, nämlich dat Wachs«, erklärte Bernie. »Man hält den Minus- und den Pluspol jeweils an ein Ende des Drahtes, der durch dat Rähmchen führt, und dann fließt Strom, is doch logo, oder?«

»Aha«, antwortete ich skeptisch.

»Aber nur ganz kurz dranhalten! Wenn der Draht heiß is, frisst er sich ganz schnell ins Wachs, und schon sitzt die Wachsplatte fest im Rähmchen, verstanden?«, erklärte Bernie verschmitzt.

Und so begann an diesem Tag, ohne dass es mir bewusst gewesen wäre, meine Lehre bei Bernie. Der alte Imker hatte offenbar nie daran gezweifelt, dass er mich als Elevin unter seine Fittiche nehmen würde. Allein die Tatsache, dass ich bei meinem ersten Besuch mit zu seinen Bienen gegangen war, hatte ihm als Anhaltspunkt genügt. Außerdem hatte er Freude daran, sein Wissen weiterzugeben. Und jemand zum Reden und Zuhören war wohl auch nicht so schlecht. Da kam es ihm grade recht, dass ich ihm im wahrsten Sinne des Wortes durch Zufall vor die Füße gefallen war.

Beim Öffnen des Packpapierpakets schlug mir der vertraute Geruch von Bienenwachs entgegen. Goldgelbe, duftende Wachsplatten kamen zum Vorschein. Begeistert atmete ich tief durch: Winterkälte, Kerzenlicht, Heimeligkeit. Ein paar Wachsplatten gingen drauf, als ich den Plus- und den Minuspol des Trafos zu lange an den zarten Draht hielt, der von einer Seite zur anderen viermal durch das Rähmchen führte. Dabei wurde er zu heiß und zerschnitt das Wachs.

»Macht nix, mien Deern, hier kommt nix um«, tröstete mich Bernie. »Die kaputten Mittelwände sammel ich. Die kann man wieder einschmelzen und noch mal in Form gießen.«

Dann, nach einiger Zeit, entwickelte ich ein Gefühl für die Geschwindigkeit, mit der der Draht in das Wachs schmolz, und es gelang mir, die Kontakte zu entfernen, bevor der heiße Draht die Wachsplatte ganz durchtrennt hatte.

»Dat mit dem Wachs is 'ne dolle Sache«, redete sich Bernie wieder in Fahrt. »Das schwitzen die Bienen einfach aus – so nebenbei! Stell dir mal vor, ein Maurer könnte sich seine eigenen Ziegelsteine aus den Rippen schneiden!«

Bernies Vergleich war anschaulich. Das wäre in der Tat eine großartige Leistung. Eine echte Marktlücke, dachte ich insgeheim.

»Die sechseckige Form der Bienenwaben garantiert hundertprozentige Tragkraft. Dabei wird aber nur ganz wenig Wachs verbraucht. Die Platten, die du eben in die Rähmchen eingelötet hast, sind eigentlich wie Fertighäuser zum Ausbauen.« Bernie hob ein Rähmchen in die Höhe und hielt es gegen die Sonne. »Um Wachs herzustellen, brauchen die Bienen viel Energie, und die bekommen sie aus dem Honig. Du hast ihnen jetzt einen Teil der Arbeit abgenommen, indem du die Dinger da eingelötet hast«, erklärte er. »Dat spart Honig und dat kommt uns gelegen, oder?« Verschmitzt zwinkerte er mir zu. »Die Bienen bauen die vorgeprägten Platten zu beiden Seiten dreidimensional aus.« Bernie hielt inne und schaute mich verschwörerisch an. »Und nu halt dich fest, mien Deern! Jede Bienenwabe kann zwei bis drei Kilo Honig fassen. Wenn du zur ersten Honigernte nach der Rapsblüte da bist, wirst du sehen, wie schwer die sind.«

Er schenkte sich noch einen Kaffee nach und schaute mir beim Einlöten der Wachsplatten zu.

»Im Bienenstock is dat dunkel«, fuhr er eine Weile später fort, »deswegen orientieren sich die Tierchen beim Bau der Waben mithilfe von Sinneshaaren, die ihren ganzen Körper bedecken. Damit können sie die Schwerkraft wahrnehmen und wissen, wo oben und unten is. Drei verschiedene Zellgrößen haben die Mädels drauf – je nachdem, was das Bienenvolk braucht: Die Zellen für die Arbeiterinnen sind die kleinsten. Die dicken männlichen Bienen mit den riesigen Augen, die Drohnen, benötigen schon mehr Platz.« Bernie zog die Augenbrauen hoch. »Ohne die Königin läuft im Bienenstock gar nix. Die wächst natürlich in der größten und schönsten Zelle heran. Is doch klar! Die is auf die Wabe draufgebaut oder hängt unten am Rand, wie ein kleiner Zapfen, und heißt Weiselzelle. Dat hatte ich schon mal gesagt, oder? Aber …« – Er winkte ab und schloss seinen Vortrag mit den Worten: »Dat wirst du alles noch zu sehen kriegen.«

Bernie sprudelte förmlich vor Begeisterung – aber ich war nach dem langen Tag voller Neuigkeiten mittlerweile ziemlich platt und konnte mein Gähnen kaum unterdrücken. Verstohlen schaute ich auf die Uhr und überlegte, mit welcher Ausrede ich meinen baldigen Aufbruch ankündigen konnte.

»Is ja gut, mien Deern, bin schon fast fertig.« Ich lief rot an. Bernie hatte meine Gedanken erraten. »Eins noch – dann lass ich dich in Ruhe.« Mein Lehrmeister zeigte auf die Zellen. »Wie kriegen die Tierchen die wohl so regelmäßig hin?« Ich zuckte die Schulter. Bernie senkte seine Stimme und rückte etwas näher. »Sie klopfen auf die Zellwand und können dann mittels Vibration auf einen Tausendstelmillimeter messen, wie groß die Zelle ist. Doll, oder?« Mir fiel buchstäblich die Kinnlade herunter.

»Auf einen Tausendstelmillimeter?«, wiederholte ich.

Bernie nickte stolz. »So isses. Und genauso exakt sind auch die Abstände zwischen den einzelnen Waben – immer haargenau zehn Millimeter.«

»Das gibt's doch gar nicht.« Ich staunte nur. »Haben die irgendwo ein Lineal rumliegen?«

Der alte Imker schmunzelte mich verschwörerisch an. Dann schob er ein Buch über den Tisch.

»In dem Schinken steht alles drin.« Er klopfte mit der flachen Hand auf den speckigen Einband. »Diese Tierchen sind Genies«, murmelte er und blickte nach oben. »Ich hab's ja nich so mit Glauben und diesem Kram … Aber wenn du dir diese Sachen mal wirklich vor Augen führst …«

Er verstummte. Aber das machte nichts. Ich wusste auch so, was er mir sagen wollte.

3.

Im 3. Kapitel traue ich mir selbst nicht über den Weg. Wird meine Begeisterung fürs Imkern von Dauer sein oder werde ich nur wieder meinem Ruf als »Queen of Kursus« alle Ehre machen?

Zurück im Wochenendhaus machte ich es mir gemütlich. Mittlerweile war es Abend und recht kühl geworden. Erst mal einheizen. Der Kamin loderte, ich schenkte mir ein Glas Rotwein ein und blätterte in dem Bienen-Buch. Hin und wieder schaute ich gedankenverloren in die knisternden Flammen. Im Schein des Feuers glänzte mein neuer Stockmeißel.

Nicht nur das Holz hatte Feuer gefangen, auch ich brannte! Für die Imkerei. Aber wenn ich wirklich lernen wollte, wie man imkert, müsste ich Bernie ab jetzt jedes Wochenende besuchen und regelmäßig bei seiner Arbeit begleiten. Hatte ich dafür überhaupt die Zeit? Konnte ich wirklich so viel Begeisterung für Bienen aufbringen oder handelte es sich wieder um eines der Strohfeuer, die mich schon öfter erfasst und mir bei meinem Mann den Titel »Queen of Kursus« eingebracht hatten?

Seit geraumer Zeit war ich regelrecht rastlos auf der Suche nach etwas, das mich erfüllte und mir einen Ausgleich oder sogar eine Alternative zum unbefriedigenden Arbeitsalltag bieten konnte. In meiner Schreibtischschublade häuften sich die Zertifikate, Teilnahmebestätigungen und Urkunden. Ich hatte über eine berufsbegleitende Ausbildung zur Yogalehrerin nachgedacht. Ich hatte erwogen, Heilpraktikerin zu werden. Ich hatte meine kreative Seite erforscht und mich bei

Töpfer- und Mosaik-Kursen angemeldet. Ich hatte Kutschenfahren, Tauchen und Segeln gelernt, Gesangsunterricht genommen, hatte ein Fernstudium zur Naturkost-Fachberaterin begonnen und wieder abgebrochen. Ich hatte versucht, mir mit professionellem Coaching auf die Spur zu kommen, Selbstfindungsliteratur gelesen und Unmengen von Geschäftsideen entwickelt, an denen ich schon die Lust verloren hatte, bevor ich sie überhaupt ausgesprochen hatte. Mein Mann zuckte schon seit Längerem nur noch zusammen, wenn ich anhob: »Du, ich hab da ne tolle Idee …«

Sollte ich nun ausgerechnet hier auf dem Land mit der Imkerei das gefunden haben, wonach ich gesucht hatte? Ich schenkte mir Rotwein nach und blickte in die Flammen. Meine Gedanken gingen auf Reisen und ich fand mich in meiner Kindheit und Jugend wieder. Bernie erinnerte mich ein bisschen an meinen Großvater. Der war auch voller Begeisterung für Flora und Fauna gewesen und hatte mir immer wieder von interessanten Naturphänomenen erzählt.

»Weißt du eigentlich, wie sich Stichlinge vermehren?«, fragte mich mein Großvater mit verschwörerischer Mine.

»Ja, Opa, du hast es mir sogar schon ein paar Mal erzählt«, beteuerte ich.

Oft saßen wir nach der Mittagsruhe zusammen im Wohnzimmer und tranken Tee. Das englische Teeservice mit dem altmodischen blauen Dekor »Old Britain Castles« stand dann schon auf dem Tisch, und Opa erwartete mich in seinem Lieblingssessel, von wo aus er in den Garten blicken konnte.

Aber Opa trank nicht nur Tee – er aß auch Kekse. Und zwar einen nach dem anderen. Ich kannte niemanden, der so schnell kauen konnte wie er. Schon war der nächste Keks seinem Mahlwerk zum Opfer gefallen. Seine Tätigkeit als Landarzt hatte ihn an sieben Tagen die Woche, 365 Tage im Jahr und rund um die Uhr gefordert. Einen Feierabend gab es für ihn nicht. In permanenter Abrufbereitschaft musste er zu jeder Tages- und Nachtzeit los, wenn seine Patienten ihn riefen. Da blieb nicht viel Muße zum langsamen Kauen.

In meiner Erinnerung sah Opa immer wie aus dem Ei gepellt aus. Meist trug er eine braune Hose und ein graues Jackett, dazu ein hellblaues Hemd mit blaurot gestreifter Krawatte. Die schwarzen Lederschuhe mit Budapester Muster waren blitzblank poliert. Fein säuberlich hatte er seine weißen Haare über den Kopf nach hinten gekämmt und mit Frisiercreme fixiert. Für sein Alter war er immer noch sehr attraktiv: groß und schlank, mit formvollendeten Manieren und gewählter Sprache.

Erst nach dem unerwarteten Tod meiner Großmutter wurde uns klar, wie es um Opa stand. Meine Oma hatte den gemeinsamen Haushalt geführt, ihren Mann gemanagt und mit viel Liebe und Einfühlungsvermögen seinen schleichenden geistigen Verfall aufgefangen. Nun war sie nicht mehr da und mein Opa brauchte Hilfe. Um ihm einen Lebensabend im Altersheim und einen Umzug aus seiner vertrauten Umgebung zu ersparen, entschlossen sich meine Eltern, ihr eigenes Haus im Nachbarort zu vermieten und mit uns drei Kindern zu Opa zu ziehen. Wir Kinder freuten uns damals über den Umzug in das Haus der Großeltern. Zwar war es eigentlich viel zu klein für uns alle, aber dafür war der Garten umso größer und kuschelig eingewachsen.

Mein Opa holte tief Luft. »Die Stichlinge also ...«, begann er zum x-ten-Mal über sein naturwissenschaftliches Lieblingsthema zu referieren.

Ich war zehn oder elf und wusste mittlerweile einfach alles über das Fortpflanzungsverhalten von Stichlingen. Ich wusste, dass der männliche Stichling einen roten Bauch und ein blaues Auge bekommt, wenn Paarungszeit ist. Ich wusste, dass er mit seinem verführerischen Zickzacktanz das Weibchen in seine selbst gebaute Höhle lockt, dass er die Brutpflege übernimmt und sich sogar von einer weiblichen Fischattrappe zum Balztanz hinreißen lässt.

Daran, dass er mir das bereits oft erzählt hatte, erinnerte sich mein Opa nicht mehr. Er war vergesslich. Und deswegen ließ er mich im Fünf-Minuten-Rhythmus immer wieder von Neuem an den Themen teilhaben, die ihn so begeisterten. Meistens waren die Fische sein Favorit, manchmal waren es aber auch Vögel, irgendwelche Pflänzchen oder seine aufregenden Reisen in ferne Länder zum Beispiel nach Feuerland oder auf die Osterinseln. Erst viel später erfuhr ich, dass einige seiner Erzählungen gar nicht stimmten – und er nie in Feuerland oder auf den Osterinseln gewesen war. Als begeisterter Hörer der NDR-Radiosendung »Zwischen Hamburg und Haiti« hatte mein Opa im Verlauf seiner Krankheit Realität und Fantasie vermischt und glaubte seither, diese Reisen selbst unternommen zu haben.

Mein Großvater konnte zum Glück wunderbar erzählen, voller Charme und Leidenschaft mit ausholender Gestik und lebhafter Mimik. Auch wenn es immer die gleichen Geschichten waren, schaffte er es, dass ich doch jedes Mal gebannt zuhörte und eintauchte in die Welt, die er vor mir entwarf.

Er liebte seinen Garten und die Natur. Er konnte sich stundenlang draußen beschäftigen und Spaziergänge ins Grüne gehörten zur täglichen Routine. Da auch sein Orientierungssinn nicht mehr so richtig funktionierte, musste ich ihn häufig auf seinen Ausflügen begleiten. Nie ging er ohne seinen Feldstecher los. Es könnte ja irgendetwas zu beobachten sein: ein Zaunkönig, ein Fasan oder auch einfach nur ein Kaninchen. Für meinen Opa war alles interessant. Ameisen hatten genauso viel zu bieten wie Löwen, nur dass man genauer hinschauen musste. Sobald wir die Siedlung hinter uns gelassen hatten, begann mein Opa zu schwelgen. Er zeigte mir, wo er einmal einen Laubfrosch gesehen hatte, wies darauf hin, wo noch einige Exemplare der selten gewordenen Rebhühner lebten, und bewunderte die grünen Triebe, die es geschafft hatten, den neu asphaltierten Radweg zu durchbrechen. Ob Amsel, Möwe oder Hase, immer wieder reichte er mir sein Fernglas, damit ich auch sehen konnte, was er entdeckt hatte.

Opa war durch und durch »grün«, lange bevor es die Partei der Grünen gab. Organischen Abfall sammelte er auf seinem Komposthaufen, und wenn es gekochte Eier gab, zerkleinerte er die Schalen und streute sie im Garten aus, damit die Vögel sie aufpicken konnten. Er glaubte, dass sie den Kalk für ihre eigenen Eier benötigen könnten.

Bei unserem Einzug ins Haus meiner Großeltern fanden wir im Keller ganze Jahrgänge der Zeitschriften *Das Tier* und *Kosmos*, sowie die kompletten Enzyklopädien *Brehms Thierleben* und *Grzimeks Tierleben*, etliche andere Bücher über Natur und Naturphänomene, fremde Länder und natürlich jede Menge medizinische Fachliteratur.

Obwohl es im Keller kalt und dunkel war und vor Spinnen nur so wimmelte, stöberte ich mit Begeisterung dort unten herum. Umso mehr, als ich in Opas Haus kein eigenes Zimmer hatte und nur im Keller ein wenig Ruhe fand. Dann setzte ich mich mit einem Zeitschriften-Stapel oder den dicken Nachschlagewerken in einen riesigen Stuhl und blätterte stundenlang darin herum. Jahre später wurde mir peinlich bewusst, dass der Stuhl, auf dem ich mich so gerne eingekuschelt und geschmökert hatte, ein alter gynäkologischer Untersuchungsstuhl aus der Praxis meines Großvaters gewesen war.

Opas Leidenschaft für die Natur war ansteckend. Er versicherte stets, dass jedes Kraut und jedes Tierchen in der Natur seinen Sinn hatte. Damals brachte ich Fische, Mäuse, Frösche oder Schnecken mit nach Hause, baute ihnen Terrarien mit naturgetreuen Landschaften, beobachtete sie, um sie dann nach einiger Zeit wieder freizulassen.

Bei uns zu Hause war jede Kreatur willkommen. Meine Eltern unterstützten das Interesse von uns Kindern an Flora und Fauna bereitwillig. Sie fanden, Tiere erfüllten eine pädagogische Funktion, denn sie förderten das Verantwortungsgefühl und trainierten die Zuverlässigkeit, da sie regelmäßig versorgt werden mussten. Das Wichtigste waren die Viecher, dann erst kamen unsere eigenen Bedürfnisse. Sogar die Schulaufgaben rangierten hinter der Betreuung der pelzigen oder gefiederten Freunde. Vielleicht auch ein Grund, warum ich mich damals ständig mit irgendwelchen Lebewesen umgab.

Regelmäßig besuchten wir zusammen Veranstaltungen der Kinderuniversität. Schaurig schön war ein Vortrag über Spinnen, bei der eine echte Vogelspinne als Anschauungsobjekt diente. Vom Referenten unbemerkt befreite sie sich aus ihrem Terrarium und lief flink wie eine Maus vom Rednerpult hinab auf den Boden. Als wir Kinder sahen, dass uns keine schützende Fensterscheibe mehr von dem haarigen Monster trennte, entstand ein Riesentumult. Wir retteten uns auf Tische und Bänke. Der Plan, uns die Angst vor Spinnen zu nehmen, war natürlich gründlich gescheitert.

Mit meinem Vater, der Meeresbiologe ist, besuchten wir das Aquarium der Universität Kiel und das Zoologische Museum. Auf jedem Ausflug erklärte er uns genau, was für Pflanzen oder Tiere wir sahen. Wahrscheinlich war deshalb in meiner Schulzeit Biologie, neben Sport, das einzige Fach, das ich mochte und in dem ich gute Noten schrieb. Ich wollte sogar ein naturwissenschaftliches Studium beginnen, aber irgendein desillusionierter Berufsberater, der regelmäßig durch die Schulen zog und uns Pennäler auf den Ernst des Lebens vorbereiten sollte, beraubte mich jeglicher Träume. Er hielt das für keine gute Idee und empfahl mir stattdessen, eine mittlere Beamtenlaufbahn einzuschlagen, irgendwo in der Verwaltung. Das ließe sich später prima mit Kindern und Haushalt vereinbaren und wäre ein Job fürs Leben, versuchte er mir einzureden. Meinen Traum vom Biologiestudium gab ich dank seiner Beratungsanstrengungen auf, eine Verwaltungsbeamtin wurde ich aber glücklicherweise dennoch nicht.

Das Feuer im Kamin war erloschen und die Weinflasche leer. Ich fröstelte und der Schauer holte mich aus meinen Kindheitserinnerungen in unser Wochenendhäuschen zurück. Es war schon nach Mitternacht. Ich stand auf und wusste auf einmal, dass ich es ernst mit den Bienen meinte. Es passte zu mir. Die Arbeit bei Bernie führte mich zurück zu meinen Wurzeln. Zu der »Gehirnwäsche« meines Großvaters und zu den Dingen, die mich schon als Kind fasziniert hatten. Es war der Teil meines Lebens, nach dem ich in den letzten Jahren gesucht hatte. Jahrelang hatte ich diese Leidenschaft für Natur und Tiere aus den Augen verloren.

Studium und Karriere hatten mich in eine ganz andere Richtung geführt und eine ganze Zeit schien das so auch richtig gewesen zu sein. Aber irgendetwas fehlte doch. In meinen unzähligen Kursen hatte ich es nicht gefunden – sondern auf einer Landstraße in Schleswig-Holstein. Die zufällige Begegnung mit Bernie war ein Wink des Schicksals gewesen. Jetzt wusste ich, was ich wollte.

Seit diesem Abend vor dem Kamin fuhr ich jedes Wochenende aufs Land und begleitete Bernie. Erst half ich ihm bei seinen Völkern, dann, nachdem er mir ein paar seiner Ableger geschenkt hatte, fuhr ich zu ihm, um meine eigenen Bienen unter seinen erfahrenen Augen zu betreuen.

Nach dem Nervenzusammenbruch auf dem Weg zur Arbeit und den mahnenden Worten meiner Hausärztin wurde mir klar, dass ich nicht mehr ewig weitermachen konnte wie bisher. Auch das gute Einkommen konnte mich auf lange Sicht nicht mehr halten. Ich musste etwas ändern. Ich hatte zwar keine Ahnung, was kommen würde, aber ich würde lieber ins kalte Wasser springen und eine ungewisse Zukunft auf mich zukommen lassen, als dass ich weiter in Untätigkeit verharrte.

Als sich in meinem Unternehmen eine Kündigungswelle abzeichnete, wagte ich die Flucht nach vorne: Lieber selber kündigen, als gekündigt zu werden. Ich stimmte einem Aufhebungsvertrag zu und dank einer sofortigen Freistellung, einer sechsmonatigen Gehaltsfortzahlung und einer Abfindung fiel ich sanft und hatte genügend Zeit darüber nachzudenken, was als Nächstes kommen sollte.

In der näheren Umgebung unseres Wochenendhauses gab es immer noch viel zu entdecken. Regelmäßig schnappte ich mir meinen Drahtesel und fuhr ins Blaue. Immer wieder erkundete ich Wege, die ich noch nicht kannte.

Auf einer dieser Touren erspähte ich plötzlich ein Haus. *Das* Haus. Ich war hingerissen. Wenn ich jemals so wohnen dürfte, glaubte ich, wäre ich für alle Zeiten ein glücklicher Mensch. Bald darauf fand ich einen Weg, um meinem Mann auf einem gemeinsamen Spaziergang wie zufällig dieses Kleinod zu zeigen.

»Sieh doch nur, wie toll«, schwärmte ich, »einmal in meinem Leben würde ich zu gerne in einem Reetdachhaus wohnen. Und diese Fenster, wie gemütlich das aussieht! Ruhe, Einsamkeit und Platz – herrlich.«

Jon gefiel das Haus zwar auch, aber seine Leidenschaft für die besondere Beschaffenheit der Fenster und die traditionelle Dacheindeckung hielt sich in Grenzen. Außerdem war er durch und durch Stadtmensch.

Eines Tages kam ich durch Zufall mit dem Besitzer des Hauses ins Gespräch und erfuhr, dass er und seine Familie ausziehen wollten. Es würde zwar noch dauern, da ihr künftiges Heim erst saniert werden musste, aber in einem Jahr würde es wohl so weit sein. Ich traute meinen Ohren nicht.

Ab diesem Moment hatte sich der Gedanke an dieses Haus in meinem Kopf festgekrallt. Ich schmiedete tollkühne Pläne, wie wir diese ländliche Idylle neben unserer Hamburger Wohnung finanzieren könnten. Natürlich wollte ich am liebsten beides – die Wohnung in der Stadt und das Haus auf dem Land. So stand es ja auch auf meiner Wunschliste, die ich auf Sansibar niedergeschrieben hatte. Aber alle meine Vorschläge perlten an Jon ab. Er hatte weder Lust, unsere Hamburger Wohnung durch das Angebot von Bed & Breakfast zu refinanzieren, noch wollte er die Miete des Landhauses durch eine Sommergalerie oder ein Wiesencafé bezahlbar gestalten. Es hatte keinen Zweck. Da beides nicht zu wuppen war und Jon nicht daran dachte, aus Hamburg wegzuziehen, musste ich mir den Traum vom Reetdachhaus aus dem Kopf schlagen.

Die Monate vergingen. Ich wusste immer noch nicht, wie ich mir meine berufliche Zukunft vorstellen sollte. Nach wie vor fuhr ich zu Bernie und den Bienen und arbeitete ab und zu in der Eckernförder Lokalredaktion. Schon als ich noch meinen Job in Hamburg hatte, half ich in den Ferien oder am Wochenende gelegentlich dort aus. So konnte ich die Abläufe einer Tageszeitung kennenlernen und neue Erfahrungen sammeln. Die Arbeit machte mir Spaß, die Kolleginnen waren nett und ich konnte weitgehend selbst entscheiden, worüber ich berichten wollte. Aber eine wirkliche Richtung hatte mein berufliches Dasein noch nicht bekommen.

»Irgendwie könnte ich mal eine Veränderung gebrauchen. Wie wär's mit einem Tapetenwechsel?«, schlug Jon Monate später beim Abendessen vor.

Die Gabel, die ich gerade in den Mund schieben wollte, blieb mitten in der Luft hängen, meine Kinnlade klappte herunter.

»Wie bitte? Was meinst du damit?«, fragte ich.

»Ich bräuchte mal einen Tapetenwechsel«, wiederholte er beiläufig und stocherte dabei auf seinem Teller rum. »Es gibt da doch dieses Haus, in das du so verliebt bist. Vielleicht ist es ja noch zu haben. Die Stadt geht mir zurzeit ziemlich auf den Senkel und eigentlich ist es ja egal, wo ich arbeite«, schob er hinterher.

Ich glaubte, nicht richtig zu hören. Da hatte ich mich mit Mühe und Not von der Idee verabschiedet, jemals das Reetdachhaus zu bewohnen. Wir hatten unsere Hamburger Wohnung renoviert und eine nagelneue Küche eingebaut. Ich hatte tagelang im Wohnzimmer auf einer Leiter gestanden und mir Nackenschmerzen eingehandelt, während ich mühevoll und unter Absturzgefahr das vergilbte Deckengemälde aus der Jahrhundertwende mit Wattestäbchen freigelegt hatte, und nun kam Jon und wollte aufs Land ziehen? Ich war fassungslos.

Dennoch war der Funke meiner Leidenschaft schnell wieder entfacht. Neugierig darauf, was sich in der Zwischenzeit getan hatte, fuhr ich bei der nächsten Gelegenheit raus aufs Land. Bestimmt waren die Bewohner schon seit Monaten weg und das Haus längst weiter vermietet.

Alles war ruhig. Kein Auto, kein Mensch zu sehen. Ich wollte gerade zum Ferienhaus zurückfahren, als ich den Besitzer auf seinem Trecker näher kommen sah. Ich winkte.

»Nee, das Haus steht schon ein halbes Jahr leer. Ich hatte noch keine Zeit, mich um neue Mieter zu kümmern«, erwiderte er auf mein Nachfragen.

Bingo! Mein Herz schlug einen Purzelbaum. Konnte das wahr sein? Seit eineinhalb Jahren schlich ich um dieses Anwesen herum, hatte es eigentlich schon längst aufgegeben, und nun stellte sich heraus, dass es noch zu haben war.

»Ich glaube, ich wüsste Mieter«, sagte ich cool, meine Aufregung verbergend.

Wir verabredeten für das folgende Wochenende einen Besichtigungstermin, damit Jon auch dabei sein konnte.

Eine Woche später standen wir gemeinsam vor dem Reetdachhaus. Auf der Tour durch die Zimmer warfen wir uns verstohlene Blicke zu. Wir wussten, wir dachten das Gleiche.

Am Ende der Führung, als wir wieder im Garten standen, sagte Jon: »Wir machen das! Wir würden gerne Ihr Haus mieten!«

Mit einem kräftigen Händedruck von Mann zu Mann wurde die Entscheidung besiegelt. Freudentränen stiegen mir in die Augen.

Als wir schon fast am Auto waren, drehte ich mich noch einmal um: »Wie heißt eigentlich die Straße hier?«

»Die hat keinen Namen«, rief der Besitzer, »aber dieses Fleckchen Erde nennt sich Immenhorst.«

Immenhorst? Ich hielt kurz inne, schaute auf das Haus, dann zu Jon und dann wieder auf das Haus. War das Zufall oder etwa Fügung? Ich musste schlucken. Auf einmal wusste ich genau, was ich tun würde. Hier würde ich meine Imkerei aufbauen.

4.

Im 4. Kapitel bin ich zum ersten Mal allein zu Hause. Das Landleben will gelernt sein und ich sehe plötzlich überall Gespenster.

Und nun waren wir hier. Das schöne Wetter erleichterte uns den Abschied von Hamburg. Alles blühte, spross und sah knackig aus. Seit unserem Umzug waren erst ein paar Tage vergangen, und ich wusste noch nicht so richtig wohin mit mir. In unserer Hamburger Wohnung hatte ich feste Rituale. Morgens hatte ich mich als Erstes mit meinem Kaffee auf die breite Fensterbank gesetzt, von der aus ich dem morgendlichen Treiben auf der Straße zuschauen konnte. Die Milchkaffeeflecken auf dem Holz zeigten an, welcher Quadrant meiner war. Erst die Geschäftigkeit der Passanten und Lieferanten und die sich langsam entfaltende Wirkung des Koffeins versetzten mich in Betriebsmodus.

Auch hier im neuen Haus war ich meist als Erste auf den Beinen und machte mir meinen Milchkaffee. Mit einer dampfenden Schale stand ich nun da und fragte mich, wo ich ihn trinken sollte. Im Nachthemd irrte ich mit dem Kaffee in der Hand im Haus umher. Erst setzte ich mich an den Esstisch, aber da konnte ich nicht richtig rausgucken, daher war das kein geeigneter Ort. Dann versuchte ich es mit der Fensterbank zum hinteren Teil des Gartens. Sie war aus Marmor und eiskalt. Auch kein guter Platz zum Sitzen. Außerdem gab es außer der dicken Nachbarskatze, die sich ins Vogelhaus gequetscht hatte, und den zeternden Spatzen und Amseln, die sie von dort verjagen wollten, nichts zu sehen. Ich schwappte mit meinem Kaffee auf der Suche nach einem neuen würdigen Lieblingsplatz durchs Erdgeschoss.

Schließlich wurde ich fündig: Im vorderen Garten an der Hauswand stand eine klapprige Bank. Ihre Bretter waren lose, und ich musste genau aufpassen, wo ich mich hinsetzte, um die einzige feste Latte zu treffen. Aber der Platz war super. Hier konnte ich sehen, ob meine Bienen schon aktiv waren, und die Gassi gehenden Hundebesitzer aus dem Dorf beobachten. Als ich ein paar Tage später die ersten Kaffeeflecken auf den morschen Latten entdecke, wusste ich, dass ich angekommen war.

Bald darauf musste mein Mann für mehrere Wochen beruflich weg und ich war das erste Mal alleine im Haus. Das Auto stand voll gepackt vor der Haustür. Jon hupte ein fröhliches Auf Wiedersehen, ich winkte ihm hinterher und ging zurück in den Garten, um es mir im neuen Strandkorb mit Keksen und einem Buch gemütlich zu machen. Auf dem Rasen blühten Löwenzahn und Klee, und meine Bienen flogen unentwegt zwischen den gelben und weißen Blüten hin und her. Wenn es im geschützten Strandkorb zu heiß wurde, legte ich mich auf den kühlen Rasen.

Auf direkter Augenhöhe mit den Blümchen konnte ich genau beobachten, was Bernie mir erzählt hatte: »Wusstest du, mien Deern, warum Bienen überhaupt so wichtig sind?«

»Weil sie den leckeren Honig für uns machen«, hatte ich damals naiv geantwortet. Einen besseren Grund konnte ich mir nicht vorstellen.

»Nee, dat is es nich, da gibt es wat ganz anderes, wat viel wichtiger ist.«

Erwartungsvoll blickte Bernie mich an, aber ich hatte keine Ahnung, worauf er hinauswollte, und blickte daher nur erwartungsvoll zurück. Milde lächelnd setzte sich Bernie in seinem Stuhl zurecht.

»Während eines Sammelflugs fliegt eine Biene nur eine Sorte von Blüten an. Sie ist ›blütenstet‹. Wenn zum Beispiel ein Apfel- und ein Birnenbaum nebeneinanderstehen, fliegt sie nur zu einem von beiden. Deshalb ist sie so wichtig für die Bestäubung.« Bernie lächelte stolz – fast so, als wenn er seine eigene Leistung rühmte. »Andere Insekten fliegen mal hierhin und mal dorthin. Die sind lange nich so gründlich!«

Bevor ich Bernie kennengelernt hatte, hatte ich mir über das Sammelverhalten der Bienen noch nie Gedanken gemacht. Nun erfuhr ich, dass es in der Natur keinen Ersatz für die Arbeit der Bienen gibt. In einigen Ländern werden sie sogar kilometerweit in die Plantagen gekarrt, nur um dort die Früchte zu bestäuben, und die Imker verdienen damit mehr Geld als durch den Verkauf des Honigs. Verrückt. In China gibt es bereits Regionen, wo die Biene durch die intensive Ausbeutung und konsequente »Denaturierung« der Natur praktisch ausgestorben ist. Dort müssen mittlerweile alle Birnenbäume mit einem Pinsel per Hand bestäubt werden.

Nach dem Stress des Umzugs verbrachte ich den ganzen Tag im Garten und gönnte mir eine Pause. Ich betrachtete das mächtige Geäst der riesigen Eichen und die roséfarbenen Blüten der Wildrosen, ließ den Blick zum Horizont schweifen und konnte es nicht recht glauben, dass ich dies alles ab jetzt jeden Tag genießen durfte.

Erst als es am Nachmittag kühl wurde, ging ich hinein und richtete meine neue »Bienenküche«, den Raum zum Schleudern und Honigabfüllen, weiter ein. Die Zeit flog nur so dahin und plötzlich war es stockdunkel draußen. Straßenlaternen gab es hier nicht. Die letzte ihrer Art stand in eineinhalb Kilometern Entfernung am Ende oder Anfang des Dorfes – je nachdem, aus welcher Richtung man kam. Der Wind hatte Fahrt aufgenommen und fegte raschelnd durch Bäume und Sträucher. Die Eichen, die ich am Tag noch bewundert hatte, wurden mir plötzlich unheimlich. Ich wollte die Gardinen zuziehen, aber es gab keine. Sie waren noch beim Schneider, um auf das richtige Maß gebracht zu werden. Ich fühlte mich unbehaglich.

Meine Fantasie erwachte und eroberte meinen Verstand. Mir schien, als würden tausend Augen aus dem Dunkel des Gartens ins Haus starren und mich beobachten. Nervös überprüfte ich die Schlösser der Türen. Sie waren alle verschlossen, auch beim zweiten, dritten und vierten Check. Doch es half nichts. Längst spukten die wildesten Geschichten in meinem Kopf herum. Mörder, Einbrecher, Entführer – rund ums Haus wimmelte es nur so von dunklen Gestalten und alle wollten mir ans Leder. Der Garten, den ich tagsüber noch so genossen hatte, wurde mit einem Mal zum Feindesland, und ich war alleine. Keine Menschenseele weit und breit. Ich hatte Angst.

Auf einmal sehnte ich mich nach dem Lärm, der mich in Hamburg so genervt hatte. Ich sehnte mich nach Motorengeräuschen und dem ungeduldigen Gehupe der eingeparkten Autofahrer direkt vor der Haustür. Ich wünschte mir das Trampeln der Nachbarn im Stockwerk über uns zurück, das mich früher wahnsinnig gemacht hatte. Ich hätte mich sogar über die Schlagermusik unseres Nachbarn von unten gefreut, der einen siebten Sinn dafür hatte, seine Anlage immer dann voll aufzudrehen, wenn wir unsere Ruhe haben wollten. Nach all dem sehnte ich mich jetzt. Die Gegenwart unserer Nachbarn hatte mir ein Gefühl der Sicherheit gegeben.

Aber jetzt musste ich alleine klarkommen. Mir blieb nur eins: Schocktherapie. Es war zu spät, jemanden einzuladen. Und überhaupt – wen hätte ich einladen sollen? Ich kannte hier doch kaum jemanden. Ich schaltete den Fernseher ein. Mit Chips und einem Glas Rotwein machte ich es mir auf der Couch gemütlich.

Auf dem Ersten wurde eine alte »Tatort«-Folge wiederholt. Schon beim Vorspann wurde mir mulmig. Die Nahaufnahme der Augen, die Einstellung mit den Beinen einer flüchtenden Person und dazu die dramatische Musik – mich schauderte. Das war nichts für mein empfindliches Gemüt. Bloß schnell umschalten! Neben dem Sofa klafften die unverhängten Fensterausschnitte wie riesige leere Augenhöhlen. Hatte sich da draußen nicht gerade etwas bewegt? Die afrikanische Holzmaske, die wir aus einem Urlaub mitgebracht hatten, sah plötzlich fies aus und warf bizarre Schatten an die Wand. Die Fratze aus dem Film »Scream« drängte sich in meine Gedanken. Was, wenn sie jetzt am Fenster erscheinen würde? Ich versank immer tiefer im Sofa und zog die Decke bis unters Kinn. Gab es denn auf keinem Sender etwas Harmloses? Sogar eine Schmonzette von Rosamunde Pilcher oder der »Musikantenstadl« wären mir jetzt recht gewesen.

Auf N3 lief »Markt«: Berichte über die Abzocke mit Servicetelefonnummern und die Inhaltsstoffe von Fertiggerichten sowie ein Test von drei verschiedenen Rollkoffern. Ungefährlich. Für eine Dreiviertelstunde war ich beschäftigt. Danach zappte ich wieder durch die Programme auf der Suche nach Ablenkung.

Gegen Mitternacht war die Flasche Rotwein fast leer, meine Lieder bleiern und mein Schritt schwankend. Es half nichts, ich musste ins Bett. Aber kaum war ich todmüde unter die Decke geschlüpft, fühlte ich mich auch schon wieder hellwach. Wie angeknipst. Meine Ohren lauschten angestrengt in die stille Dunkelheit. Kein Geräusch entging mir – nicht mal mein Herzschlag. Mein Körper war in Alarmbereitschaft – zu sofortiger Reaktion fähig. Erst als es Tag wurde und die ersten Vögel zu singen begannen, fiel ich in einen leichten Schlaf. Völlig gerädert wachte ich gegen zwölf Uhr auf. Mein Kopf schmerzte vom Wein und der Schlafmangel steckte mir in den Knochen.

Mit Sorge sah ich der nächsten Nacht entgegen. Mein Plan war, ohne Fernsehen und Alkohol, dafür mit Meditation, klassischer Musik und dem Duft von Lavendel friedlich in die Nacht zu gleiten.

Als es Abend wurde, drehte ich die Musik auf und vermied, ins dunkle Nichts der Fenster zu schauen. Auch die Magnetleiste mit den scharfen Kochmessern in allen erdenklichen Formen und Größen blendete ich aus meiner Wahrnehmung aus. Sie konnte mich nicht erschrecken. Mich doch nicht. Gegen Mitternacht war ich völlig fertig. Ich musste ins Bett, auch wenn ich das eigentlich nicht wollte.

Im Schlafzimmer roch es nach Omas Wäscheschublade. Ein ordentlicher Schwung Lavendelöl, direkt auf die Bettdecke geträufelt, sollte mich benebeln. Ich atmete mehrmals tief durch. Die ätherischen Öle wirkten. Die Abstände zwischen meinen Adrenalinschüben wurden größer. Die Atemzüge länger.

Als ich gerade in einen leichten Schlaf glitt, drang ein merkwürdiges Geräusch in mein Unterbewusstsein. Sofort war ich wieder hellwach. Mein Herz donnerte in meinen Ohren. Da war es schon wieder. Direkt unter meinem Fenster. Ein Schaben und Rascheln. Dann war alles still.

Das Licht der Gartenbeleuchtung schimmerte durch die Vorhänge. Irgendetwas hatte die Bewegungsmelder aktiviert.

Angestrengt lauschte ich in die Stille. Ich musste herausfinden, was das für ein Geräusch war. Lautlos schlich ich im Dunkeln von Zimmer zu Zimmer. Schließlich wagte ich mich ins Erdgeschoss. Ich starrte in die Nacht und suchte nach dem Ursprung des unheimlichen Geräusches. Das Licht draußen ging wieder aus.

»Das war bestimmt nur der Wind. Und das Licht der Bewegungsmelder ist von einem Karnickel in Gang gesetzt worden. Es ist alles in Ordnung. Geh wieder ins Bett«, ermahnte ich mich laut. Meine Stimme durchbrach die Stille, klang fremd und unecht. Wirklich glauben konnte ich mir nicht.

Nein, ich musste der Sache auf den Grund gehen und im Garten nachschauen, sonst würde an Schlaf überhaupt nicht zu denken sein. Mit einer Taschenlampe bewaffnet öffnete ich die Terrassentür, die sich direkt unter dem Schlafzimmerfenster befand. Die knorrigen Äste der Eichen erschienen im Lichtkegel wie schaurig-schöne Gespenster.

Plötzlich bewegte sich etwas. Ein großer Schatten huschte lautlos über den Rasen. Ich zuckte zusammen. Dann die Erlösung: ein Reh, dann ein zweites und ein drittes. Die Anspannung wich aus meinem Körper. Mein Herz fand langsam in einen normalen Rhythmus zurück. Mein Verstand meldete sich: Wenn Rehe auf der Terrasse in Seelenruhe die Rosen abfraßen, dann konnten eigentlich keine Einbrecher im Garten unterwegs sein.

Jeden Abend begann das Spiel von Neuem. Meine Gutenachtlektüre hieß »Großmutters Hausapotheke«. Abend für Abend testete ich mich durch ein ganzes Arsenal seit Jahrhunderten bewährter Hausmittel. Von den Baldrian-Hopfen-Tabletten schluckte ich zur Sicherheit gleich die doppelte

Menge. Dann trank ich Unmengen von heißer Milch mit Honig, aber außer dass ich mehrmals in der Nacht auf den Pott musste, passierte gar nichts. Ich ließ mir in der Apotheke spezielle homöopathische Tropfen mixen.

Sie brachten nichts. Lilablaue Ränder gruben sich immer tiefer unter meine Augen. So konnte es nicht weitergehen. War meine idealisierte Vorstellung vom romantischen Landleben schon gescheitert, bevor es richtig angefangen hatte? Musste ich mir eingestehen, dass ich für die Einsamkeit nicht geschaffen war und zurück in die Stadt wollte?

Wenn Jon von seiner Reise anrief, spielte ich ihm heile Welt vor. Ich wollte mir keine Blöße geben und erst mal versuchen, alleine mit meiner Angst klarzukommen. Ich hatte ja schließlich auf den Umzug gedrängt und ihm, dem Stadtmenschen, das Landleben in den schönsten Farben ausgemalt.

Nur meiner Schwägerin aus Amerika, der Spezialistin für Spirituelles, offenbarte ich eines Tages mein Dilemma. Sie schlug mir eine geführte Meditation vor. Anfangs skeptisch, ließ ich mich auf das Experiment ein.

»Stell dir vor, du gehst eine Treppe hinunter«, lotste sie mich per Telefon ins Innere meiner Seele. »Unten angekommen wartet eine schöne Kutsche auf dich. Du besteigst die Kutsche.« Ihre sanfte Stimme half mir loszulassen. »Du fährst in der Kutsche in einen großen Raum. In der Mitte lodert ein behagliches Lagerfeuer. Du setzt dich ans Lagerfeuer. Wer sitzt noch mit dir am Lagerfeuer?«

Ich zögerte und versuchte mir die Situation vorzustellen: »Ich sehe meine Eltern.«

»Sehr gut, was siehst du noch? Ist da irgendetwas, was mit deiner Angst zu tun haben könnte?«

Mittlerweile war ich total entspannt. Ich sah mich am Lagerfeuer sitzen und in die Flammen schauen. Um mich herum war alles dunkel. Plötzlich tauchten Szenen aus meiner Kindheit vor mir auf. »Ich sehe meine Eltern, wie sie bei Einbruch der Dunkelheit nervös durchs ganze Haus gehen, um alle Fenster und Türen zu verschließen. Gardinen und Jalousien werden sorgfältig zugezogen. Niemand darf von außen in die hell erleuchteten Wohnräume schauen.«

»Aha«, murmelte meine Schwägerin wissend. »Was fühlst du?«

Ich hielt eine Weile inne und spürte plötzlich, wie mir ein Schauer über den Rücken lief. »Ich habe Angst. Ich denke, dass draußen irgendeine Gefahr lauert, die mich bedroht.«

Mit einem Mal machte es Klick. Ja, *das* war es! Jetzt verstand ich: Es war diese diffuse Furcht meiner Eltern, die mich bis heute prägte! Ich fühlte mich wie von einer schweren Last befreit. Von nun an schlief ich Nacht für Nacht besser ein. Als Jon nach vier Wochen endlich wieder zurückkam, war alles überstanden. Jetzt musste ich nur noch sein Schnarchen in den Griff bekommen …

5.

Im 5. Kapitel lerne ich meinen Berufskollegen Hotte kennen, der sich ungefragt zu meinem Bienen-Paten erklärt und schnell zur Plage gerät.

 »Du, pass auf – ich kann bloß fünf Tage bleiben, aber dafür habe ich das ganze Auto voll mit Sachen für dich.«

Kannte ich diese Stimme?

»Entschuldigung, ich habe den Namen nicht …«, sagte ich vorsichtig.

»Hier ist Hotte! In einer halben Stunde müsste ich da sein. Bis gleich dann! Tschüss.«

Bienen-Hotte? Kommt in einer halben Stunde? Und bleibt fünf Tage?

Ich hatte Hotte über eine Kleinanzeige im *Bienen-Journal* kennengelernt. Er wollte seine alte Honigschleuder verkaufen und ich brauchte eine. Da er im östlichen Teil von Mecklenburg-Vorpommern wohnte und ich im nördlichen Schleswig-Holstein, hatten wir uns auf der Hälfte getroffen und die Schleuder an einer Autobahnraststätte übergeben. Alles hatte wie am Schnürchen geklappt. Sein klappriges Auto stand schon da, als ich auf den Rastplatz einbog. Wir packten die Honigschleuder in meinen Kofferraum um und ich lud ihn als Dankeschön in der Raststätte noch zu Kaffee und Kuchen ein.

Ein Geruch von Zigaretten und Wohnküche hing in seinem Anorak. Seine Haut war wettergegerbt, die Nase knollig, der Bart stoppelig. Unter der Latzhose zeichnete sich eine stattliche Plauze ab. Ich schätzte ihn auf Anfang 60.

Hotte erzählte mir von seiner Arbeit als Treckerfahrer auf einer Landwirtschaftlichen Produktionsgenossenschaft in der ehemaligen DDR und klagte über die Veränderungen, die die Wende für ihn gebracht hatte. Als er schließlich trotzig »Früher war auch nicht alles schlecht« hinterherschob, wechselte ich ganz schnell das Thema und fragte ihn nach seinen Bienen.

»Ich schwör ja auf die Buckfast-Biene«, erklärte er mit kratziger Stimme. »Mit der musst du imkern. Das ist 'ne ganz feine Rasse. Die macht alles von alleine. Da brauchst du eigentlich nur noch zu ernten.« Seine Augen leuchteten: »Ha, wenn wir erst mal zusammen in die Bienen gehen. Das wird schön … Ich glaub, du hast das Zeug zu 'ner richtig guten Imkerin!«

Nanu? Wie konnte mich dieser Mann so selbstverständlich in seine Imkerpläne mit einbeziehen? Und wie sollten wir überhaupt gemeinsam imkern, wenn wir ein paar Hundert Kilometer auseinander wohnten? Wir tauschten Adressen aus und verließen den Rastplatz in entgegengesetzte Richtungen.

Auf der Rückfahrt ging mir Hotte nicht aus dem Kopf. Irgendwie fühlte ich mich von ihm vereinnahmt. Hätte ich ihm lieber gleich sagen sollen, dass ich kein Interesse hatte, mit ihm in »die Bienen zu gehen«? Aber vielleicht hatte er es ja auch gar nicht so gemeint. Sofort schaltete sich meine innere Stimme ein: Das war bestimmt nur ein freundlicher Spruch gewesen. Einfach so dahergesagt – ohne tiefere Bedeutung. Außerdem war Vorpommern weit weg …

Aber schon zwei Tage nach dem Treffen auf der Raststätte rief Hotte an. Einfach um zu klönen und von seinen Bienen zu erzählen. Drei Tage später schickte er mir eine Mail mit Informationen seines Imkervereins über Buckfast-Bienen. Am folgenden Tag schickte er noch eine. Und eine mit Imkerwitzen. Jetzt waren es schon ein paar zu viele Mails.

Hotte rief an. Er war, wie er mir erzählte, ein begeisterter Handwerker und baute sich das meiste Imkerzubehör selber. Selbstverständlich könne er ein paar neue Bienenkästen für mich tischlern. Er sei ja eh schon dabei, und es würde kaum Extraarbeit bedeuten. Im ersten Moment war ich einfach überwältigt. Weiteres Zubehör konnte ich bestens gebrauchen, bestand aber darauf, wenigstens die Materialkosten zu übernehmen. Hotte rief öfter an. Zu meinem Geburtstag kam ein Päckchen voller Süßigkeiten.

Wenn ich ehrlich mit mir war, fand ich das ein bisschen zu viel des Guten. Erwartete er jetzt, dass ich ihm auch Pakete schickte? War er womöglich in mich verknallt? Die Anruffrequenz stieg weiter. Von nun an lehnte ich dankend ab, wenn er mir Zubehör aus seiner Hobbywerkstatt anbot. Ich begann mit geradezu riesigen Zaunpfählen zu winken: Ich müsse gerade viel arbeiten und hätte ganz wenig Zeit für Telefonate, ich müsse gleich Abendbrot machen – für meinen Ehemann, ich würde mit ihm ja schon mehr telefonieren als mit meiner besten Freundin. An Hotte perlte alles ab. Ich teilte ihm mit, dass mir unser Kontakt wirklich zu viel wäre. Hotte blieb begriffsstutzig. Eine Woche ging ich nicht mehr ans Telefon. Dann tat er mir leid. Doch beim nächsten Anruf, den ich entgegennahm, war ich so einsilbig, dass jeder andere nie wieder ein Wort mit mir gewechselt hätte. Hotte nicht. Bei jedem Handyklingeln schauten Jon und ich uns nur noch genervt an: Bienen-Hotte.

Und nun war er auf dem Weg hierher. Und rechnete womöglich damit, bei uns übernachten zu können? O Gott! Jon war unterwegs. Was sollte ich nur tun? Es hupte. Fröhlich winkend bog Bienen-Hotte auf unsere Einfahrt. Ich winkte auch, aber nicht fröhlich.

»Hier!« Mit stolzgeschwellter Brust deutete er auf sein voll gepacktes Auto. »Alles selbst geschreinert. Alles, was man braucht. Die nächsten Tage imkern wir zusammen. Das wird schön!« Unmengen von Ablegerkästen, Zargen und anderem Zeugs kamen zum Vorschein. Ich fühlte mich völlig überrumpelt. Mir fehlten die Worte. Jedenfalls die, die ich eigentlich sagen wollte. Stattdessen dankte ich ihm für die Mühe, die er sich gemacht hatte, betonte, dass ich mich über seinen Besuch freute, und bekräftigte, dass wir bei diesem herrlichen Wetter bestimmt viel Zeit bei den Bienen verbringen könnten.

»Zeig mir doch erst mal das Gästezimmer, dann können wir gleich raus zu den Bienen gehen.« Hotte war bester Laune.

Wie vom Blitz getroffen zuckte ich zusammen. Meine Knie wurden weich. Irgendwann musste ich ihm von unserem Gästezimmer erzählt haben. Wie kam ich aus dieser Nummer bloß wieder heraus?

»Äh, das Zimmer, das ist …«, hörte ich mich stammeln, »… äh, ist noch nicht fertig. Es ist total vollgestellt mit unausgepackten Umzugskartons, das möchte ich dir nicht zumuten.« Meine Gedanken überschlugen sich. Ich war alleine und mein Zimmer hatte keinen Schlüssel. Ich kannte Hotte ja gar nicht richtig.

»Aha«, brummelte Hotte und sah zu Boden.

In dem Moment kam mir die rettende Idee: Eine Freundin arbeitete in der örtlichen Touristen-Information. Vielleicht konnte sie mir ein freies Ferienzimmer im Dorf besorgen!

»Lade doch den Kram schon mal aus. Ich komme gleich wieder!«, rief ich Hotte zu, während ich ins Haus rannte.

Ich hatte Glück. Meine Freundin telefonierte sofort das übersichtliche Gastgeberverzeichnis durch und fand im nächstgelegenen Dorf ein freies Zimmer. Der Vermieter verlangte zwar Vorkasse, aber egal. Ich hätte ihn auch in Gold bezahlt.

Erstaunlicherweise zog Hotte klaglos in die Pension. Dieses Problem war also gelöst. Aber das nächste folgte auf dem Fuße. Und zwar schon am nächsten Morgen.

Hotte stand Punkt 8.30 Uhr vor meiner Tür und wollte unterhalten werden. Ich hatte ihn ausdrücklich gebeten, erst nachmittags vorbeizukommen. Dies sei eine herrliche Urlaubsgegend, hatte ich ihm nahegelegt. Es gäbe hier sicher reichlich zu sehen und zu erleben. Aber nichts von alledem war bei Hotte angekommen. Wie sollte ich denn jetzt meine Arbeit für die Lokalredaktion schaffen?

Zum Glück war der Tag sonnig und so konnte ich Hotte zumindest draußen auf der Terrasse platzieren, wo er stundenlang ausharrte, eine Kippe nach der anderen qualmte und in der Gegend rumguckte. Wenn ihm etwas einfiel, das er mir erzählen wollte, polterte er ohne anzuklopfen in mein Büro und sprudelte los. Hotte fühlte sich, wie er selbst sagte, pudelwohl.

Ich schickte Stoßgebete zum Himmel: Lieber Gott, lass die Zeit bitte in Lichtgeschwindigkeit vergehen.

Nach zwei Tagen gab ich es auf, mich um meine Textaufträge zu kümmern. Am dritten Tag zog ich meinen Imkeranzug gleich morgens an – und erst abends wieder aus.

Ein kleiner, untersetzter Mann in Hottes Alter schob sein Rad die Einfahrt hoch.

»Hallo! Ich wollte schon lange mal ›Guten Tag‹ sagen und die neue Imkerin begrüßen. Jetzt habe ich euch gerade beim Vorbeiradeln gesehen!«, rief er uns entgegen. »Ich bin Heinz, aber alle nennen mich Bienen-Heini. Ich und meine Bienen sind nur im Sommer hier.« Er stellte sein Rad ab, steuerte auf den nächstgelegenen Bienenstock zu und zog seine Stirn in Falten. »Was habt ihr denn hier für Bienen? Die sind so gelb, aber das sind doch wohl Carnica, oder?«

Ich zögerte, ehe ich entgegnete: »Wieso? Wir haben hier …«

»Natürlich Buckfast!«, ergänzte Hotte von schräg hinter mir.

»Aha«, nickte Heini düster und plusterte sich mit seinen ganzen 160 Zentimetern drohend vor uns auf. »Das seh ich aber gar nicht gern …«

Eisiges Schweigen. Verunsichert blickte ich von Hotte zu Heini. Hatte ich jemals von einem Gesetz gehört, das vorschrieb, wo welche Bienenrasse gehalten werden durfte? Mir fiel nichts ein.

»Wehe, wenn die sich mit meinen vermischen. Ich will keine Stecher«, drohte Heini. »Hier war bisher ein reines Carnica-Gebiet und das soll auch so bleiben!«

»Hallo erst mal …«, versuchte ich moderierend einzusteigen.

»Das ist ja wohl die Höhe!«, polterte Hotte hinter mir los, »kommt hier an und will uns sagen, mit welcher Rasse wir imkern sollen!«

Die selbst ernannten Bienen-Päpste beäugten sich feindselig.

»Mit der Buckfast hat man nur Ärger«, knurrte Heini.

»Die Buckfast-Biene ist 'ne astreine Biene«, schnappte Hotte. »Da lass ich nix drauf kommen!«

Ich stand wie ein Prellbock zwischen den beiden und blickte hilflos hin und her. Heini holte Atem für einen Gegenangriff.

»Keine Sorge«, beschwichtigte ich ihn, »wenn es sein muss, kann ich die Bienen auch an einen anderen Standort bringen.« Mit diesen Worten hakte ich Heini unter und zog ihn Richtung Gartentor.

»Stecher sind das! Alle, wie sie da sind!«, rief er Hotte noch über die Schulter zu.

»Gar nich!«, blökte der zurück.

»Ich komm demnächst mal vorbei«, sagte ich, während ich Heini mit sanftem Druck zu seinem Fahrrad schob, »dann können wir alles in Ruhe beschnacken.«

»M-hm«, brummelte Heini und kletterte auf seinen Drahtesel. Erleichtert blickte ich ihm hinterher, als er Richtung Strand davonradelte.

»Die Buckfast ist die beste …«, hörte ich Hotte hinter mir murmeln.

»Ihr Imker habt ja wohl einen an der Waffel!«, fuhr ich ihn an. »Wie die Platzhirsche! Und übrigens, du hast hier gar nichts zu sagen!«

Entnervt sammelte ich Imkerhut, Smoker und Stockmeißel zusammen und stampfte ins Haus. Warum waren diese männlichen Alt-Imker bloß so anstrengend? Ich hatte noch keinen getroffen, der sich selbst, seinen Honig und seine Bienen nicht in den Himmel lobte und die Kollegen mit Vorliebe schlechtmachte. Musste man als Imker zwangsläufig zum kauzigen Eigenbrödler werden? Auweia!

Eine Woche später, als Hotte weg und Bernie endlich von seiner Kur zurück war, erzählte ich ihm vom Zusammentreffen der beiden Streithähne.

»Ha!«, brach es aus ihm hervor, »da hast du in ein Wespennest gestoßen. Zwischen Carnica- und Buckfast-Imkern klafft ein Abgrund – der ist so tief wie der St.-Andreas-Graben. Jeder beschimpft die Bienenrasse des anderen!« Er winkte ab. »Aber dat kann uns egal sein, mien Deern, die sollen sich ohne uns die Köppe einschlagen.« Ich wusste immer noch nicht, was passierte, wenn sich die Bienenrassen kreuzten. »Kann schon sein, dass Eigenschaften wie Sanftmut, Sammeleifer oder Schwarmträgheit verloren gehen können, wenn die sich vermischen«, erklärte Bernie, »aber ich hab damit keine Erfahrungen gemacht.«

Hatten Heini und Hotte also doch nicht so ganz unrecht?

Mit hängenden Schultern schlich Hotte in seine Pension zurück – nur, um kurz darauf wieder vor der Tür zu stehen. Als Wiedergutmachung für den verpatzten Nachmittag und weil es sein letzter Abend war, würde er mich ganz »schick« zum Essen ausführen. Das Restaurant auf dem Campingplatz hatte er schon ausprobiert. Das sei was ganz Feines und würde mir sicher gut gefallen: »Da wirst du dich pudelwohl fühlen.«

Hilfe!, schrie es in mir, jetzt will er auch noch allen Ernstes mit mir essen gehen! Und dann auch noch auf dem Campingplatz! Ich wäre am liebsten im Erdboden versunken.

»Das ist ja … doch nicht nötig«, stotterte ich, »ich hab überhaupt keinen Hunger.«

»Macht nichts«, wischte Hotte den Einwand beiseite, »Appetit kommt beim Essen.«

Meine Gedanken rasten: Worüber um alles in der Welt sollte ich denn die ganze Zeit mit ihm sprechen? Und was wäre, wenn die Leute dächten, wir wären ein Paar! Um Gottes willen.

»Und außerdem«, versuchte ich mich verzweifelt aus der Affäre zu ziehen, »gibt es da für mich als Vegetarierin bestimmt nichts.«

»Ach so.« Hotte ließ den Kopf hängen.»Das wusste ich nicht.«

Konnte ich ihn jetzt noch einmal wegschicken? Nein, das brachte ich nicht fertig. Plötzlich fiel mir die Pommesbude im Nachbarort ein.

»Wie wär's denn mit Pommes am Strand?«, schlug ich vor und zwang mich zu einem Lächeln. Hotte war begeistert.

Am nächsten Morgen, wie immer viel zu früh, kam Hotte auf den Hof gefahren, um Tschüss zu sagen. Gähnend schlurfte ich zur Tür und ließ das Abschiedsritual über mich ergehen. So richtig zuhören konnte ich noch gar nicht. Mehrmals registrierte ich das Wort »pudelwohl« und zuckte innerlich zusammen. Das war ab jetzt mein Unwort des Jahres!

»Das nächste Mal bringe ich mehr Zeit mit.« Mit leuchtenden Augen plante Hotte bereits seinen nächsten Besuch. Kannte der Mann denn überhaupt keine Gnade? Dann stieg er ins Auto und fuhr vom Hof.

Mit einem Mal war ich hellwach. Ich hüpfte in die Küche, um mir einen Kaffee zu kochen. Seit Hotte da war, hatte ich nicht mal mehr Zeit für mein geliebtes Kaffeeritual auf der Gartenbank gehabt. Das wollte ich endlich nachholen. Pfeifend bereitete ich die Kaffeemaschine vor, da klingelte es an der Tür: Hotte!

»Äh ... Ich wollte bloß noch wissen, wann du zum Gegenbesuch kommst?«

6.

Im 6. Kapitel erfahre ich mehr über die Tücken der modernen Landwirtschaft und darüber, warum von dem um sich greifenden Bienenschwund nicht nur Tiere, sondern auch Menschen bedroht sind.

Wir saßen bei Bernie auf der Terrasse und aßen Kirschen aus seinem Garten, als er völlig unvermittelt anhob: »Wenn die Biene von der Erde verschwindet, dann können wir alle einpacken!«

»Einpacken?« Ich verstand nicht, was er meinte.

»Du siehst aus wie 'n Fragezeichen, mien Deern, dat haste wohl noch nie gehört, oder? Ohne Bienen haben wir nur noch vier Jahre zu leben: keine Bestäubung mehr, keine Pflanzen mehr, keine Tiere mehr, keine Menschen ...« Er machte unterhalb seines Kinns eine waagerecht die Luft durchschneidende Handbewegung.

Ich runzelte die Stirn. »Wer behauptet das denn? Jetzt übertreibst du aber ein bisschen, oder?«

Betrübt schüttelte Bernie den Kopf: »Dat mit den Bienen soll der schlaue Einstein gesagt haben. Kann zwar niemand beweisen, ist aber eigentlich auch egal, von wem dat kommt. Auf jeden Fall stimmt es. Die Natur ist auf die Bienen angewiesen.« Er machte eine Pause und ließ seinen Blick durch seinen Garten schweifen. »Guck dir mal den Kirschbaum da hinten an. Ohne die Bestäubung durch die Bienen hätte der jetzt kaum Früchte. Dann hätten wir jetzt nix auf 'm Teller, und auch die Amseln und anderen Vögel, die mir immer die Kirschen klauen, hätten nix.« Eine pralle, rot leuchtende Frucht nach der anderen verschwand in seinem Mund. Kauend sprach er weiter:

»Die Bienen sind dat unverzichtbare Bindeglied. Nich nur Blumen und Kräuter, auch Obst und Gemüse – alles braucht Bestäubung. Dat is die Nahrungsgrundlage für viele Tiere und natürlich auch für uns. Mehr als 80 Prozent der landwirtschaftlichen Erträge hängen von der Bestäubung durch Bienen ab. Jetzt stell dir mal vor, die würde plötzlich wegfallen!«

»He, lass mir auch noch ein paar Kirschen übrig«, meckerte ich dazwischen. »80 Prozent? Das wusste ich nicht. Das ist 'ne Menge.« Ich blickte mich in Bernies Garten um und zählte die Obstbäume und Sträucher. »Fast jeder Baum oder Strauch bei dir braucht also Bienen zur Bestäubung.«

»So, und nu verrat ich dir noch was«, sagte Bernie und hob den Zeigefinger: »Bienen sind finanziell gesehen die drittwichtigsten Nutztiere! Nach Rindern und Schweinen. Die Bestäubungsleistung – wenn du die in Geldwert umrechnest, dann kannst du sagen: Die Biene erwirtschaftet in Deutschland jährlich an die zwei Milliarden Euro! Zwei Mill-i-arden!« Bernie klopfte bei jeder Silbe auf den Tisch. Die Kirschen hüpften auf ihrem Teller herum. »Aber manchmal glaub ich, das interessiert niemanden. Jedenfalls nich die Herren und Damen Politiker da oben!« Bernie fuchtelte aufgebracht in der Luft herum. Er machte eine kurze Pause. »Wat ist heute für 'n Datum?«

»Der 14. Mai, glaube ich.«

»Nächste Woche – am 22. Mai ist wieder der ›Internationale Tag der biologischen Vielfalt‹. Da feiern die Vereinten Nationen ihre dollen Vorsätze zur Erhaltung der sogenannten Biodiversität.« Er steckte sich eine Kirsche in den Mund. »Merkst du da wat von? Ich nich. Guck dich doch mal um. Siehst du hier irgendwo 'ne bunt blühende Wiese?«

»Ja, bei dir im Garten«, versuchte ich einen kleinen Scherz zu machen.

»Mensch Mädel, dat mein ich doch nich!«, schnaubte Bernie. »Es geht ums große Ganze!« Ich hielt lieber meinen Mund.

»Die Bienen sind einfach zu klein.« Mit grimmigem Blick wischte Bernie ein paar Krümel vom Tisch. »Wenn bei mir ein ganzes Bienenvolk eingeht – sagen wir mal ungefähr 80 000 Stück – dann nehm ich 'n Kehrblech und feg sie in die Tonne. Fertig.« Er sah mich an. »Und nu stell dir mal vor, die Tierchen wären so groß wie Schweine.« Ich runzelte die Stirn, aber Bernie legte mir die Hand auf den Unterarm. »Dat wär doch dann in den Nachrichten!«, donnerte er, »und zwar weltweit!« Der Vergleich hinkte vielleicht etwas, aber mir dämmerte, was Bernie meinte. »Und dann stechen die Mistviecher auch noch! Insekten!« Er schnaubte. »Da will man doch sowieso nur mit 'ner Klatsche draufhauen! Biene – Wespe – scheißegal!« Bernie schüttelte den Kopf und resümierte seufzend: »Ich weiß nich. Bienen haben einfach keine Lobby.«

Eine Zeit lang saßen wir schweigend beieinander. Auf dem Kirschteller lagen nur noch abgegessene Stängel. Bisher hatte ich mit Bernie noch nie über Politik gesprochen. Wenn ich ihn besuchte, war das Weltgeschehen meilenweit entfernt. Jetzt merkte ich, dass er sich wirklich Gedanken machte.

»Und was ist mit dem Imkerverband? …«, wagte ich einzuhaken.

Bernie grinste mich schief an und zog eine Augenbraue hoch: »Die paar Imker, die es hier noch gibt, können doch eh nix ausrichten. Unternehmen wie Monsanto, Pioneer oder Bayer scheffeln mit gentechnisch veränderten Pflanzen und Pestiziden Milliardengewinne. Und die haben auch hier die Hosen an, ist doch klar. Die diktieren den Landwirten, was sie auf die Felder bringen. Überall nur noch Monokulturen aus irgendwelchen Hochleistungskörnern.«

»Aber wenn die Bienen so einen volkswirtschaftlichen Nutzen haben, warum greifen dann die Politiker oder auch die Umweltverbände nicht ein?«

Bernie zuckte die Schultern. »Manchmal glaub ich, die von Greenpeace interessieren sich nur für ihre Wale.«

»Na ja, die sind natürlich schon öffentlichkeitswirksamer«, musste ich ihm recht geben.

Bernie nickte. »Und die Politiker kuschen immer vor der Macht des Geldes. In Wahrheit wird Deutschland doch von Konzernen gelenkt … So seh ich dat jedenfalls.« Bernie hob den Arm und zeigte Richtung Gartenzaun. »Der ganze Mist geht ja schon im Kleinen los. Guck mal hier direkt nebenan beim Nachbarn: Auch nur totgepflegte Rasenflächen, wo sich ja kein Löwenzahn zeigen darf. Da kommt sofort die Giftspritze und haut ihm eins übern Kopp.« Bernie gönnte sich einen kräftigen Schluck Wasser.

Nachdenklich sah ich zum Nachbarn hinüber. Der hatte einen dieser typischen spießigen Ziergärten, wie es sie massenhaft in Deutschland gab. Zwischen Bernie und ihm hatte es schon so manchen Streit wegen fliegender Unkrautsamen und »ungepflegter« Beete gegeben.

Bernie seufzte. »Und jetzt droht uns auch noch die totale ›Vermaisung‹ durch die Biogasanlagen. Der Mais verdrängt immer mehr Brachflächen und Rapsfelder. Von Gentechnik fang ich gar nich erst an. Also echt. Gut, dass ich so 'n oller Opa bin. Da muss ich mir dat nich mehr lange mit ankiecken.«

Erschöpft lehnte er sich in seinem Stuhl zurück. Er hatte sich bei seiner Brandrede ganz schön verausgabt.

Ich blickte in die Ferne: Große Felder, Weiden, ein paar Hecken – so sah es um uns herum aus. Anders kannte ich diese Gegend gar nicht. Für mich war das die »natürliche«

Landschaft Schleswig-Holsteins, die Natur sozusagen. Dass es sich hier in Wirklichkeit um eine »industriell« geprägte Landschaft handelte, kapierte ich jetzt erst.

Bernies Perspektive war natürlich eine ganz andere: 1930 geboren, hatte er die Industrialisierung der Landwirtschaft voll miterlebt. Mit der Verdrängung der Arbeitspferde durch die Traktoren konnten viel größere Flächen erschlossen und bearbeitet werden. Wo früher Wiesen waren, um Heu für die Tiere zu ernten, wurde nun auch Getreide angebaut. Künstlicher Dünger löste die Notwendigkeit der Fruchtfolge auf dem Acker ab, machte die Bodenverbesserung durch Klee, Luzerne oder Ackerbohnen, die wichtige Trachtpflanzen für Bienen waren, überflüssig. Blühende Acker(un)kräuter wie Mohn oder Kornblumen konnten jetzt durch den Einsatz von Pestiziden in Schach gehalten werden.

Heute waren die Felder um Bernies Haus riesengroß und ausschließlich mit Weizen und Gerste, Raps und Zuckerrüben bestellt. Und seit ein paar Jahren auch vermehrt mit Mais, der für die Biogasanlagen bestimmt war. Für die Bienen blieb nur noch der Raps als Nahrungsquelle.

Auf den Wiesen sah es nicht anders aus. Wiesenblumen und -kräuter wurden kurz vor der Blüte gemäht, um Silage für das Vieh zu ernten. Und wenn dann noch in Gärten hochgezüchtete Blumen mit gefüllten Blüten wuchsen, deren Nektar die Bienen nicht erreichen können, oder Gewächse gepflanzt wurden, die nicht aus dieser Region stammten, hatten Bienen einfach keine Chance mehr.

Als ich am späten Nachmittag nach Hause radelte, hatte ich ein mulmiges Gefühl. Der Weg kam mir mit einem Mal gar nicht mehr so idyllisch vor. Außer Grün und Braun gab es kaum andere Farben. Nach Bernies Vortrag erschien mir die

Landschaft brutal ausgeräumt. Die Felder, über die ich meinen Blick so gerne schweifen ließ, konnten scheinbar nicht groß genug sein. Ihre Rillen verliefen bis zu den Straßenrändern, selbst die Seitenstreifen waren nahezu umgepflügt. Die Bäume und Sträucher, die den Straßenrand säumten, sahen auch nicht gerade üppig aus: Sie wurden regelmäßig rabiat gestutzt und ragten schmal, fast senkrecht in die Luft, damit die riesigen Landmaschinen möglichst dicht dran vorbeifahren konnten. Bernie hatte recht. Mit Natur hatte das alles nicht mehr viel zu tun.

Ich stieg an der Einfahrt vom Fahrrad und schob die 100 Meter zum Haus. Überall bunte Blüten. Hier gab es reichlich Tracht für meine Bienen. Tracht, ein Wort, das ich früher nur mit Dirndl und Janker in Verbindung gebracht hatte, bezeichnet als Oberbegriff die Nahrung von Bienen – Nektar, Pollen oder Honigtau.

Dieses Jahr lag unser Haus wie eine Insel inmitten eines Meeres aus Raps – alles war gelb, so weit das Auge reichte, und es hing ein schwerer, süßer Duft in der Luft. Raps ist die erste Massentracht im Jahr, sie beschert den Bienen im Mai volle Honigspeicher. Um den Teich in unserem Garten wucherten Weidenkätzchen und Haselsträucher, die im Frühjahr wichtige Pollenspender waren. Außerdem hatten wir Apfel-, Kirsch- und Pflaumenbäume, Johannis- und Himbeersträucher im Garten und auf der Wiese ums Haus wuchsen massenhaft Löwenzahn und Klee. Nebenan gab es ein verwildertes Grundstück mit weiteren Obstbäumen, Brombeeren und Unmengen an Blümchen und Kräutern.

Aber was, wenn im nächsten Jahr kein Raps hinterm Haus angebaut würde? Würde das Angebot an Blühpflanzen dann auch reichen? Außerdem ging es ja nicht nur um die Menge an Blüten, es ging auch darum, dass die Bienen Vielfalt benötigten.

Während ich mein Fahrrad den Weg entlangschob, betrachtete ich die angrenzenden Wiesen. Hier wuchs auch nur Gras für Silage. Wenn ich meine Umgebung bienenfreundlicher gestalten und meinen Immen auch ohne Raps hinterm Haus genügend Nahrungsquellen bieten wollte, wäre es sinnvoll, dort Bienenpflanzen zu säen. Außerdem sah das auch viel schöner aus. Ich nahm mir vor, mit dem Eigentümer zu sprechen und zu fragen, ob ich die Flächen irgendwann pachten könnte. Aber erst mal wollte ich mit unserer eigenen Wiese anfangen, die konnte neben Löwenzahn und Klee noch mehr Vielfalt vertragen. Und Bernies Tipp war leicht umzusetzen: Er ebnete frisch aufgeworfene Maulwurfshügel in seinem Garten einfach ein und streute Sämereien auf den aufgelockerten Mutterboden. Auf diese Weise hatte er in seinem Garten im Laufe der Jahre viele kleine Blühinseln geschaffen. Beim nächsten Maulwurfshügel würde ich das auch tun.

Selbst wenn hier bei uns die Welt noch einigermaßen in Ordnung schien, war ich doch für den Rest des Tages schlechter Laune. Bernie hatte mich auf den Boden der Tatsachen geholt. Worauf hatte ich mich da eingelassen? Die Imkerei war alles andere als ein romantisches Vergnügen. Die Honigbiene gab es schon seit Millionen von Jahren, wie ein in der Ostsee gefundener Bernstein mit einer eingeschlossenen Biene belegte. Aber jetzt hing ihr Fortbestand an einem seidenen Faden und auch die Imkerei war eine aussterbende Zunft. Die Zahl von 180 000 Imkern in den 50er Jahren hatte sich bis heute halbiert. Von den ehemals zwei Millionen Bienenvölkern existierte 2010 in Deutschland gerade noch ein Drittel. Tendenz rückläufig. Warum musste ich ausgerechnet in einer Zeit anfangen, in der alles den Bach runterging?

Imker waren einmal angesehene Leute gewesen, die vielfältige Privilegien genossen. Man verehrte Bienen und ihre Produkte. Schon in der Steinzeit kannte und liebte der Mensch den Honig. In vielen Kulturen galt er als Speise der Götter und wurde Verstorbenen als Grabbeigabe mitgegeben. In der Antike wurden Teilnehmer der Olympischen Spiele mit Honigwasser »gedopt«. Bereits damals gab es etliche Rezepte zur medizinischen Anwendung von Honig, etwa bei der Wundbehandlung oder Fiebersenkung. Im Mittelalter war das Bienenwachs für die Kerzenherstellung so kostbar, dass es in Gold aufgewogen wurde. Von alledem waren wir mittlerweile meilenweit entfernt. Seit der Kolonialzeit importierte man Zucker aus Zuckerrohrsaft. Im 19. Jahrhundert kam der Anbau von Zuckerrüben dazu, was dafür sorgte, dass der Honig in seiner Bedeutung als Süßungsmittel verdrängt wurde. Dadurch verloren die Imkerei, die Bienen und Bienenprodukte ihren ehemals hohen Stellenwert.

»Heute gibt es einen Bienenfilm. Soll ich dir vorlesen, was hier steht?«, fragte Jon beim Frühstück, während er sich über das Fernsehprogramm beugte. »›Bienen in Not‹: Die Bienenpopulation sinkt weltweit dramatisch um mehrere Milliarden Tiere pro Jahr. Das mysteriöse Bienensterben ist ein großes Problem für die Mandelproduzenten in Kalifornien, die 80 Prozent des Weltmarkts versorgen. In ›Bienen in Not‹ gehen Wissenschaftler den möglichen Ursachen nach und geben Aufschluss über die Konsequenzen.«

»Klingt nach einem schönen Fernsehabend ...« Ich seufzte in mein Müsli hinein.

Abends saßen wir mit Knabberkram vor dem Fernseher. Was wir sahen, war in der Tat schockierend. In Kalifornien wurden auf Plantagen mit gigantischen Ausmaßen ausschließlich Mandeln angebaut. Damit die Bäume in der kurzen Zeit ihrer Blüte bestäubt werden konnten, karrten Imker aus den gesamten USA ihre Bienen nach Kalifornien. Hunderttausende von Bienenvölkern wurden auf riesige Trucks verladen und traten, vollgepumpt mit Antibiotika und anderen »Stärkungsmitteln«, eine viele Tausend Kilometer weite Reise an. Die Arbeit ihrer Bienen ließen sich die Imker teuer bezahlen. Honiggewinnung spielte dabei keine Rolle. Es ging ausschließlich um die Bestäubungsleistung. Da die Mandelbäume mit aller Macht der Chemie gegen Unkraut und Krankheiten geschützt wurden, erhielten die Bienen eine Pestizid-Dusche nach der anderen. Dass dabei viele Völker eingingen, nahm man billigend in Kauf. Nach der Mandelblüte wurden die Bienen wieder verladen und in eine andere Anbauregion Nordamerikas gebracht, wo sie wiederum auf riesigen Plantagen Äpfel, Himbeeren oder Kürbisse zu bestäuben hatten. So ging es das ganze Jahr über kreuz und quer durch die USA. Ein Bienenvolk reiste auf diese Weise locker an die 18 000 Kilometer pro Jahr.

Ende 2006 fanden amerikanische Imker viele ihrer Bienenstöcke plötzlich leer vor. Ganze Völker waren förmlich wie vom Erdboden verschluckt. Niemand konnte sich erklären, was geschehen war. Wo waren die Bienen geblieben? Die Vermutung lag nahe, dass ihr Navigationsvermögen nicht mehr funktionierte. Anstatt nach einem Sammelflug in den Stock zurückzukehren, verendeten sie irgendwo außerhalb. Viele Imker verloren einen Großteil ihrer Bestände und mussten um ihre Existenz fürchten. Was waren die Gründe für den Massenexitus? Der Transportstress, die Belastung mit Medikamenten oder Pestiziden oder die einseitige Ernährung? Das Schreckgespenst wurde mit dem diffusen Namen »Colony Collapse Disorder« (CCD) bezeichnet. Mittlerweile war das Phänomen nicht mehr nur in den USA, sondern auch in Europa zu beobachten.

Als der Film zu Ende war, stellte ich den Ton ab. Schweigend saßen wir auf dem Sofa. Ich schaute aus dem Fenster. Der Mond stand wolkenverhangen am Himmel. Meine Bienenstöcke waren nur noch schwarze Silhouetten. Sie sahen ein bisschen wie Grabsteine aus.

7.

Im 7. Kapitel wird es ernst in meiner Honigküche. Bei schönstem Wetter geht es nicht nur für mich, sondern auch für meine Immen ans Eingemachte.

Mittlerweile hatte ich mehrere Bienenjahre bei Bernie verbracht und meine »Ausbildung« neigte sich dem Ende zu. Seit wir auf dem Land wohnten, hatte ich meine Bienen auf unser Grundstück geholt, und wenn ich zu meinem Bienenmeister fuhr, dann hauptsächlich um zu klönen oder zu fachsimpeln.

Es war Juni und das Wetter war seit Wochen durchgehend sonnig und warm. Von Regen war weit und breit keine Spur, was nicht nur Auswirkungen auf die Natur, sondern auch auf die Produktivität der Bienen hatte.

Anfangs hatte ich mich über Bernies Vorschlag amüsiert. »Wetteraufzeichnungen!? Nee, das mache ich nicht, das ist nur was für alte Leute. Wozu soll das denn gut sein?«, maulte ich, als er mir eines Tages nahelegte, doch auch Notizen über das Wetter und die Entwicklung der Raps- oder Obstblüte zu machen.

Aber er hielt daran fest: »Bienen lieben Sonne. Wenn es kühl und verregnet ist, bleiben sie lieber zu Hause. Genau wie wir. Nur wenn es kuschelig warm und sonnig is, gehen sie zur Arbeit.« Die Aufzeichnungen würden Hinweise über die Entwicklung im Bienenvolk und den richtigen Zeitpunkt zum Schleudern geben, erklärte er mir. »Dat darfst du nicht unterschätzen.« Mit ernster Stimme signalisierte er, dass es keinen Grund gab, sich über irgendetwas lustig zu machen. »Gut is, wenn vorm Schleudern 'n paar Tage schlechtes Wetter herrscht. Dann haben die Bienen keinen frischen Nektar eingetragen und sich ganz drauf konzentriert, dem Honig in den Waben dat Wasser zu entziehen. Ungefähr drei Tage nach der Rapsblüte kannst du mal in die Völker gucken und prüfen, ob die Waben schon großflächig mit Wachs verdeckelt sind«, hatte Bernie ausgeholt. »Wetteraufzeichnungen sind wat Sinnvolles! Da wirst du auch noch hinterkommen.«

Und Bernie hatte recht behalten. Irgendwann hatte ich gemerkt, dass es sogar richtig Spaß machte, jeden Abend kleine Wettersymbole und Stichworte in meinen Kalender einzutragen. So wie sich der Himmel in den letzten Wochen für mich präsentiert hatte, deutete alles darauf hin, dass ich eine üppige Honigernte erwarten konnte.

Bevor es jedoch ans Honigschleudern ging, musste ich erst noch meine neue »Bienenküche« herrichten. Bei Bernie hatten wir in der Garage geschleudert, weil seine Küche viel zu klein war. Seine Nachbarn schauten dann gerne mal vorbei, man schnackte, guckte zu und naschte vom frisch geschleuderten Honig. Für den Hausgebrauch war das sicherlich in Ordnung, aber eigentlich war es mir immer ein bisschen zu schmuddelig gewesen. Der Boden war aus rohem Beton und es roch leicht nach Motorenöl. Fließend Wasser gab es nicht. Ein Eimer gefüllt mit Wasser, das sich über den Tag in eine klebrig-süße Brühe verwandelte, diente als provisorisches Waschbecken. Damit seine Bienen nicht vom süßen Geruch des »gestohlenen« Honigs angelockt wurden, mussten wir das Garagentor schließen und im schönsten Sommer ohne Tageslicht unter einer Neonröhre arbeiten.

Bei uns konnten die Voraussetzungen besser nicht sein: Ein geräumiger Schuppen bot ausreichend Platz für meine inzwischen stattliche Menge an Zubehör. Außerdem gab es einen Raum mit separatem Eingang, den ich zur Honigküche umfunktionieren wollte. Der Boden war bereits gefliest und ich musste nur noch die Wände kacheln und eine Arbeitsplatte mit Spüle einbauen lassen. Ich brannte darauf, hier zum ersten Mal zu schleudern und meinen eigenen Honig abzufüllen.

Um es wirklich »richtig« zu machen, wagte ich die Flucht nach vorn und lud, nachdem alles fertig war, zwei Lebensmittelkontrolleure vom zuständigen Kreis ein. Sie sollten meine Bienenküche überprüfen und mir gegebenenfalls Hinweise geben, was zu verbessern wäre. Ich wollte unbedingt alle Auflagen erfüllen und war aufgeregt wie bei einer echten Prüfung.

Mit ernster Miene betraten die Herren meine Imkerei.

»So, jetzt wollen wir mal gucken, was wir hier haben …«, brummte der Ältere der beiden mit süffisantem Lächeln. »Wir finden immer etwas, das nicht stimmt, davon können Sie mal ausgehen.« Verunsichert beobachtete ich ihren Gang durch meine Honigküche. Mit kritischem Blick und in Falten geworfener Stirn suchten die beiden Männer jeden Winkel ab. Sie überprüften das Furnier der Arbeitsplatte auf Risse, wischten mit dem Finger über den Fensterkitt, tuschelten dabei miteinander und es schien, als würde ihre Mängelliste immer länger werden.

»Junge Frau. Folgendes …«, setzte der Ältere an, woraufhin er eine Pause und ein strenges Gesicht machte. Angespannt hielt ich die Luft an. »Wir …« Na, was denn nun? Ich wurde immer nervöser. »… wünschen Ihnen viel Spaß mit Ihren Bienen.«

Uff, ein Stein in Größe eines Findlings fiel mir vom Herzen.

»Allerdings fehlt noch ein Papierhandtuch- und ein Händedesinfektions-Spender, wegen der Hyyygiiiiene!«, schob sein Kollege hinterher, wobei er das Wort Hygiene wie einen Kaugummi dehnte und mir dabei zuzwinkerte.

Ein paar Tage nach Ende der Rapsblüte kam die Zeit zum Schleudern. Bisher hatte Bernie jedes Mal den Zeitpunkt zum Schleudern bestimmt. Diesmal wollte ich selber entscheiden, wann es so weit war.

»Sind die Waben zu zwei Drittel mit Wachs verdeckelt, kannste schleudern«, hatte Bernie mir als Faustregel mit auf den Weg gegeben. Und um ganz sicherzugehen, dass der Honig tatsächlich reif für die Schleuder war, stieß ich ein paar Waben mit einem kräftigen Ruck in die Luft. Keine Honigspritzer zu sehen. Das war ein gutes Zeichen.

»Was machst 'n du da mit der Wabe?« Eine Stimme ließ mich zusammenzucken. Ich drehte mich um. Hinter mir stand ein Mann, den ich noch nie gesehen hatte. »Werner«, stellte er sich vor. Er war gekommen, um beim verlassenen Grundstück nebenan nach dem Rechten zu schauen. Die Besitzerin kam nur alle Jubeljahre mal vorbei und überließ den Flecken ansonsten sich selber. Und mir. Es war eine wilde nklave mit undurchdringlichem Brombeergebüsch und ich durfte ein paar meiner Bienenvölker dort hinstellen.

Werners lange weiße Haare waren zu einem Pferdeschwanz gebunden. Er hatte eine sanfte Stimme und einen freundlichen Blick. Auf dem Kopf saß ein kleines Kompotthütchen, das seine besten Zeiten schon hinter sich hatte, und als er mich anlächelte, bemerkte ich, dass einer der vorderen Schneidezähne fehlte.

»Ich hatte früher auch Bienen, als ich noch in Frankreich in 'ner Kommune wohnte. Ich kenn mich aus mit Bienen. Darf ich 'n bisschen zugucken?«

»Ja klar, das kann nur etwas unangenehm werden. Ich checke gerade, ob der Honig zum Schleudern reif ist, und das mögen sie natürlich nicht«, warnte ich den unvermuteten Zaungast.

»Ach, Bienen tun mir nichts. Die merken, dass ich sie mag«, erwiderte er zuversichtlich und stand auch schon hinter mir. »Wieso reif? Honig ist doch kein Käse. Wir haben ihn früher immer geschleudert, wenn wir der Meinung waren, der Honig würde für unseren Bedarf ausreichen und wir Lust und Zeit hatten«, gab das Kompotthütchen zum Besten.

»Wenn ihr Lust dazu hattet? Das ist ja lässig! Aber so funktioniert das nicht. Bevor man den Honig erntet, muss man auf einiges achten. Ansonsten kann er anfangen zu gären und dann taugt er nur noch zu Met«, korrigierte ich ihn und klang dabei fast ein bisschen wie Bernie.

Das Kompotthütchen kannte sich offensichtlich doch nicht so gut aus. Imkern nach dem Lustprinzip. War das sein Ernst? Bei ihm schien noch Grundlagenarbeit notwendig zu sein.

Ich holte weiter aus: »Honig dient den Bienen als Energielieferant in der kalten Jahreszeit, vergleichbar mit unserem Heizöl, daher muss er über den ganzen Winter hinweg haltbar sein.« Ein mildes Lächeln umspielte Werners Mund. Hielt er mich für besserwisserisch? Egal, ich ließ mich nicht beirren und redete einfach weiter. »Die Bienen dicken den ursprünglich wässrigen Nektar ein. Das machen sie durch Hinzufügen von Enzymen. Sie tragen den Nektar von Zelle zu Zelle und befächeln ihn mit ihren Flügeln, damit das Wasser verdunstet«, belehrte ich den bezopften Altkommunarden.

Der Mann war mir sympathisch. Ich konnte mir lebhaft vorstellen, wie er in den 60er Jahren als Mitglied irgendeiner Kommune nicht nur mit neuen Wohnformen herumexperimentiert hatte. Mit so einem spannenden Exoten hatte ich hier überhaupt nicht gerechnet.

Im Moment wünschte ich mir allerdings eher einen Bernie her, denn der hätte mir helfen können, den Reifegrad des Honigs einzuschätzen. Zu lange durfte ich mit dem Schleudern nämlich auch nicht warten, sonst würde er bereits in den Waben auskristallisieren und sich gar nicht mehr schleudern lassen.

Für das Tempo der Kristallisation sind die Anteile an Trauben- und Fruchtzucker im Nektar verantwortlich. Viel Traubenzucker, wie im Fall von Raps, lässt den Honig sehr schnell kristallisieren und er kann steinhart werden. Ist dagegen der Fruchtzuckeranteil sehr hoch, wie bei Akazienhonig, kann es bis zu einem Jahr dauern, bis sich erste Zuckerkristalle zeigen. Dieser Honig bleibt sehr lange flüssig.

Bevor ich Bernie getroffen und mit der Imkerei angefangen hatte, hatte ich mich gelegentlich gefragt, warum mancher Honig so hart war, dass das Messer fast abbrach, und anderer immerzu flüssig blieb. Des Rätsels Lösung lag in eben diesen Zuckeranteilen und im Fleiß des Imkers: Der musste den Honig nach der Ernte rühren, um eine cremige Konsistenz zu erzielen.

»Na, dann mach mal«, meinte Werner jovial. »Ich bin gar nicht da.«

Dachte er immer noch, er wüsste es besser? Sein beobachtender Blick im Rücken verunsicherte mich, aber ich ließ mir nichts anmerken. Ich entschloss mich, die ersten Waben mit zum Schleudern zu nehmen. In der Honigküche würde ich dann ja ohnehin noch mal mit dem Refraktometer von Bernie nachmessen, wie viel Prozent Wasser der Honig genau enthielt.

Immer mehr Bienen schwirrten erbost um uns herum, als ich Wabe für Wabe abfegte. Schon hingen ein paar in Werners Zopf fest. Er befreite sie aus seinem Pferdeschwanz und tatsächlich schienen sie ihn nicht zu stechen. Mochten die Bienen ihn wirklich? Oder lag es daran, dass er in seinem Leben so viel geraucht hatte, dass sie ihn für einen wandelnden Smoker hielten? Vorstellen konnte ich es mir jedenfalls.

Nachdem ich den ersten Honigraum geleert hatte, gab ich entnervt auf. Die Bienen waren so aufgebracht, dass an ein ruhiges Arbeiten nicht mehr zu denken war. Ich musste abends wiederkommen und bei jedem Bienenstock eine »Bienenflucht« zwischen die Honigräume und die Brutzargen legen. Hotte hatte mir seinerzeit ein paar davon angefertigt. Eine Bienenflucht ist ein Brett in Größe der Bienenkästen. Es hat kleine Schleusen, durch die die Bienen von den Honigräumen zwar nach unten in den Brutraum, aber nicht mehr in die andere Richtung laufen können. Über Nacht würden die meisten Bienen den Honigraum verlassen, und ich würde dann die prallvollen Honigwaben entnehmen können, ohne dass ich allzu viele Bienen aufscheuche.

Dank der praktischen Bienenfluchten war die Entnahme der Honigwaben am nächsten Tag tatsächlich deutlich entspannter. Mit Mühe und Not schleppte ich eine der mehr als 30 Kilogramm schweren Zargen zur Schubkarre und bugsierte sie zu meiner Bienenküche.

Ich hatte noch etliche Honigräume zu ernten und mir war schnell klar, dass ich das nicht alleine schaffen würde. Jemand musste mir helfen, und da Jon beschäftigt war und ich Bernie nicht belämmern wollte, kam nur meine Schwester infrage.

Eine Stunde später stand sie mit Blaumann und Arbeitsstiefeln auf dem Hof. Den passenden Imkerhut mit Schleier bekam sie von mir. Damit keine Bienen von unten in ihre Hose krabbelten, hatte sie dicke Wollsocken angezogen, in die sie sorgfältig ihre Hosenbeine hineingesteckt und mit Fahrradgummis fest umwickelt hatte.

Gemeinsam öffneten wir einen Honigraum, um die Waben zu entnehmen. Hier waren trotz der Bienenflucht noch erstaunlich viele Bienen drin. Sofort wurden wir wieder von aufgebrachten Immen umsurrt.

»Aua, mich hat eine erwischt, glaub ich. Und … Aah, noch mal! Agnes!!«, schrie meine Schwester auf einmal neben mir los und führte auch schon einen wilden Veitstanz auf.

»Ruhig, je mehr du um dich schlägst, desto wilder werden sie«, ermahnte ich Carola.

Aufgeregt fuchtelte sie mit ihren Handschuhen an ihren Beinen herum. Jetzt erst begriff ich, was eigentlich los war: Rund um beide Fesseln hatten sich aufgebrachte Bienen in der Wolle ihrer Socken verhakt und stachen wild drauflos. Die stechenden Bienen verbreiteten Pheromone, die die anderen in Alarmbereitschaft versetzten und ebenfalls angriffslustig machten. Schnell schloss ich den Deckel des Bienenstocks. Wir mussten abbrechen.

Als wir in sicherer Entfernung waren, schob sie ihre Hosenbeine hoch, sodass wir die Bescherung begutachten konnten. An die zehn Stiche reihten sich in einer Kette an jeder ihrer Fesseln aneinander, genau dort, wo die Wollsocken eigentlich schützen sollten. Der Anblick erinnerte an den eintätowierten Körperschmuck von Eingeborenen. Die Stiche schwollen zu einem breiten, knallroten Ring zusammen und begannen höllisch zu jucken. Ein paar Übeltäter hingen sogar immer noch in der Wolle ihrer Socken fest.

»Wenn ich jetzt noch lebe, dann bin ich wenigstens mit Sicherheit nicht gegen Bienenstiche allergisch«, sagte Carola lakonisch. »Komm, lass uns weitermachen.«

Sie lutschte ein paar meiner homöopathischen Apis-Kügelchen, zog sich wegen ihrer geschwollenen Füße die deutlich größeren und höheren Gummistiefel von Jon an und war schon wieder auf dem Weg zu den Bienenstöcken. Voller Bewunderung stapfte ich hinter ihr her. Wenn ich so gestochen worden wäre, hätte ich fürs Erste wahrscheinlich keine Lust mehr gehabt, mich diesen Tieren auch nur auf zehn Meter Entfernung zu nähern.

Eines hatten wir jedenfalls gelernt: Wollsachen würden wir nie wieder anziehen, wenn wir zu den Bienenstöcken gingen.

Der süße Duft des Honigs lag in der Luft. Ich entfernte das Bienenwachs von den Zellen, dann reichte ich meiner Schwester die prall gefüllten Waben, damit sie sie ausschleudern konnte. Sobald ich die Wachsdeckel vorsichtig von den Zellen abhob, floss mir schon der Honig entgegen.

Und dann war es so weit: Ich öffnete den Zapfhahn der Schleuder und ein dicker Strahl des goldgelben Saftes ergoss sich durch ein Sieb in den Eimer. Für mich war das ein magischer Moment. Ich konnte meine Arbeit anfassen und sogar schmecken. Eimer um Eimer füllte sich. Der Honig hatte eine tolle Qualität – genau so wie er sein sollte. Nachdem alle Waben ausgeschleudert waren, blickten wir andächtig auf die vollen Kübel.

»Um diese riesige Menge zu sammeln, mussten die Bienen eine Wahnsinnsstrecke zurücklegen. Ein paar Hundert Mal um die Erde. Das kannst du ausrechnen: Für ein 500-Gramm-Glas sind es drei Erdumrundungen, irre, nicht?«, hörte ich mich feierlich sagen.

»Rechnen? Nö! Ich find das auch so toll genug«, antwortete Carola.

Ich war stolz wie Oskar auf meine Mädchen, aber auch auf mich.

Insgesamt bescherten mir meine Bienen 200 Kilo Rapshonig. Mir erschien das zunächst viel – bis ich eine SMS von Bienen-Hotte bekam, in der er mir mitteilte, dass er mit der gleichen Anzahl von Bienenvölkern fast das Doppelte geerntet hatte.

Das ließ mir keine Ruhe. Hatte ich etwas falsch gemacht? Waren meine Bienen faul? Sie hatten es in diesem Frühjahr doch nicht weit. Ihre Bienenstöcke standen keine 50 Meter von dem riesigen Rapsfeld entfernt. Ich wollte wissen, was die Ursache für diese unterschiedlichen Honigerträge war, und fragte Bernie.

Ihm ging es ebenso wie mir – und seine Begründung erstaunte mich: Bei uns in der Region war das Wetter während der Rapsblüte *zu* schön gewesen. Die Bienen waren zwar viel ausgeflogen, allerdings hatte es kaum geregnet, sodass der Raps nicht ausreichend Nektar bildete, in Imkersprache hieß das, er hatte nicht »gehonigt«. Ein Blick in meine Wetteraufzeichnungen, über die ich mich jetzt freute, bestätigte das:

- *1.–20. April: durchgängig gutes Wetter*
- *21. April: Geburtstag von Carola, herrliche Sonne, super Wetter, fleißiger Bienenflug*
- *23. April: Sonne, viel Flugbetrieb an den Bienenstöcken*
- *24. April: Sonne, zum ersten Mal im Garten gesonnt*
- *25. April: Sonne, Rasen gemäht*
- *26. April: Sonne, der Boden ist trocken, das Gras wird braun, da es jetzt zu kurz ist*
- *27. April bis 12. Mai: durchgehend Sonne, kein Regen, 1 Honigraum aufgesetzt; Bernie meint, ein zweiter Honigraum lohnt noch nicht*
- *13.–25. Mai: herrliches Frühlingswetter, aber kein Regen*

– *26. Mai: endlich! Das erste Mal seit einem Monat hat es
die ganze Nacht über geregnet. Alles frisch und saftig*
– *1. Juni: wieder seit ein paar Tagen nur Sonne. Fleißiges
Summen am Bienenstand. Am Wochenende schleudere ich*

Während der gesamten Zeit der Rapsblüte hatte ich ausschließlich kleine Sonnensymbole eingezeichnet. Nur an einem
einzigen Tag konnte ich ein paar hingekritzelte Regentropfen
in meinem Kalender erkennen. Dieser Zusammenhang war
mir neu. Ich hatte mich über das sonnige und trockene Frühlingswetter gefreut und mir gar keine Gedanken darüber gemacht, dass die Blüten bei der Trockenheit zu wenig Nektar
entwickeln könnten. Bei Bienen-Hotte hatte es anscheinend
häufiger geregnet, sodass seine Bienen mehr Nektar sammeln konnten.

Immer wieder ging ich in meine Bienenküche und ließ meinen Blick über die Massen an Honiggläsern schweifen.

Als Jon mich fragte, was ich denn mit dem Honig vorhät-
te, zuckte ich nur die Schultern. Erst mal wollte ich kein einziges Glas meines Schatzes hergeben. Noch nicht! Ich hatte
die Bienen das ganze Jahr über betüdelt, ich hatte den Honig
geschleudert, ihn tagelang morgens und abends gerührt, damit er feinkristallin und cremig wurde, und danach hatte ich
ihn abgefüllt. Jetzt wollte ich mich erst mal an meiner Aus-
beute erfreuen.

Ein paar Gläser verschenkte ich an die Familie und an
Freunde, den Rest hütete ich wie einen kleinen Schatz und
bildete mir insgeheim mächtig was darauf ein, dass ich zum
ersten Mal ohne Bernies Rat und Tat geimkert und Honig in
so toller Qualität geerntet hatte.

»Du machst Honig? So siehst du ja gar nicht aus.« Diese Worte bekam ich von vielen Bekannten zu hören, die nichts von meinen Bienenambitionen wussten, wenn ich sie mit einem Glas Honig überraschte. Ich genoss es, als Exotin zu gelten, als jemand, der etwas Ungewöhnliches machte. Etwas, das in meinem Umfeld sonst keiner tat. Alle liebten Honig, wussten aber kaum etwas über die goldgelbe Flüssigkeit aus dem Glas. Schnell wurde ich zur Expertin erklärt und mit Fragen gelöchert. Ich war Bernie dankbar, dass er mir sein Wissen weitergegeben hatte. Alles, was ich von ihm gelernt hatte, wandte ich nun erfolgreich an, und es baute mich auf, wenn ich Leute kennenlernte, die sich für meinen neuen Lebensinhalt interessierten. Es stärkte und nährte mein Selbstbewusstsein, das in der Endphase meines Angestelltendaseins auf die Größe einer Erbse geschrumpft war.

8.

Im 8. Kapitel prallen die unterschiedlichen Lebensgewohnheiten von Städtern und Landmenschen aufeinander, und Jon und ich erfahren von unserem wenig schmeichelhaften Spitznamen im Dorf.

»Bsss, bsss, bsss« – ein heftiges Surren bohrte sich in mein Unterbewusstsein. Hatte ich das geträumt? »Bsss, bsss, bsss.« Da war es schon wieder. Nein, ich war wach. »Bsss, bss, bsss.«

Es klang, als würde das Geräusch direkt hier im Zimmer verursacht. Die Digitalziffern meines Radioweckers standen auf 6.03 Uhr, durch die dunklen Vorhänge schimmerte bereits das Morgenlicht. Benommen kroch ich aus dem Bett und lugte durch die Gardine. In ungefähr 50 Metern Entfernung sah ich den Nachbarn mit einer Motorsense hinter seinem Holzschuppen auf der Grundstücksgrenze hantieren. Mit Mühe und Not schob er sich seitlich zwischen Schuppen und unserem Zaun entlang, nur um mit seinem Gerät schließlich ein paar Löwenzahnblüten zu erreichen und ihnen die gelben Köpfchen abzuhacken.

»Ach du lieber Himmel. Das muss ja nun wirklich nicht sein! Schon gar nicht um diese Zeit«, stöhnte ich leise. Und überhaupt, diese paar Blümchen, die er von seiner Seite noch nicht mal sehen kann, was gehen die ihn überhaupt an?

Jon knurrte leise und drehte sich auf die andere Seite. Wahrscheinlich hatte er sich längst Ohrenstöpsel in die Ohren gesteckt. Unentschlossen blickte ich zwischen Fenster und Bett hin und her. »Bss, bss, bsss« – das surrende Geräusch übertönte das Gezwitscher der Vögel und zerhackte nicht nur den

Löwenzahn, sondern auch meine Schlafgewohnheiten. Oder sollte ich auch wieder mit Ohrenstöpseln ins Bett zurückkriechen? Keine Chance. Wir waren schließlich unter anderem hierhergezogen, um dem Stadtlärm zu entfliehen, und hatten uns das einiges kosten lassen. Ich musste dem Nachbarn irgendwie verklickern, dass er mit seiner lautstarken Gartenarbeit bitte schön erst später am Tag beginnen oder zumindest am anderen Ende seines Grundstücks anfangen sollte. Groß genug war es ja schließlich. Um diese Zeit direkt an der Grundstücksgrenze zu mähen empfand ich geradezu als Provokation. Das konnte ich nicht einfach ignorieren, sonst würde uns der Nachbar womöglich künftig jeden Morgen um diese Uhrzeit wecken.

Sekundenlang stand ich unschlüssig im Flur herum. Aber was sollte ich ihm sagen? Bestimmt würde er sich angegriffen fühlen. Ich suchte nach einem Hintertürchen, mit dem ich mich aus der Affäre ziehen konnte. War das Geräusch wirklich so nervig, dass ich mich bereits ein paar Wochen nach unserem Einzug mit unserem einzigen Nachbarn anlegen wollte?

Wir hatten schnell mitbekommen, dass das ältere Ehepaar von nebenan, ehemalige Hofarbeiter des nahe gelegenen Gutshofes, mit dem ersten Hahnenschrei auf den Beinen war und von morgens bis abends draußen arbeitete. Die beiden hatten riesige Gemüsebeete, Enten, Gänse und Hühner und einen picobello gepflegten Ziergarten mit Gartenzwergen.

Mich faszinierte ihr Wissen über Gemüseanbau, und wahrscheinlich gehörten sie zu den wenigen Menschen, die sich noch komplett aus ihrem eigenen Garten ernähren konnten. Sie wussten, wie man Vorratshaltung betrieb, Gemüse haltbar machte, was man aus Feld und Wald sammeln konnte, und andere nützliche Dinge.

All das erforderte Einsatz rund um die Uhr. Punkt zwölf Uhr gab es Mittagessen. Dann folgte eine kurze Mittagsruhe, um gestärkt bis abends um sechs weiterzuwerkeln. Zweimal in der Woche wurde der Rasen gemäht, damit kein Kraut die Chance hatte, zur Blüte zu kommen.

Unser Leben hingegen hätte unterschiedlicher nicht sein können. Jon war eine Nachteule und ging meist erst weit nach Mitternacht ins Bett. Dementsprechend schlief er morgens gerne lange. Ich war zwar eine Frühaufsteherin, aber der jungfräuliche Morgen war mir heilig und musste gegen akustische Invasionen geschützt werden. Außer der Brandung des Meeres lag hier, anders als in Hamburg, kein Grundrauschen in der Luft. Jeder Mucks erschien doppelt und dreifach so laut wie in der Stadt. Die Laubsauger, die mir schon im herbstlichen Hamburg immer auf den Keks gegangen waren, hätten hier wie startende Düsenjäger geklungen.

Anders als unsere Nachbarn hatten wir keinen Nutzgarten. Wir hatten bis jetzt keine Ahnung von Gemüseanbau und Gartenpflege. Wenn wir draußen waren, faulenzten wir im Strandkorb oder saßen auf der Terrasse. Keiner von uns hatte Lust, stundenlang mit gekrümmtem Rücken Unkraut zu zupfen. Wegen meiner Bienen wäre ich sowieso nie auf die Idee gekommen, Klee oder Löwenzahn zu bekämpfen. Wenn wir mähten, dann war die Wiese meist schon so hoch, dass wir mit unserem Rasenmäher immer wieder stecken blieben. Außerdem ließen wir einen Teil des Grüns wild wachsen, um sicherzugehen, dass die Bienen auch genug Blüten finden konnten.

Den Nachbarn musste das ein Dorn im Auge sein. Land musste bewirtschaftet werden, dazu war es da, und außerdem musste verhindert werden, dass der Wind Unkrautsämlinge auf die gepflegten Beete wehte. Was hatte man nicht schon alles über Nachbarschaftskonflikte gehört. Bernie hatte mir ja auch schon sein Leid geklagt. Gerade wenn Städter aufs Land zogen und sich dann über den Geruch des Misthaufens oder das Gackern der Hühner beschwerten, konnte es mächtig krachen. Ich war dann immer auf der Seite der alteingesessenen Dorfbewohner gewesen, und jetzt gehörte ich plötzlich selber zur Fraktion »meckernder Städter«. Obwohl, ich hatte ja nichts gegen seinen Hahn, der morgens krähte, oder die Enten und Gänse, die unentwegt schnatterten. Nur gegen das fiese Motorengeheul.

Ich ging hinunter und beobachtete unseren Nachbarn Herrn Olschewski noch einen Moment lang aus dem Wohnzimmerfenster, bevor ich den Schritt hinaus wagte. Kopfschüttelnd verfolgte ich, wie er auf alles losging, was länger als fünf Zentimeter war. Manchmal fraß sich die rotierende Klinge des Geräts an einem besonders widerborstigen Gewächs fest oder kam einem Zaunpfahl zu nah. Dann wurde das Ding noch lauter und klang wie ein wütender Gremlin, der sich in seine Beute verbissen hatte. Um meinem Anliegen die notwendige Dramatik zu verleihen, hatte ich extra mein Nachthemd anbehalten und meine Haare noch mehr verstrubbelt, als sie ohnehin schon von der Nacht waren.

Ich fasste mir ein Herz. »Hallo, Herr Olschewski! Guuuten Morgen, Herr Olschewski?!« Ich musste fast schreien, bis er mich hörte. Er trug als Lärmschutz Mickymäuse auf den Ohren. »Sie sind ja fleißig – schon so früh am Morgen. Viel zu tun, was? Was ist das für ein praktisches Gerät?« Ich wollte erst mal für gute Stimmung sorgen.

Herr Olschewski stellte den Trimmer aus. »Das ist toll, nich? Ist was ganz Neues!« Offenbar freute er sich über mein Interesse. »Das geht alles ruck, zuck! Und nur mit einer Hand!« Der Mann war sich anscheinend keiner Schuld bewusst.

»Das ist ja wirklich toll!«, lobte ich das Teufelsgerät. »Sobald mein Mann wach ist, erzähle ich ihm davon. Wissen Sie, er arbeitet ja immer bis tief in die Nacht und dann muss er morgens natürlich länger schlafen. Aber wahrscheinlich ist er jetzt schon hellwach. Ihre Motorsense ist ja wirklich sehr laut.« Zusätzlich deutete ich über meinen Kopf hinweg zur Gaube unseres Schlafzimmers.

»Ja, laut ist das wohl!«, rief Herr Olschewski fröhlich und setzte seinen Gremlin wieder in Gang.

Ich stand da wie ein begossener Pudel. Meine Strategie »Loben-und-danach-mit-Zaunpfahl-Winken« funktionierte nicht. Genau wie bei Hotte: Mit Diplomatie war hier kein Blumentopf zu gewinnen. Ich musste deutlicher werden. Und das war genau das, was ich nicht gut konnte.

Ich nahm all meinen Mut zusammen. »Herr Olschweski!«, schrie ich in seinen Lärmschutzkopfhörer. »Können Sie bitte aufhören, direkt unter unserem Fenster mit Ihrer Sense zu arbeiten? Es ist erst sechs Uhr!« Ich deutete auf mein Handgelenk. »Mein Mann hat die ganze Nacht gearbeitet. Gegen zehn Uhr ist er bestimmt wach, dann können Sie hier weiter machen.«

Mein Herz klopfte wie wild. Ich, die Zugereiste, die Ausländerin, hatte es gewagt, den alteingesessenen Herrn Olschewski zurechtzuweisen. Ich hatte sein Jahrzehnte altes Gewohnheitsrecht infrage gestellt. Jetzt würde ich dafür die Quittung bekommen. Wahrscheinlich würde er mir gleich seine Sense um die Ohren hauen und dieser Morgen würde den Beginn einer dauerhaften Fehde markieren. Die Sekunden zogen sich wie eine kleine Ewigkeit.

Herr Olschewski verzog keine Miene. Er zuckte die Schultern und murmelte: »Ja klar, mach ich das eben später.«

Verblüfft begriff ich im ersten Moment gar nicht, was er

gesagt hatte. Am liebsten wäre ich ihm um den Hals gefallen. Nicht nur, dass er die Sense wegpackte. Er war sogar auch total freundlich und schien kein bisschen böse, dass ich seinen morgendlichen Schaffensdrang unterbinden wollte. Zahlte es sich jetzt aus, dass wir nach unserem Einzug mit einem Honigpräsent bei den Nachbarn vorbeigegangen waren und uns vorgestellt hatten?

Triumphierend schritt ich ins Haus zurück. Anscheinend musste ich hier auf dem Land lernen, Tacheles zu reden, wenn ich etwas erreichen wollte. Herr Olschewski würde uns künftig jedenfalls nicht mehr stören. Dachte ich.

Ein paar Tage später bekamen wir Besuch von einem befreundeten Paar aus Amsterdam. Paul und Micha wollten drei Wochen bleiben und waren begeistert vom Haus und der Umgebung. Sie brannten darauf, sich voll ins Landleben einzubringen, von ihrem Großstadtalltag abzuschalten und ihre »innere Mitte« wiederzufinden.

Sie standen noch früher auf als ich und begannen den Tag entweder mit Yoga oder Thai Chi im Garten. Micha war früher Tänzer gewesen, und als ich eines morgens aus dem Badezimmerfenster schaute, sah ich, wie er, nur in Unterwäsche, barfuß über den Tau der vorderen Wiese glitt und dabei geschmeidige Tai-Chi-Bewegungen vollführte. Die zwei Spaziergänger, die hier jeden Tag um die gleiche Zeit mit ihren Hunden vorbeiliefen, bemerkte er gar nicht. Erst ihr zaghafter Beifall am Ende seiner Performance riss ihn aus seinem tranceartigen Zustand.

»Kung-Fu?«, rief ihm einer der Hundehalter fragend zu.

»Doch nich in Unterbüxe ...«, feixte sein Begleiter lautstark.

Ich hatte mir mittlerweile angewöhnt, bei gutem Wetter

morgens nach dem Aufstehen mit einem Thermobecher voll Kaffee an den Strand zu radeln und baden zu gehen. Ich liebte die Stimmung um diese Zeit. Außer ein paar Möwen war keiner da. Das Meer war oft spiegelglatt, und wenn ich ins Wasser ging, flitzte eine Wolke kleiner Minifische vor mir her. Weit draußen tuckerten Fischerboote auf dem Heimweg von ihrer morgendlichen Fangtour. Wenn sie erfolgreich waren, konnte man im Eckernförder Hafen direkt ab Kutter frischen Fisch kaufen.

Micha und Paul begleiteten mich seit ihrer Ankunft auf meinen morgendlichen Touren zum Baden. Auf dem Rückweg entbrannte dann zwischen beiden regelmäßig ein Streit, wer zu Hause angekommen als Erster unter die Dusche durfte, um sich das Salz und den Sand abzuspülen. Der Letzte musste die Duschkabine trocken wischen und das war äußerst unbeliebt.

»Ihr solltet eine Gartendusche installieren«, schlug Micha nach einigen Tagen vor. »Damit ersparen wir uns das Wischen der Dusche und wässern gleichzeitig die Pflanzen!«

Eine super Idee. Noch am gleichen Tag fuhren wir zum Baumarkt und kauften eine Außendusche, die man in den Boden stecken und an den Gartenschlauch anschließen konnte. Da unser Schlauch nur fünf Meter lang war, mussten wir in diesem Radius einen Ort finden, der sich für unser Duschvergnügen unter freiem Himmel eignete.

Jon und ich votierten für einen Platz direkt an der Wand hinter dem Haus. Dort war man vor Wind und neugierigen Blicken von der Straße geschützt. Allerdings kam hier morgens noch keine Sonne hin.

»Nee, die Dusche muss dorthin, wo die Sonne ist«, wandte Micha mit seinem Rudi-Carell-Akzent ein. »Auf der Straße ist doch kaum Betrieb. Die Gefahr, dass uns hier jemand duschen sieht, ist echt gering.«

Gesagt – getan. Ab dem Moment, an dem die Gartendusche ihren Platz gefunden hatte, waren Micha und Paul fast nur noch dort anzutreffen. Das Wetter war nach wie vor heiß und sonnig, und so erfrischten sie sich mehrmals am Tag mit dem kalten Wasser aus der Dusche.

Eines Abends erhielten wir noch mehr Besuch, diesmal aus Hamburg. Ich hatte keine Lust, für die ganze Mannschaft zu kochen, und so bestellten wir im Nachbardorf Pizzen. Nachdem jeder seine Bestellung ungefähr fünfmal abgeändert hatte, sah mein Schmierzettel wie ein unleserliches Stück Altpapier aus. Ich rief den Pizzadienst an.

»Ja, gern. Bringen wir vorbei. Wie sind denn Name und Adresse?«, fragte mich die nette Dame am anderen Ende der Leitung. Brav gab ich Auskunft. »Ach nee, das ist ja bei den Nackten!«, entfuhr es ihr unvermittelt, um sogleich peinlich berührt mit der Bestellung weiterzumachen. »Äh, also zweimal die Vegetarische ohne ...«

»Bei den Nackten? ...«, echote ich verständnislos.

»Na ja«, druckste die Pizzatante kichernd, »das ganze Dorf spricht doch schon von den Nackten im Strohdachhaus.«

Neben ihrem Faible fürs Nacktduschen erwies sich die Gartenarbeit als zweite große Leidenschaft unserer holländischen Freunde. Die beiden hatten kaum ihre Sachen ausgepackt, da begannen sie auch schon, im Garten rumzupusseln. Micha wollte unbedingt ein Gemüsebeet anlegen. Zu verschiedenen Tageszeiten durchstreifte er den Garten, um den sonnigsten Platz für das Beet zu finden. Abends saß er über Gartenbüchern, machte sich Notizen und entwickelte Anbaupläne. Jon und ich ließen ihm völlig freie Hand und freuten uns über seinen Einsatz. Als er die richtige Ecke auf unserem Grundstück ausgemacht hatte, begann er die Grassoden zu entfernen und umzugraben. Die bereits überquellende Komposttonne – Hüter von jahrzehntealtem Humus – kam nun zu ihrem Recht. Eigentlich war das Jahr bereits zu weit fortgeschritten, um noch mit großen Ernteerfolgen rechnen zu können, dennoch setzten wir Erdbeerpflänzchen, säten Feld- und Kopfsalat, Möhren, Radieschen und Rucola.

Am Tag ihrer Abreise erklärte uns Micha, wie wir »sein« Gemüsebeet zu pflegen hätten, und wir versprachen, regelmäßig zu gießen, Unkraut zu jäten und Fotos der fortschreitenden Entwicklung zu schicken.

Innerhalb kürzester Zeit keimten zarte Salatblättchen und auch die Erdbeerpflanzen entwickelten sich super. Ab und an zählte ich die Blüten ab und freute mich insgeheim schon auf Unmengen von Erdbeeren mit Schlagsahne. Abends ging immer einer von uns hinaus, um das Beet zu gießen.

»Igitt, ich bin in eine Nacktschnecke getreten! Hilf mir mal, hier ist ja alles voll mit den Viechern.« Jons Ruf durchschnitt die abendliche Stille.

Er schlurfte im Dunklen über den Rasen und versuchte die zertretene Schnecke im Gras abzustreifen. Dass er sich dabei gleich ein paar neue in die Sohlen seiner Gummilatschen trat, ließ sich nicht vermeiden.

»Bring mir mal meine Stirnlampe. Ich kann gar nicht sehen, wo ich hintrete«, rief er mit angewiderter Stimme.

Ich lief nach oben, um unsere Lampen zu holen, und setzte mir meine auch gleich auf. Schritt für Schritt stakste ich vorsichtig über den Rasen. Jon stand wartend an unserem Gemüsebeet. Im Lichtkegel meiner Kopflampe konnte ich im Umkreis des Beets sehen, dass etliche braune Nacktschnecken zielstrebig in Richtung unserer zarten Gemüsepflänzchen krochen. Jon bückte sich und nahm den Salat in Augenschein.

»Scheiße«, fluchte er, »hier sind sie schon. Eins, zwei, drei, vier, fünf! Wenn wir nicht sofort was dagegen unternehmen, können wir unseren Salat vergessen!«

»Frag doch mal deine Mutter, was man gegen Nacktschnecken macht«, schlug ich vor.

Jon verschwand im Haus und erschien wenige Minuten später mit meinem Kartoffelpiekser, einem Eimer und kochendheißem Wasser.

»Aufspießen, im Eimer sammeln und dann mit heißem Wasser übergießen«, erklärte er. »Und zwar jeden Tag, das ist die einzige Möglichkeit, um die Biester in Schach zu halten.« Sein dramatischer Tonfall ließ keinen Zweifel daran, dass sofortige Aktion gefordert war.

»Mit meinem Kartoffelpiekser?! Der ist von WMF!«

»Egal«, unterbrach er mich und spießte auch schon die erste Nacktschnecke auf. »Wir müssen sofort handeln.«

Schnecke für Schnecke landete im Eimer. Bevor sie wieder herauskriechen konnten, begoss sie Jon mit dem Inhalt des Wasserkochers. Mein Magen drehte sich um. Bloß nicht hingucken. Das war eigentlich ganz schön fies, aber was sollten wir machen? An Nacktschnecken gab es auf diesem Grundstück keinen Mangel, und wenn wir überhaupt einen Fitzel Salat ernten wollten, mussten wir sie bekämpfen.

Jon ging von da an jeden Abend mit Kopflampe und meinem Edelstahl-Piekser, von dem ich mich für alle Zeiten verabschiedet hatte, auf Schneckenjagd. Tagsüber versteckten sich die Biester unter Blättern oder im Wald auf der anderen Straßenseite, um dann, wenn die Dämmerung kam und sich die Feuchtigkeit aufs Gras legte, herauszukriechen und sich über unser Beet herzumachen. Wenn Jon nach dem abendlichen Nacktschneckenmassaker ins Haus kam, warf er nur eine Zahl in den Raum: »25!«, oder »32!« oder sogar »41!«

Der Jäger hatte Beute gemacht – und ich zollte seinem Erfolg durch bewundernde Ausrufe Achtung und Respekt.

Um auch die Schnecken zu erwischen, die dem Piekser entgingen, verbuddelten wir zusätzlich zwei Bierfallen in der Mitte des Beetes. Trotzdem mussten wir jeden Morgen feststellen, dass hier und da Salatblätter abgefressen waren. Wahrscheinlich sprangen die Schnecken nachts mit kleinen Fallschirmen über unserer Anbaufläche ab.

Als überzeugte Verfechter eines halbwegs gesunden Lebensstils kauften wir überwiegend im Bioladen ein. Unser selbst gezogenes Gemüse mit Gift gegen die Schnecken zu verteidigen kam also nicht infrage – auch wenn ich mich manchmal dabei ertappte, wie ich im Baumarkt mit sehnsüchtigem Blick am Regal mit dem Schneckenkorn vorbeiging. In einem Internet-Forum wurde Lebermoosextrakt als Erfolg versprechendes Mittel gegen diese Plage gepriesen. Ebenso verzweifelt wie hoffnungsvoll bestellten wir gleich zwei Fläschchen und setzten eine Mischung aus Lebermoos und Wasser an.

Nach der Behandlung war der Salat tropfnass, wir hatten kein Blatt ausgelassen. Zufrieden und überzeugt, ein ökologisches Wundermittel gefunden zu haben, verzichteten wir an diesem Abend auf die Jagd nach den verfressenen Gesellen. Als ich am nächsten Morgen wie immer als Erstes mit meinem Kaffee in der Hand über die Zwischenstation beim Gemüsebeet zu meiner Bank gehen wollte, fiel mir vor Schreck fast die Milchkaffeeschale aus der Hand. Unser Beet war komplett leer geräumt. Von Salat und Erdbeerpflänzchen war nichts mehr zu sehen. Einzig das Maggikraut und der Estragon wucherten unbekümmert weiter vor sich hin. Aber diesmal waren nicht die Nacktschnecken schuld. Tiefe Löcher in der Erde offenbarten, welches Unheil in der Nacht über den Salat und die Erdbeeren gekommen war. Rehe!

Meine Freunde aus der Zeit, als Jon weg war, waren mit einem Mal zu Feinden geworden. Jetzt mussten wir nicht nur die Nacktschnecken, sondern auch die Rehe von unserem Gemüse fernhalten. Wir überspannten das Beet mit einem Vogelnetz und reparierten den Zaun, der an einer Stelle von den Bambis komplett niedergetrampelt worden war. Auch das Tor zur Straße schlossen wir künftig jeden Abend – vergeblich. Jeden Morgen fanden wir neue Spuren und Hinterlassenschaften von Rehen und Damwild.

»Sie wollen Krieg, sie bekommen Krieg«, verkündete Jon und bestellte eine Zwille, die er in greifbare Nähe ans Fenster legte – für den Fall, dass wir das Wild auf frischer Tat ertappen sollten.

»Und wenn du dabei eins ... erschießt?«, fragte ich besorgt nach. »Mit diesen Kügelchen?«, entgegnete er mir und hielt seine Munition hoch. Da sollte ich mir mal keine Sorgen machen. Ein kleiner zwiebelnder Schuss auf das Hinterteil würde sie lediglich erschrecken und vertreiben. Die nächsten fünf Abende legte sich Jon an der Fensterbank auf die Lauer. Aber die Rehe hatten offenbar einen sechsten Sinn. Kein einziges ließ sich mehr blicken. Ich wurde das Gefühl nicht los, dass er das ein bisschen bedauerte.

Ich war gerade dabei, den Terrassentisch für das Mittagessen zu decken, da sah ich, wie Herr Olschewski seine Wasserpumpe samt Schlauch auf unser Grundstück schleppte, um sich aus unserem Brunnen Wasser für sein Geflügel zu pumpen. Bei unserem Einzug waren wir über diese seit Jahrzehnten bestehende Praxis informiert worden und hatten keine Einwände dagegen erhoben. Da er dabei auch unsere Regentonne mit Gießwasser für die Pflanzen füllte, profitierten wir sogar davon. Erst recht, seitdem wir unser neues Gemüsebeet hatten. Wenn Herr Olschewski Wasser benötigte, verlegte er einen mehrere Meter langen Gartenschlauch vom Brunnen quer über unseren Rasen zu seinen Wassertonnen. Am Ende des Schlauchs war eine Pumpe angebracht, die das Wasser aus der Tiefe holte. Geschäftig lief er zwischen unserem und seinem Garten hin und her, dann war er verschwunden.

Als meine Schwester und ich uns gerade an den Tisch gesetzt hatten, kam er wieder durch das kleine Gartentor, das beide Grundstücke miteinander verband, lüpfte seine zerbeulte Baseball-Kappe freundlich zum Gruß, ging zur Pumpe und schaltete sie ein. Scheppernd und ratternd, nur drei Meter von unserem Mittagstisch entfernt, setzte sich das altersschwache Gerät in Gang. Herr Olschewski zog hier und da ein paar Schrauben fest, überprüfte, ob die Wassersäule auch stieg, und stiefelte dann wieder in seinen Garten zurück. Von Ferne hörten wir, wie das Wasser in seine Tonne plätscherte.

»Was soll *das* denn werden? Das gibt's doch nicht!« Irritiert blickten wir uns über den Tisch hinweg an. Eine normale Unterhaltung war kaum noch möglich. So hatten wir uns unsere Brotzeit nicht vorgestellt.

»Wie ist der denn drauf?« Carola war fassungslos. »Fängt direkt neben unserem Esstisch mit seiner Sch…pumpe an!«

Ich kochte innerlich. Meine Autorität als Hausherrin wurde hier eindeutig missachtet. Außerdem weckte der Übergriff Erinnerungen an die Zeit, als wir noch unser Ferienhaus hatten. Auf dem Hof gab es damals einen selbst ernannten »Blockwart«, der besonders gern mit seinem Frontlader direkt an unserem Kaffeetisch vorbeifuhr, um eine Handvoll Blätter auf einen Komposthaufen zu bringen – anstatt die Schubkarre zu nehmen. Wann immer er mit seinem weißen Schäferhund (den wir insgeheim »Blondie« getauft hatten)

Gassi ging, stolzierte er demonstrativ einen stillgelegten Trampelpfad entlang, der unmittelbar an unserer Haustür vorbeiführte. Wenn ich unseren Abfall zur Mülltonne brachte, schlich er Minuten später zu den Tonnen, um ihren Inhalt zu kontrollieren.

Als wir unser neues Grundstück bezogen, hatte ich mich auch darüber gefreut, dass mir dieser Typ künftig erspart blieb. Dass unser Nachbar jetzt ungeachtet unserer Anwesenheit mit dem Pumpen begann, war ein unangenehmes Déjà-vu.

»Der spinnt ja wohl!«, empörte ich mich und stapfte in Richtung Gartenpforte. Dort an den Holzschuppen gelehnt, saß Herr Olschewski und rauchte in aller Seelenruhe eine Zigarette. Da die Auseinandersetzung um seinen Gremlin so gut geklappt hatte, redete ich nun nicht lange um den heißen Brei herum.

»Herr Olschewski, können Sie bitte später pumpen? Wir sitzen hier beim Essen und wollen nicht gestört werden.«

»Ach so – ja, in Ordnung«, nuschelte er und zog an seinem Zigarettenstummel. Erleichtert bedankte ich mich und kehrte zum Tisch zurück. Doch die Pumpe rumpelte weiter vor sich hin und Herr Olschewski machte keine Anstalten, sie auszuschalten. Wir warteten ein paar Minuten, schauten uns ungläubig an, warteten – und nichts passierte. Das Essen war gelaufen. Als ich gerade wieder aufstehen wollte, kam er mit seiner Kippe im Mundwinkel durch die Pforte geschlurft.

»Da sind Sie ja endlich!«, rief ich ihm entgegen. »Ich hatte Sie doch gebeten, das Gerät auszustellen, solange wir am Tisch sitzen!«

»Ja, ja«, brummelte er, »aber unser Wasser war doch alle. Das nützt doch nix.«

Herr Olschewski sagte das so selbstverständlich und ohne

114

jeglichen Unterton, dass ich plötzlich begriff: Unser Nachbar hatte gar nicht beabsichtigt, uns mit der Aktion zu ärgern. Er tat nur das, was die Situation verlangte. Wenn er Unkraut sah, musste es weggesenst werden, egal wie viel Uhr es war. Wenn sein Wasservorrat am Ende war, musste eben Wasser her – und zwar sofort. Die Erfordernisse der Landwirtschaft diktierten ihm, wann was zu tun war. Alles andere hatte vor diesen Notwendigkeiten zurückzutreten. So war er es aus seiner Zeit als Landarbeiter gewohnt. Damals gingen die Kühe vor und strukturierten den Tag. Jetzt waren es die Bedürfnisse der Enten, Hühner und Gänse, die Aussaat und Ernte des Gemüses oder die Wachstumsgeschwindigkeit des Unkrauts.

Mit einem Mal war mein Groll verflogen. Das Sensen des Unkrauts hatte er sich auf mein Bitten hin verkneifen können, aber als sein Geflügel ohne Wasser war, hatte das eindeutig Vorrang vor allem anderen und das Auffüllen der Wasservorräte durfte nicht aufgeschoben werden. Auch nicht, wenn man ihn darum bat. Was sein musste, musste sein – wat mutt, dat mutt.

9.

Im 9. Kapitel laufen beziehungsweise fliegen mir fast alle Immen weg, weshalb ich nicht im Wald, sondern im Apfelbaum stehe und es mit einem Mal Bienen regnet.

Das Gras stand schon so hoch, dass ich mit dem Handmäher nicht mehr durchkam.

»Mist. Ich schaff das nicht!«, rief ich über die Schulter in Richtung Haustür. »Entweder du machst weiter oder da muss ein Profi ran.« Jon lugte aus der Küchentür, die über die Terrasse in den Garten führte.

»Iiich?? Nee, keine Zeit, ich hab echt zu viel zu tun«, wies er meine Bitte mit gespielter Empörung von sich.

Das war genau die Reaktion, mit der ich gerechnet hatte. Jetzt würde ich endlich jemanden mit dem Mähen der Wiese beauftragen, und natürlich wusste ich längst, wen ich fragen konnte.

Schon am nächsten Tag bog der Gärtner aus dem Nachbarort mit seiner klapprigen VW-Pritsche auf den Hof – einen knallgrünen Aufsitzmäher auf der Ladefläche. In null Komma nichts war der größte Teil der vorderen Wiese gemäht.

»Ihre Bienen sind aber ganz schön aufgeregt! Ich rauche schon eine nach der anderen, um sie mir vom Hals zu halten!«, rief er mir quer über den Rasen zu, als ich kam, um ihn zu fragen, ob er etwas benötigte.

Tatsächlich! Eine riesige Wolke von Bienen flog kreuz und quer durch die Luft, genau über dem Teil der Wiese, den der Gärtner gerade mähte. Die Wolke wurde größer und größer. Ehe ich mich versah, stand ich selbst mittendrin. Hin und wieder prallten einige Bienen an mir ab. Ich versuchte ihnen auszuweichen, duckte mich, wich zurück – aber es nützte nichts. Sie waren einfach überall. Das sah anders aus als der normale Flugbetrieb, wenn die pelzigen Tierchen bei der Rückkehr von ihren Sammelflügen vorm Flugloch einen kleinen Stau bildeten. Diesmal flogen sie kreuz und quer und machten keine Anstalten, in einem der Bienenstöcke zu verschwinden. Ratlos beobachtete ich das Schauspiel.

»Wahrscheinlich nerve ich sie mit dem Lärm,« vermutete der Gärtner, als er auf eine Rauchpause bei mir anhielt.

Ich runzelte die Stirn: »Vielleicht mögen sie auch den Benzingeruch vom Rasenmäher nicht oder ihr orangefarbenes T-Shirt macht sie aggressiv.«

Der Gärtner sah an sich herunter. »Ach so. Ich kann ja …«, begann er und machte Anstalten, sich zu entblößen. Ein verschwitzter Oberkörperpelz? Das hatte mir gerade noch gefehlt.

»Nee, nee«, hielt ich ihn auf. »Ich glaube, es ist besser, wenn Sie für heute Schluss machen und wiederkommen, wenn das Wetter schlechter ist. Dann fliegen nicht so viele rum. Nicht, dass Sie gestochen werden.«

»Och, so 'n Bienenstich hat noch keinem geschadet«, sagte er unbeeindruckt. »Das zieh ich jetzt durch. Geht ja schnell.«

Der Mann startete den Motor und mähte weiter. Mitten durch die immer größer werdende Bienenwolke. Warum waren die heute so aufgeregt? Ging von den Stromleitungen, die an einer Seite über unser Grundstück führten, vielleicht eine für mich nicht spürbare Strahlung aus, die die Bienen verwirrte?

»Tschüss, ich geh rein. Mir ist das zu unheimlich hier draußen«, rief ich quer über die Wiese, winkte und schlüpfte so schnell es ging ins Haus, damit keine Biene mir folgen konnte.

Scheinbar nicht schnell genug. Schon kreisten drei oder vier aufgeregt summend in der Diele herum.

»Jon, schau mal raus. Die Bienen drehen gerade durch.« Mit diesen Worten ging ich nach oben in Jons Büro, von wo aus wir auf die Wiese und die Bienenwolke schauten.

»Das ist ja wie in ›Die Vögel‹. Gibt es da vielleicht eine Fortsetzung namens ›Die Bienen‹, die wir verpasst haben?« Mein Mann war wie immer zu Scherzen aufgelegt.

In diesem Moment fuhr das Postauto die Auffahrt hoch. Als der Briefträger die Autotür öffnete, bemerkte er die Bienen. Er zog sein Bein zurück, knallte die Tür wieder zu und blickte hilflos nach allen Seiten durch die Scheiben – überall summte es.

»Mist!«, fluchte ich, »der Postbote traut sich nicht auszusteigen. Ich muss zu ihm raus.«

Viel lieber wäre ich an meinem Platz hinter dem Fenster geblieben. Aber es half nichts. Ich rannte zum Auto und der Postbote kurbelte die Scheibe gerade so weit herunter, dass die Briefe durchpassten. Hilflos zuckte er mit den Schultern und trat aufs Gas, um so schnell wie möglich vom Hof zu kommen. Ein paar Bienen prallten gegen das knallgelbe Auto. Ich lief zurück ins Haus, um von dort erneut durch die Scheibe zu spähen. Der Gärtner war tatsächlich die Coolness in Person. Er war inzwischen mit dem Mähen fertig und verlud seine Maschine auf dem Pritschenwagen. Ich winkte ihm durch die Glastür zu, dass er ins Haus kommen sollte.

»Zweimal bin ich erwischt worden.« Er zeigte auf seine Unterlippe und seinen rechten Arm: »Einmal hier und einmal da.«

Ich gab ihm ein saftiges Trink- und Schmerzensgeld für die erlittenen Stiche und verabredete den nächsten Termin zum Mähen. Als ich nach oben kam, stand Jon immer noch am Fenster.

»Normal ist das nicht …«, meinte er nachdenklich.

»Wie soll ich die Bienen bloß in den Stock zurückkriegen?«, fragte ich mich selbst laut.

»Vielleicht gehen sie ja heute Abend, wenn es kühler wird, ganz von alleine wieder in ihren Kasten.«

Ich nickte seufzend. Die Sache war wirklich zu blöd. Ich hatte eigentlich nicht die geringste Zeit, mich mit diesen verrückten Bienen zu befassen, denn ich musste dringend diverse Texte für das Ferienmagazin schreiben.

Als ich nach drei Stunden konzentrierter Bildschirmarbeit zum ersten Mal wieder hinausschaute, wirkte alles friedlich.

»Ich glaube, die Bienen haben sich beruhigt. Die Wolke ist nicht mehr zu sehen«, rief ich Jon zu. »Ich gehe mal raus und gucke nach. Kommst du mit?«

Gemeinsam traten wir aus der Haustür und tatsächlich: Die Bienenwolke war verschwunden. Wir gingen zur gemähten Wiese, hinters Haus, zu den Bienenstöcken. Nichts. Alles sah so aus wie immer. Und auch vor den Fluglöchern herrschte die gewohnte Betriebsamkeit.

»Moment mal, was ist *das* denn?« Angestrengt starrte ich auf den Apfelbaum. Zwischen den Blättern und Blüten sah ich am Stamm eine merkwürdige Verdickung, die ich noch nie bemerkt hatte. »Ich Idiot, jetzt weiß ich!« Ärgerlich schlug ich mir mit der flachen Hand gegen die Stirn. »Das war ein Bienenschwarm! Und jetzt sitzen sie da oben wie in einer Traube dicht an dicht in der Astgabel. Das Bienenvolk hat sich geteilt. Und eine Hälfte ist ausgeflogen, um woanders ein neues Volk zu gründen. Davon hat mir Bernie natürlich schon erzählt. Wie bescheuert bin ich eigentlich, dass ich da nicht gleich drauf gekommen bin?«

»Und jetzt?« Jon sah mich fragend an.

»Ich muss die Viecher einfangen, sonst hauen sie mir ganz ab. Nur wie? Besser, ich rufe Bernie an und frage ihn, ob er kommt und mir hilft.«

»Na, mien Deern, da hast du wohl deine Völker nich richtig durchgeguckt. Dir is 'ne Weiselzelle mit 'ner Königin durch die Lappen gegangen.« Nach langem Klingeln war Bernie endlich ans Telefon gegangen. »*Gute* Imker passen auf ihre Bienen auf«, frotzelte er weiter. »Macht nix, da muss jeder mal durch.«

Ich bettelte und jammerte, aber Bernie war bei einem Nachbarn zum Geburtstagskaffee eingeladen und musste gleich aus dem Haus.

»Ich sag dir, wat du machen musst. Eigentlich ist dat ganz einfach: Ein Bienenschwarm sieht dramatischer aus, als er ist. Du nimmst 'ne Sprühflasche mit Wasser, deine Gänsefeder zum Abkehren der Bienen und 'n Schwarmfangkasten.«

»Einen was? Ich habe keinen Schwarmfangkasten.«

»Dann kommst du entweder hierher und holst dir meinen oder …«

Das war mein Stichwort: »In zehn Minuten bin ich bei dir!«

Wo war bloß der Autoschlüssel?

»Behalt doch bitte den Schwarm im Auge, ich fahr schnell zu Bernie und hole so 'n Ding, mit dem man die Bienen leichter einfangen kann. Nicht dass sie wieder losfliegen und wir nicht mitbekommen, wohin!«, rief ich Jon zu und ließ den Motor an.

»Na, na, nun sei man nicht so hysterisch, mien Deern«, empfing mich Bernie und lächelte aufmunternd. »Alles halb so
wild. Du sprühst die Bienen mit Wasser voll. Dann rücken
die noch näher zusammen und sausen nich mehr so wild
durcheinander. Und den Kasten hältst du so unter die Bienentraube, dass möglichst viele reinfallen, wenn du sie mit
deiner Feder abfegst. Vielleicht kannst du sie auch mit 'm or-
dentlichen Ruck am Ast abschlagen.«

»Abschlagen? Wie soll ich ...«

Aber Bernie ließ sich nicht beirren: »Stell den Kasten unter den Baum und warte ab. Wenn die Königin drin ist, hast
du auch den Rest des Volkes. Dann folgen ihr alle Bienen. Falls nich, hast du Pech und die Sache geht von vorne
los, aber dat wirst du dann schon merken. So, und nu man
zack, zack, sonst sind sie über alle Berge!« Bernie trug mir
den Holzkasten ins Auto, zwinkerte mir zu und tätschelte meine Schulter. Mir war mulmig im Bauch. »Guck nich
so bedripst. Dat erlebt wirklich jeder Imker mal und für
manche is dat sogar der beste Weg zur Völkervermehrung.
Dat schaffst du schon«, ermunterte mich Bernie zum Abschied.

»Na gut«, gab ich kleinlaut zurück. »Du musst es ja wissen. Wenn du bis morgen nichts mehr von mir hörst, dann
bin ich wahrscheinlich vom Baum gefallen oder meinen
100 Bienenstichen erlegen. Dann kannst du ja mal nach dem
Rechten sehen.«

Im Rückspiegel sah ich, wie mir mein Mentor amüsiert hin-
terherblickte.

»Na, dann wollen wir mal.« Mit gespielter Lässigkeit schlüpfte ich in meinen Imkeranzug und griff nach meiner Gänsefeder und der Sprühflasche. Die Bienen saßen ziemlich weit

oben. Der Boden war uneben und die Leiter fand keinen sicheren Stand.

»Jon, du musst mir die Leiter festhalten, sonst komm ich nicht auf den Baum.« Insgeheim war ich froh, dass ich einen Vorwand hatte, ihn dazuzuholen. »Aber zieh dir auch einen Schutzanzug an, ohne den kannst du hier auf keinen Fall unter der Bienentraube stehen«, ermahnte ich, als er in Schlappen und T-Shirt angetrabt kam.

Mittlerweile war bestimmt eine Stunde vergangen, seitdem ich die Bienen im Apfelbaum entdeckt hatte. Bernie hatte mir zwar gesagt, dass die Späherinnen erst mal eine geeignete neue Behausung für ihre Kolleginnen suchen mussten und dass dies ein paar Stunden dauern konnte. Aber ich wollte nichts riskieren. Je schneller ich sie eingefangen hatte, desto besser.

Während ich die Leiter hochstieg, neigte sie sich gefährlich in eine Richtung.

»Halt sie bloß gut fest, sie kippt gleich!«, flehte ich.

Endlich saß ich in der Astgabel. Mühevoll robbte ich mich auf dem dicken Ast an die Bienentraube heran. Der Schwarm saß ungünstig. Ich konnte nicht nah genug herankommen, um sie mit dem Wassersprüher und der Feder zu erreichen. Kreuz und quer wuchernde Äste behinderten meine Sicht. Jon hielt von unten bereits den Kasten unter die Traube.

»Wir müssen hier erst noch ein paar Äste abschneiden«, rief ich ihm zu. »Sonst habe ich keine Chance, sie zu erwischen.«

Jon holte die Teleskop-Astschere. Vorsichtig knipste er einen Ast nach dem anderen ab. Endlich war der Weg frei. Ich hangelte mich näher an die Bienen und fühlte mich wie beim Entschärfen einer Bombe. Das Gros saß zwar in einer dicken Traube zusammen, es waren aber noch genug in der Luft, die mich umsurrten. Schweißperlen traten mir unter meinem Imkerhut auf die Stirn. Ich hatte Angst. Sollte ich versuchen, sie telepathisch zu beruhigen? Meine Schwägerin aus den USA hatte auf diese Weise schon bissige Hunde zu sanften Kuscheltieren gemacht. Vielleicht wirkte das auch bei stechwütigen Bienen? Mit zittriger Stimme flüsterte ich Beschwörungsformeln und begann die Bienen mit Wasser zu besprühen. Mit jedem Sprühstoß wurde das aufgebrachte Brausen der Immen stärker. Hatte Bernie nicht gesagt, dass die Bienen nicht so schnell auffliegen können, wenn sie nass sind? Davon konnte ich leider nichts merken.

»Ich fange jetzt an, sie abzufegen!«, rief ich Jon zu. Der erste Schwung landete in der Kiste, die Jon über seinem Kopf so nah wie möglich an den Schwarm hielt. Ich fegte noch mal und noch ein Schwung Bienen plumpste in die Holzbehälter. Mindestens genauso viele schwirrten allerdings aufgeschreckt zwischen den Ästen des Apfelbaumes herum.

»Hier, nimm mal den Wassersprüher und besprüh die Bienen, die schon in der Kiste sind. Vielleicht bleiben die dann eher drin.« Im nächsten Moment rutschte ich ab und wischte mit der Feder versehentlich über die Bienen. Ein riesiger Schwung prasselte genau auf Jons Kopf.

»Pass doch auf! Spinnst du? Du kannst gleich alleine weitermachen!«, fauchte er, während ungefähr 10 000 Bienen in einem Klumpen auf seiner Hutkrempe drunter und drüber krabbelten. Ich biss mir auf die Lippe, um nicht loszukichern, und beteuerte lauthals, wie leid es mir täte. Wenn ich jetzt in Gelächter ausbrechen würde, müsste ich garantiert ein für alle Mal auf Jons Hilfe verzichten. Aber wir mussten die Sache zu einem erfolgreichen Ende bringen.

»Nur noch zwei Mal fegen, dann müssten die meisten in der Kiste sein. Hauptsache, die Königin ist mit dabei und liegt nicht irgendwo im Gras, wo sie aus Versehen zertreten wird.« Es saßen zwar immer noch einige Bienen am Ast, aber sie waren nicht zu erreichen und ich wollte die Geduld meines Mannes nicht länger strapazieren.

»Wir stellen jetzt einfach den Schwarmfangkasten hier unter den Baum und warten ab«, erklärte ich. »Vielleicht haben wir ja Glück und die Königin ist mit drin. Dann haben wir den ganzen Schwarm.«

Ich bedankte mich überschwänglich bei Jon. Mein armer Mann – noch immer saßen ein paar besonders hartnäckige Majas auf seinem Hut. Ich war ziemlich stolz auf uns. So ein ganzer Bienenschwarm ist wirklich beeindruckend, und wenn man von Tausenden Immen umsurrt wird, sind starke Nerven gefragt.

»Komm, wir gehen rein. Ich mach uns auf den Schreck erst mal einen Kaffee.« Ich gab mir alle Mühe, um Jon meine Dankbarkeit zu beweisen. »Und Kekse haben wir bestimmt auch noch.«

Kaum saßen wir am Tisch, klingelte auch schon das Telefon. Bernie!

»Na mien Deern, alles wieder unter Dach und Fach? Haste den Schwarm eingefangen? Tat mir ja schon 'n bisschen leid, dass ich nich helfen konnte.«

»Ist schon in Ordnung, Bernie. Das macht nichts«, beruhigte ich ihn. Ich wollte schnell wieder an den Kaffeetisch zurück. »Wir haben es auch alleine geschafft.«

»Du darfst jetzt nich vergessen, konsequent alle sieben bis neun Tage nachzuschauen, ob die Bienen sich 'ne neue Königin machen, sonst …«

»Ich komme morgen vorbei und bring dir den Kasten zurück. Dann erzähl ich dir alles ausführlich, ja?«

124

Aber Bernie verstand nicht, dass diesmal ich es war, die keine Zeit hatte: »Die Weisel- oder auch Schwarmzellen hängen meist am Rand der Waben, sodass sie schon beim Ankippen leicht zu entdecken sind. Eigentlich is dat aber auch ganz normal mit dem Schwärmen. Dat gehört zu den Bienen dazu. Auf die Art und Weise vermehren die sich.«

»O.k., Bernie.« Ich versuchte es – wie so oft – mit einem Wink mit dem Zaunpfahl. »Lass uns einfach morgen weiterschnacken. Der Kaffee wird kalt!«

»Dat ist auch wichtig, den Bienen viele Mittelwände zum Ausbauen in den Stock zu geben. Und immer möglichst junge Königinnen ins Volk setzen!«

»Jaha, Bernie. Wir schnacken morgen.«

»... und rechtzeitig den Honig schleudern. Und Ableger machen. Dat hast du doch alles schon mitgekriegt, mien Deern. Hast du bei mir nich aufgepasst?«

»Doch, natürlich«, antwortete ich ungeduldig.

»Von dem restlichen Volk kannst du die Honigernte nämlich abschreiben. Da passiert nicht mehr viel. Abgesehen davon müssen wir den Schwarm unbedingt einfangen, weil die Bienen hier ja gar keine Chance mehr haben, ein neues Heim für sich zu finden.«

»Bernie, ich wollte gerade mit meinem Mann Kaffee trinken. Können wir nicht morgen darüber sprechen?«, flehte ich schon fast.

»Wo gibt es denn noch hohle Bäume?«, klagte mein Imkervater. »Hier werden die doch schon abgehackt, wenn sie nur ein paar tote Äste haben! Bienen sind auf uns Imker angewiesen. In Deutschland gibt es jedenfalls keine wilden Honigbienen mehr.«

»Bernie, ich lege jetzt einfach auf!«, versuchte ich, meiner Stimme einen drohenden Klang zu geben.

»Na gut, mien Deern, ich will man nich so sein. Denn bis morgen, tschüss!«

Ich kam nicht dazu, Bernies Abschiedsgruß zu erwidern. Er hatte schon aufgelegt. Als ich endlich wieder ins Wohnzimmer zurückkam, war der Kaffee längst kalt und Jon wieder an seinem Schreibtisch.

»Wollen wir gucken, was sich bei den Bienen getan hat?«, fragte ich und steckte den Kopf durch die halb offene Bürotür.

Mit den Keksen in der Hand gingen wir hinaus und kamen gerade noch rechtzeitig, um Zeugen eines beeindruckenden Schauspiels zu werden: Fein säuberlich in Reih und Glied wanderten die Bienen in einer langen Prozession über den Rasen. Eine nach der anderen verschwand im Flugloch des Schwarmkastens.

»Schau doch! Wir haben unseren ersten Schwarm eingefangen! Die Königin ist also tatsächlich im Kasten gelandet und die Bienen folgen ihr! Da können wir echt stolz drauf sein – und du besonders!«, jubelte ich und drückte meinem Mann einen dicken Kuss auf die Wange.

»Wunderschön, wirklich, so ähnlich muss es gewesen sein, als die Tiere im Alten Testament die Arche Noah bestiegen haben«, foppte mich Jon, der – Naturschauspiel hin oder her – einfach nur froh war, dass er seine Bienendusche unbeschadet überstanden hatte.

10.

Im 10. Kapitel habe ich mal mehr, mal weniger skurrile Ideen, wie ich mit meinem Honig Geld verdienen könnte, und gründe schließlich mein eigenes Unternehmen.

»Was ist unsere Maxime, mien Deern?«, fragte mich Bernie, als er den nächsten Kasten mit Honig zum Ausschleudern hereintrug.

»Maximal 18 Prozent Wassergehalt«, erwiderte ich wie aus der Pistole geschossen. Fast hätte ich ihm meine Antwort mit knallenden Hacken entgegengeschrieen.

Bernie nickte und schickte mich los, um den Wasseranteil zu überprüfen.

»Nich fallen lassen«, ermahnte er mich und drückte mir seinen Refraktometer in die Hand.

Die Ergebnisse auf der Skala trug ich mit Datum und Nummer des Eimers auf einer Tabelle ein. Ich entdeckte einen Eimer mit 16 Prozent Wassergehalt, dann einen mit 20,5 – der Unterschied in Konsistenz und Aroma war beträchtlich. Der Honig mit dem niedrigen Wasseranteil machte Bernie richtig glücklich.

»Da haben wir ja ganz wat Feines im Eimer«, sagte er strahlend. Das vollmundige Aroma, die Konsistenz und Haltbarkeit waren genau nach seinem Geschmack. Den »hochprozentigen« Honig füllte Bernie nicht ab, sondern bewahrte ihn auf, um ihn den Bienen als Winternahrung zurückzugeben.

»Wat is noch wichtig für hochwertigen Honig, der dat Qualitätssiegel vom Deutschen Imkerbund tragen darf?«, fragte Bernie mit gespielt scharfem Ton. Er gefiel sich in seiner Rolle als Honig-Feldwebel.

»Honig darf nicht erhitzt beziehungsweise wärmebehandelt werden. Sonst gehen die Vitamine und Enzyme kaputt. Außerdem dürfen die Pollen nicht rausgefiltert werden, Sir!«

»Welcher Honig darf das Qualitätssiegel des D.I.B. tragen?«

»Es darf nur Honig in die Einheitsgläser des Deutschen Imkerbundes abgefüllt werden, der aus Deutschland stammt, naturbelassen ist und weder erhitzt noch gefiltert wurde.«

»Ganz genau, Rekrut Flügel!«, lobte Bernie. »Und weiter?«

Ich konnte mir das Grinsen nicht verkneifen, während ich zusammenfasste: »Der Wassergehalt von 18 Prozent natürlich und … als weitere Kriterien, die über die Qualität Auskunft geben, aber nur im Labor überprüfbar sind, wären Zuckergehalt oder elektrische Leitfähigkeit zu nennen. Letzteres lässt auf die Menge an enthaltenen Mineralstoffen schließen.« Nach diesen Worten salutierte ich wieder ordnungsgemäß.

Jetzt musste auch Bernie schmunzeln, ließ aber nicht locker: »Wofür steht HMF?« Meine stramme Haltung knickte ein bisschen ein.

»Bernie, du weißt genau, dass ich mir das nicht merken kann«, jammerte ich. »Du willst mich nur ärgern. Ich glaub, es steht für Hydroxymethyl…trallala. Mist, ich kriege es nicht zusammen.«

»Is ja gut, mien Deern«, beschwichtigte er mich und war mit einem Mal wieder der gutmütige Großvater-Typ. »Der Anfang war ja gar nich so schlecht. Also, HMF steht für Hydroxymethylfurfural. Wenn du den Gehalt im Labor messen tust, weißt du, wie alt der Honig is oder ob er zu stark erwärmt wurde. Dat sagt einiges über die Qualität des Honigs! Und über die Sorgfalt des Imkers. Nur wer die strengen

Richtlinien des Deutschen Imkerbundes einhält, darf seinen Honig in die Einheitsgläser des D.I.B. abfüllen und den Gewährverschluss verwenden. Dat is so wat wie 'ne Garantie für gute Qualität.«

Nein, auf den Deutschen Imkerbund ließ Bernie nichts kommen. Und ich auch nicht. Diese Qualitätsstandards waren sinnvoll und dienten mir bei meiner eigenen Imkerei als Grundlage. Vor einem Jahr hatte ich zudem einen Kurs in der Imkerschule besucht und für meine Kenntnisse über Güte und Qualität ein Zertifikat erhalten.

Allerdings stellten sich mir bei dem Wort »Einheitsglas« des D.I.B. die Nackenhaare auf. Im Zusammenhang mit der deutschen Geschichte klang der Begriff »Einheit« für mich durchaus positiv – aber ganz sicher nicht, wenn es um das Erscheinungsbild meines Honigs ging. Wo blieb denn da die Individualität? Heutzutage ging es doch überall und immer darum, sich von der Masse abzuheben. Jedes deutsche Bier wurde nach dem gleichen Reinheitsgebot gebraut – aber jede Biermarke hatte dennoch ihr eigenes Image und sprach eine andere Zielgruppe an. Wieso sollte das ausgerechnet bei Honig nicht der Fall sein? Meine Großmutter mochte die Bedeutung des Imkerglases mit der grüngoldenen Banderole, der Aufschrift »Echter deutscher Honig« und dem Bienenkorb vielleicht noch gekannt haben. Bei der jüngeren Generation wagte ich dies zu bezweifeln. Aber genau die wollte ich ansprechen.

»Langsam wird es Zeit, dass ich meinen Honig unter die Leute bringe«, verkündete ich eines Morgens beiläufig am Frühstückstisch. »Ich habe das ganze Lager voll und wenn die Linden verblüht sind, kommt der Sommerblütenhonig noch dazu. Dann weiß ich gar nicht mehr, wohin damit.«

»Wow, was für ein genialer Einfall«, erwiderte Jon ironisch.

Er hatte schon mehrmals mit mir über die Vermarktung meines Honigs sprechen wollen, aber ich war ihm immerzu ausgewichen und hatte seine Vorstöße abgewehrt. »Wenn es so weit ist, werde ich den Honig schon verkaufen«, hatte meine Standardantwort bis dato gelautet. Auch wenn mir klar gewesen war, dass mit meinem Honig etwas passieren musste, wollte ich mir doch noch nicht so ohne Weiteres in die Karten sehen lassen.

Wenn ich ehrlich mit mir war, hatte sich zur Freude und dem Stolz über den eigenen Honig auch ein Quäntchen Angst gemischt. Deswegen hatte ich den Honigverkauf so lange hinausgezögert. Noch war die Imkerei nur eine erfüllende Freizeitbeschäftigung. Sobald ich aber den ersten Schritt in Richtung Vermarktung machte, würde aus dem Hobby ein Job und aus Spaß Ernst werden. Was wäre, wenn ich keine Läden finden sollte, die mir meinen Honig abkaufen wollten? Klinkenputzen war noch nie meine Stärke. Etliche Hostessen- und Verkäuferinnen-Jobs während meiner Studienzeit hatten so was wie eine Verkaufsallergie bei mir ausgelöst. Und zum ersten Mal in meinem Leben ging es nicht um irgendein Produkt. Ich wollte zu 100 Prozent hinter dem stehen können, was ich anbot. Das war nicht zu vergleichen mit damals, als ich Promotion für Zigaretten gemacht hatte, obwohl ich Nichtraucherin war. Diesmal war ich für alles alleine verantwortlich. Es gab keinen Chef, hinter dem ich mich verstecken konnte. Bei Beschwerden würde ich mich nicht mehr mit Ausflüchten wie »Dafür bin ich nicht verantwortlich« oder »Das gebe ich gerne weiter« aus der Affäre ziehen können. Die Vorstellung, mit meinem Honig über den vertrauten Kreis von Familie und Freunden hinauszugehen, schüchterte mich ein. Andererseits stapelten sich die Kübel in meiner Honigküche, und wenn ich den Raum betrat, wirkte ihr Anblick wie eine Mahnung.

»Ohne Firmenname, Strategie und Design geht es nicht. Und da brauch ich einfach deine Hilfe …«, schmeichelte ich mich bei meinem Mann ein. »Schließlich bist du ein Profi und kennst dich aus …«

Jon hatte lange als selbstständiger Grafiker gearbeitet, in Sachen Corporate Identity und Verpackungsgestaltung war ich bei ihm also an der richtigen Adresse. Aber er konnte manchmal eine echte Diva sein und ließ sich gern bitten. Zu meiner Überraschung musste ich diesmal keine große Überredungskunst aufbringen.

»Komm mal mit«, sagte er grinsend. »Ich hab da schon was vorbereitet …«

Zwei Tage später saßen wir mit meiner Schwester zusammen und suchten nach einem Namen für meine Imkerei und den Honig.

»Imkerei Immenhorst?«

»Immenhorster Bienenglück? … Oder wie wäre es mit Sweet Delight?«

Die Vorschläge flogen nur so über den Esstisch.

»Was hältst du von Goldstoff?«, rief Carola, die alles eifrig mitschrieb.

»Imkerei Honigsüß!«, konterte ich. »Oder warte – Honiggold?«

»Bee Happy!«, schlug Jon vor.

Aber bei keiner Idee sprang der Funke über. Wir wollten das Thema gerade vertagen, da warf meine Schwester einen neuen Vorschlag in die Runde.

»Wie wäre es mit Flügelchen?« Stille.

»Flü-gel-chen«, wiederholte ich und ließ den Klang auf mich wirken.

Carola strahlte mich an. Jon nickte grinsend. In meinem Bauch kribbelte es. Volltreffer!

»Yeah, Flügelchen – das ist es!!« Voller Begeisterung schlug ich mit der Hand auf den Tisch. »Das ist genial!«, jubilierte ich. »Am Ende ist es doch noch gut, dass ich nicht Anita Müller heiße!«

Jon kaute gerade und prustete ein Stück Brot über den Tisch.

»Anita Müller?«, fragte er. »Was ist das denn für ein Name?«

»Wieso? Ein ganz normaler ...«, murmelte ich und schenkte mir einen Schluck Wein nach.

»Nun sag schon!« Jon und meine Schwester blickten mich erwartungsvoll an. Ich wand mich. »Na looos!«

»O.k., aber wehe, ihr lacht!« Heftiges Kopfschütteln. Ich machte eine kleine Pause. »Also ... in der Grundschule wollte ich unbedingt Anita Müller heißen.« Einen Augenblick lang war es still am Tisch.

»Äh, warum das denn?«, fragte Jon verständnislos.

Ich seufzte. »Es hat sich halt ständig jemand über meinen Nachnamen lustig gemacht.« Carola und Jon sahen sich an und kicherten. »Ihr lacht ja doch!« Beleidigt verschränkte ich die Arme vor der Brust und verstummte.

»Ach, komm schon. Erzähl weiter«, sagte mein Mann mit schmeichelnder Stimme.

»Die haben aus ›Flügel‹ immer Klavier oder Engel gemacht«, gestand ich. »Und weil damals alle Kinder Katrin, Britta oder Steffi hießen, fand ich meinen Vornamen auch komisch.«

»Aber warum ausgerechnet Anita Müller?«, fragte Jon feixend.

»Keine Ahnung. Ich glaube, ich fand … der klang einfach schön und vor allem total normal.«

Ich hatte Ewigkeiten nicht mehr an meinen Fantasienamen aus der Kindheit gedacht. Jon und Carola grinsten wie die Honigkuchenpferde. Jetzt konnte ich auch nicht mehr an mich halten und stimmte ins allgemeine Gelächter mit ein.

»Wie wäre es mit ›Honigmanufaktur Flügelchen‹?«, fragte ich, als wir uns wieder beruhigt hatten. »Das klingt nach Handarbeit und Tradition.«

Jon nickte bedächtig.

»Ja«, sagte Carola, »da schwingt was Besonderes mit.«

Wir sahen uns an und lächelten im Kreis.

Jon zwinkerte mir zu. Dann hob er sein Glas und sagte feierlich: »Hiermit taufen wir deine Imkerei auf den Namen Honigmanufaktur Flügelchen.«

Dreimal erfüllte ein zartes Pling den Raum.

Mir stieg das Wasser in die Augen. »Wisst ihr was? Eigentlich bin ich ja nicht abergläubisch. Aber jetzt muss ich es fast werden: Wohnhaft im Immenhorst, Nachname Flügel, Beruf Imkerin. Als ob das Schicksal das so gewollt hätte.«

Tief in meinem Bauch kribbelte es schon wieder.

Seit das Kind einen Namen hatte, war mein Elan geweckt. Mein Sortiment aus Raps- und Sommerhonig erschien mir allerdings zu schmal. Ich wollte mehr – und ersann alle möglichen Ideen, um mein Angebot zu erweitern.

Anstelle von »Queen of Kursus« nannte Jon mich nun nur noch das »Produkt-Girl«. Alle paar Tage überraschte ich ihn mit einer neuen Idee. Ich wollte den Hype um Modegetränke wie Bionade oder die Hamburger Fritz-Cola ausnutzen und ebenfalls ein Lifestyle-Getränk kreieren. Bislang dachte jeder bei Honiggetränken nur an Met. Ich wollte der verstaubten

Vorstellung von Wikingern, die Honigwein aus Hörnern in sich hineinkippten, mit einem modernen, urbanen und gesunden Getränk begegnen. Voller Elan durchstöberte ich das Internet nach Rezepten, setzte Mixturen an, die unseren Kühlschrank verstopften und sich dort nach und nach in merkwürdige Brühen verwandelten.

Torge Sönnichsen empfing mich freundlich. Nach langen Recherchen hatte ich ihn, einen Kelterei- und Brauexperten endlich ausfindig gemacht – dank Internet. Sein Betrieb war auf die Herstellung von Sirup, Likör, Wein, Essig und Säften spezialisiert.

Als wir uns nun gegenüberstanden, war ich etwas irritiert. Herr Sönnichsen war barfuß und seine Zehennägel lange nicht mehr geschnitten worden. Seine Füße hatten eine erstaunlich dunkle Farbe. Er schien nicht nur heute ohne Schuhwerk unterwegs zu sein.

»Moin, moin!« Spontan entschied ich mich für eine zwanglose Begrüßungsformel. »Ich bin wegen des Honiggetränks hier.« »Weiß ich doch«, brummte der Barfüßige und ließ mich ein.

Ich sah mich um. So musste es im Labor des Druiden Miraculix ausgesehen haben. Auf deckenhohen Regalen stapelten sich Ballonflaschen mit Flüssigkeiten in den unterschiedlichsten Farben. Teilweise mit einer dicken Staubschicht bedeckt, schienen sie schon seit Urzeiten dort zu lagern. In üppigen Bündeln hingen getrocknete Kräuter und Gewürze von der Decke. In einer Ecke stapelten sich Holzkisten mit verschrumpelten Pilzen. Die andere Seite des Raumes füllte eine wuchtige Sitzgruppe, deren Bänke mit Schaffellen belegt waren. Auf den Tischen standen mehrere Gestelle mit Trinkhörnern. Das einfallende Sonnenlicht wurde von den dunkelgrünen, tiefroten oder gelben Flüssigkeiten in den Ballonflaschen gefiltert und erzeugte im Inneren des Ladens eine schummerige Atmosphäre.

Also doch wieder Wikinger, dachte ich. Ob ich hier, zwischen altertümlichen Bierhumpen, vertrockneten Kräutern und merkwürdigen Essenzen, wirklich an der richtigen Adresse war?

Herr Sönnichsen bat mich, auf einer der Bänke Platz zu nehmen, und drückte mir ein Informationsblatt in die Hand.

»Jeder, der hier reinkommt, muss als Erstes ein paar Sachen wissen. Das steht zwar alles auf dem Zettel ...«, brummte Herr Sönnichsen und strich sich über seinen Bart. »Aber ich erkläre das trotzdem mal kurz.«

Was dann folgte, war ein geschliffener Vortrag über Gärung, Schimmelbildung, Ritusprodukte und Rauschzustände. Zwischendurch griff der Keltereifachmann mit seiner Rechten einen seiner Füße und schlug die Beine übereinander. Ich beschloss, beim Abschied alles daranzusetzen, ihm nicht die Hand geben zu müssen.

»Und Sie wollen nun ein Getränk mit Honig machen?«, fragte er, nachdem er seine Ausführungen beendet hatte.

»Genau.« Ich nickte, froh darüber, endlich zum Wesentlichen zu kommen.

»Also, dazu ist nun wieder Folgendes zu sagen ...«, begann Herr Sönnichsen einen weiteren eindringlichen Vortrag – über die Herstellung von Met.

»Und wenn man jetzt ohne Alkohol ...?«, nutzte ich eine seiner seltenen Atempausen. Herr Sönnichsen zwirbelte ein paar Barthaare und blickte nachdenklich in die nicht vorhandene Ferne des Kellerraumes.

»Tja«, raunte er schließlich. »Da wird es das Beste sein, Sie probieren einfach mal selbst was aus.« Ich war einen Moment lang sprachlos. »Aber wenn Sie ’n Honigwein mit einem Schuss rotem Apfelbeerensirup machen wollen, da hätt ich 'n Tipp für Sie …«

Als ich wieder auf der sonnigen Straße stand, beschloss ich, die Getränkeidee zunächst einmal in der Schublade verschwinden zu lassen.

Trotz alledem – meine Versuchsküche lief weiter auf Hochtouren. Der Brause folgten mit Honig gesüßte Müsliriegel. Ohne Rosinen und dafür mit Sesam, Nüssen, Mandeln und mit Zimt oder Vanille verfeinert. Und die wurden auf Anhieb sogar richtig lecker! Meine freiwilligen Test-Esser rissen mir die Riegel nur so aus den Händen. Ich kam mit dem Backen kaum noch hinterher und verbrachte schließlich den halben Tag in der Küche. Aber bald dämmerte mir: Selbst wenn ich künftig täglich wie eine Verrückte backte, würde ich nicht mehr als 100 Riegel pro Tag produzieren können.

»Tolles Geschäftsmodell!«, spöttelte Jon. »Wenn du die alle verkaufst, hast du einen Tagesumsatz von 150 Euro gemacht.«

Desillusioniert starrte ich auf die große Schüssel Müsliriegel, die ich gerade geschnitten hatte. Die Mistdinger klebten schon wieder zusammen … Trotz heftiger Proteste von Freunden und Familie stellte ich auch die Riegelproduktion erst einmal wieder ein.

»Mensch, dein Honig ist so toll«, tröstete mich Jon. »Lieber erst mal damit den Markt erobern, dann kannst du dein Sortiment an Honigprodukten immer noch erweitern.«

Fast hätte ich mich zähneknirschend damit abgefunden, wäre mir nicht plötzlich eine Idee gekommen. *Die* Idee.

»Probier mal!« Mit einem Tablett voller Schüsseln erschien ich kurze Zeit später in Jons Büro. »Hier, Sorte eins,

Augen zu und Mund auf.« Vorsichtig steckte ich meinem Mann einen Löffel mit Honig in den Mund. Einige Sekunden vergingen. Gespannt beobachtete ich jede Regung seines Gesichts.

»Mmh, das schmeckt vanillig, lecker.«

Erleichtert nahm ich ihm den Löffel ab und hielt ihm den nächsten vor den Mund.

»Jetzt kommt Sorte zwei.« Wieder beobachtete ich seine Mimik, während er am Löffel lutschte.

»Auch lecker! Das ist Zimt, oder?« Mein Herz hüpfte vor Freude. Das war der Durchbruch!

»So, jetzt wagen wir mal was.« Ich tat ganz lässig. »Jetzt kommt Nummer drei. Das ist 'ne ungewöhnliche Mischung.«

Jon nahm mir den Löffel ab: »Aber keine Blindverkostung mehr. Jetzt will ich sehen, was ich da esse.«

Die Honigprobe war von schwarzen Krümeln durchsetzt. Mit kritischem Blick betrachtete Jon den Löffel und probierte.

Sein Gesicht verzog sich nachdenklich, dann schien er erkannt zu haben, was er da aß.

»Kaffee?! Auch nicht schlecht!«, kommentierte er.

»Fast richtig!«, jauchzte ich. »Es ist Honig mit Espresso!« Triumphierend nahm ich ihm den Löffel ab und gab ihm ein Glas Wasser. »Spül mal kurz durch. Zwei Sorten noch – dann hast du es geschafft.«

Als wir mit der Verkostung fertig waren und Jon die beiden Letzten als Zitrone und Minze identifiziert hatte, verkündete ich feierlich: »Das ist meine neue Produktlinie: ›Flügelchen – Natürlich verfeinert!‹ Alle aromatisierenden Zutaten aus kontrolliert biologischem Anbau.«

»Sehr gut«, sagte Jon strahlend. »Dann werd ich wohl mal anfangen, Etiketten dafür zu entwerfen …«

Glücklich zog ich mit meinen Probierschüsseln ab.

Am nächsten Tag fuhr ich zu Bernie. Schon von Weitem sah ich ihn im Garten werkeln.

»Ich hab dir was mitgebracht«, rief ich über den Zaun hinweg und konnte es kaum erwarten, ihn auch kosten zu lassen. »Hol mal bitte fünf Kaffeelöffel und setz dich auf die Terrasse.«

»Na, wat denn, mien Deern? Hast du etwa Marmelade eingekocht? Mit meinem Zucker darf ich so 'n süßen Kram doch gar nich!«

»Nein, viel besser. Hat was mit Honig zu tun und den isst du ja auch! Setz dich mal hin, dann gibt es was Leckeres.«

Während er weg war und die Löffel holte, baute ich meine Probiergläser auf der leberwurst-beigen Tischdecke des Terrassentisches auf. Als Erstes sollte Bernie den Espresso-Honig probieren. Jon hatte diese Sorte am besten geschmeckt, bei Bernie wollte ich damit gleich zu Beginn punkten.

»Wat is dat denn? Da is ja wat drin, so schwarze Körner ...« Mit gerunzelter Stirn probierte er den Honig. »Nanu, wat haste denn da gemacht? Dat schmeckt ja komisch. Geh mir wech.«

Bernie schüttelte den Kopf und gab mir den Löffel zurück.

Ich stand da wie ein begossener Pudel.

»Nee, also mien Deern. Hab ich dir nich immer wieder gesagt, dat der Honig so, wie er aus dem Stock kommt, am besten ist? Dat ist doch purer Frevel, wat du da gemacht hast!« Der alte Imker klang fast ein bisschen böse. »Da gibt man sich alle Mühe mit dem Nachwuchs ... Und dann mixen die da wat rinn! Die jungen Leute ...«

Ich stand mit hängenden Schultern vor ihm.

»Aber Bernie«, sagte ich, »ich wollte doch nur ...« Enttäuscht rang ich nach Worten. »Ich weiß, was du mir über

Honig erzählt hast und … das finde ich auch gut. Der Honig hat ja auch D.I.B.-Qualität, aber man kann doch mal ein bisschen experimentieren. Es gibt doch kein Gesetz, das das verbietet.«

Bernie hob den Zeigefinger. »Doch, dat gibt es. Dat ist kein Honig mehr, wat du da gepanscht hast. Dat is wat anderes, aber bestimmt kein Honig!«

Ich verstand die Welt nicht mehr. Fühlte sich Bernie vielleicht in seiner Imker-Ehre verletzt? Betreten schaute ich zu Boden.

»Ich will doch beides machen«, versuchte ich ihn zu beschwichtigen. »Puren Raps- und Sommerhonig und zusätzlich …«, ich sah ihn bittend an, »…diese verfeinerten Sorten.«

»Nee, dat macht man nich«, beharrte Bernie und verschränkte die Arme. »Honig ist Honig und dabei bleibt's. Basta!«

Der alte Zausel war aber auch verbiestert! Wut stieg in mir auf.

»Kein Wunder, dass ihr Nachwuchsprobleme habt und sich kaum einer für Bienen interessiert!«, sprudelte es aus mir heraus. »So spießig und konservativ, wie ihr ollen Imker seid. Da kriegt man ja zu viel!« Verdutzt sah mich Bernie an. Er hob wieder den Zeigefinger, aber ich war noch nicht fertig. »Und dieses langweilige Imkerglas nützt überhaupt keinem etwas. Weder den Bienen noch der Imkerei – und dem Verkauf am allerwenigsten!«

Zum ersten Mal sah ich Bernie sprachlos.

»Ich mach jedenfalls, was ich will! Tschüss!« Wortlos kramte ich meine Honigproben zusammen und stapfte in Richtung Gartenpforte.

Es war naiv gewesen zu glauben, dass Bernie mein Honigexperiment gutheißen könnte. Wer so überzeugt vom D.I.B.-

Honig war, der konnte dafür nichts übrighaben. Aber mir war das egal. Jetzt war der Zeitpunkt gekommen, meinen eigenen Weg zu gehen.

Kurzerhand mischte ich ein paar Kilo pro Sorte an und füllte sie in Gläser ab. Als wenig später die Etiketten vom Copyshop kamen und ich meine Gläser »Flügelchen – Natürlich verfeinert!« in den Geschmacksrichtungen Zimt, Vanille, Espresso, Minze und Zitrone fertig beklebt im Regal stehen sah, wusste ich, dass ich mich von nichts und niemandem beirren lassen würde. Jetzt konnte ich neben den beiden Sorten Raps- und Sommerblüte, die ich auf den Namen »Flügelchen-Pur« taufte, noch die fünf verfeinerten Sorten anbieten. Ich hatte dem schmalen Trachtangebot in unserer Umgebung ein Schnippchen geschlagen!

»Wir sind am Freitag bei Esin eingeladen.« Jon hielt eine aufwendig gestaltete Einladungskarte in der Hand.

Lieber Jon, liebe Agnes, hiermit lade ich Euch herzlich zur Eröffnung meiner neuen Geschäftsräume im Stilwerk am Freitag um 20.00 Uhr ein. Zu diesem Anlass möchte ich meine neue Teesorte »Magic Gold« mit echtem Blattgold präsentieren, stand da zu lesen.

Esin betrieb schon seit ein paar Jahren ein exklusives Teelabel namens Samova und hatte jetzt mit ihrer Firma in einem schicken Hamburger Einkaufszentrum größere und schönere Räume bezogen.

»Super, da gehen wir hin.« Begeistert nahm ich Jon die Einladungskarte aus der Hand. »Tee und Honig – das passt doch perfekt zusammen!«

Jon saß schon ungeduldig hinterm Steuer und hatte den Motor angelassen. Wir mussten los, sonst würden wir zu spät kommen. Hektisch versuchte ich, das letzte Geschenkband mit einer Schere zum Kräuseln zu bringen: Zur Eröffnung wollte ich Esin eine Schachtel mit meinen neuen Honigsorten schenken. Fertig. Ich hastete nach draußen und verstaute alles im Kofferraum. Jon fuhr los und wir bogen auf die Straße.

»Dreh mal um, ich hab was vergessen«, bat ich ihn wenige Meter weiter.

»Was denn?«

»Ich glaub, ich will noch ein paar Gläser mehr mitnehmen. Man weiß ja nie.«

Widerwillig trat Jon auf die Bremse und fuhr zum Haus zurück. Ein paar Minuten später schleppte ich zwei Holzkisten zum Kofferraum.

Als wir ankamen, war der Laden schon proppevoll. Eine Jazzband spielte und Kellner boten Gläser mit Tee an. An einer Säule stand eine beleuchtete Vitrine, in der ein kleiner Berg schwarzer Teeblätter angehäuft war, aus dem vereinzelt goldene Teilchen hervorblinkten. »Magic Gold«, der Tee mit echtem Blattgold. Wir suchten in dem Gedränge nach der Gastgeberin, begrüßten ab und an alte Bekannte und entdeckten Esin endlich, umringt von Gratulanten. Jetzt hatte meine Stunde geschlagen. Ich überreichte ihr mein Eröffnungsgeschenk.

»O toll – danke!« Sie hauchte mir einen Kuss auf die Wange – und wurde schon wieder von anderen Gästen abgelenkt. Für den Rest des Abends bekam ich sie nicht mehr zu Gesicht. Als wir aufbrechen wollten und schon fast aus der Tür heraus waren, hörte ich plötzlich meinen Namen.

»Agnes! Warte mal …« Esin drängte sich durch die Menge. »Vielen Dank für den Honig. Den hast du selber gemacht? Wir könnten ihn hier im Laden anbieten. Hast du zufällig noch mehr dabei?«

Mein Herz schlug einen Purzelbaum. An diesem Abend hatte ich meine erste Kundin gewonnen. Und was für eine! Eine Woche später war der Honig ausverkauft und ich konnte nachliefern. Bei meinem nächsten Liefertermin erwartete sie mich schon.

»Schön, dass du kommst. Ich muss dir 'ne super Geschichte erzählen! Neulich haben wir die Tochter einer deutschen Popsängerin beim Diebstahl von zwei Gläsern ›Flügelchen‹ erwischt. Ihren Namen darf ich dir leider nicht nennen, aber die Frau war mal super erfolgreich und ist total bekannt.«

»Ach nein, wirklich? Das ist ja ein lustiges Kompliment!« Ein breites Grinsen legte sich über mein Gesicht.

Im Auto drehte ich die Musik voll auf und wippte im Sitz hin und her. Und jetzt suche ich mir die nächsten Läden, die zu »Flügelchen« passen!, dachte ich und strahlte vor mich hin.

11.

Im 11. Kapitel wird es offiziell. Ab jetzt markiert eine Holzskulptur meinen Firmensitz. Außerdem entdecken wir ein neues Credo: Ohne Vorratshaltung und Einkaufsplanung läuft gar nichts.

 »Hans kommt!«, rief ich meinem Mann durchs Haus zu. »Lass uns rausgehen und ihn begrüßen.«

Mit knirschenden Reifen kam ein Jeep auf dem Kies zum Stehen. Noch bevor er klingeln konnte, empfingen wir Hans auf dem Hofplatz.

»Was für Geschütze fährst du denn hier auf?« Erstaunt ging ich um den Wagen herum. Auf dem Anhänger lag ein riesiger Baumstamm. »Bringst du uns Brennholz zum Selberhacken?«

»Bist du des Wahnsinns?« Hans lachte empört und ließ die Klappe des Anhängers herunter. »Das ist mein Begrüßungsgeschenk. Eine Holzstele für die frisch gebackene ›Honigmanufaktur Flügelchen‹! Wo willst du sie hin haben?«

»Wie bitte?«, sagte ich überrascht.

Jon und ich traten näher.

In der Tat: Das vermeintliche Brennholz entpuppte sich als ein knorriger Eichenstamm. Auf einer Seite hatte Hans die Rundung des Stammes über die ganze Länge leicht abgehobelt und senkrecht den Schriftzug »Honigmanufaktur Flügelchen« eingeschnitzt. Auf der Schnittfläche am oberen Ende saß eine große, aus Holz gearbeitete Biene. Wir standen vor dem Anhänger und waren sprachlos.

»Mensch Hans …«, stammelte ich. »Die ist ja wirklich total schön!«

»Freut mich«, lächelte Hans, während sein Blick hin- und herwanderte und einer Biene folgte. Sie flog zwischen unseren Köpfen umher und landete dann zielsicher auf ihrem überdimensionalen Abbild aus Holz. Dort machte sie ein paar Sekunden Rast, ehe sie weiterflog.

Jon und ich grinsten uns an. Konnte man sich ein besseres Firmenschild für »Flügelchen« vorstellen? Ich nicht. Und meine Bienen offensichtlich auch nicht.

Genau wie Bernie gehörten auch Hans und seine Frau Birgitt zu meinen Radtour-Bekanntschaften. Eigentlich war es ein ähnlicher Tag gewesen wie der, an dem ich Bernie vor die Füße gefallen war. Ich war einfach drauflosgeradelt und auf meiner Tour an einem verträumten Gehöft vorbeigekommen.

Genau so hatte ich mir Bullerbü immer vorgestellt: Ein blühender Bauerngarten, umgeben von einem Staketenzaun, hier und da scharrten ein paar Hühner im Gras und in einem Sonnenfleck vor der Tür döste eine Katze. In einer Ecke des Gartens konnte ich ein ochsenblutrot gestrichenes Holzhäuschen mit weißen Fensterläden erkennen und unter einem großen Baum stand ein gedeckter Kaffeetisch mit einer bunten Blumenvase.

An diesem Tag waren vor der Kiesauffahrt ein Mann und eine Frau, beide etwa Ende 50, damit beschäftigt gewesen, ein Schild aufzustellen: »Café Grünlund, Holzbildhauerwerkstatt & Café, Eröffnung am nächsten Sonntag um 12.00 Uhr.«

Voller Erwartung hatte ich mich am Eröffnungstag auf den Weg gemacht. Auf dem Vorplatz stand bereits eine Armada von Drahteseln. Offensichtlich hatten viele Neugierige den schönen Tag genutzt, um das neue Café mit dem Fahrrad zu besuchen. Geschnitzte Holzschilder wiesen den Weg ums Haus.

Ich bestellte ein Stück Pfirsich-Maracuja-Torte und einen Kaffee, setzte mich in einen Strandkorb im hintersten Winkel des Gartens und genoss die Atmosphäre. Alle Tische im Garten waren besetzt. Einige Gäste spazierten herum und bewunderten den Bauerngarten oder die auf dem Gelände verteilten Installationen und Holzskulpturen. Auch am Eingang zur Bildhauerwerkstatt herrschte ständiges Kommen und Gehen. Von meinem Platz sah ich das Betreiber-Ehepaar, das ein paar Tage zuvor das Schild aufgestellt hatte, geschäftig hin und her rennen.

»Herzlichen Glückwunsch zur Eröffnung. Das ist ja wunderschön hier«, schwärmte ich, als mir nach längerer Wartezeit Kaffee und Kuchen serviert wurden.

»Tut mir leid, dass Sie warten mussten, aber mit so einem Ansturm haben wir nicht gerechnet. Wir kommen zu zweit kaum hinterher«, entschuldigte sich die Frau, die an meinen Strandkorb getreten war.

»Macht überhaupt nichts«, versicherte ich. »Und wenn Sie mal eine Aushilfe brauchen, rufen Sie mich an.« Spontan schrieb ich meine Nummer auf ihren Block.

Am nächsten Donnerstag klingelte das Telefon: »Hallo, hier ist Birgitt vom Café. Gilt das Angebot noch?«

Von da an half ich manchmal an den Wochenenden für ein paar Stunden im Café aus und Birgitt und Hans wurden unsere Freunde.

Hans schlug einen Metalldorn in den Boden und mit vereinten Kräften hievten wir die Stele vorne an der Einfahrt auf ihren Platz.

»Sieht wirklich super aus«, lobte Jon Hans' kunstvolles Geschenk.

Ich war trotz allem noch ein bisschen unsicher. »Ist aber

auch ganz schön auffällig. Jetzt sieht ja jeder, was hier los ist ...«, sagte ich vorsichtig. Insgeheim hätte ich mit einem Hinweisschild am Straßenrand lieber noch etwas gewartet. Ich fühlte mich noch viel zu frisch und unerfahren in meiner Rolle als Imkerin. »Die Leute könnten denken, hier sei ein Hofladen – und dann sind sie enttäuscht.«

Jon und Hans schauten mich verständnislos an.

»Ach komm, sei nicht feige. Du brauchst dich nicht zu verstecken«, munterte mich unser Freund auf. »Außerdem verwittert das Holz irgendwann, dann wird die Schrift sowieso undeutlicher.«

Hoffentlich geht das schnell, dachte ich zaghaft.

Jon legte unserem Freund den Arm um die Schulter. »Kommst du noch mit rein, Hans? Nach dieser Überraschung können wir dich doch nicht so einfach vom Hof fahren lassen!«

Hans zögerte. Er und seine Frau hatten immer viel zu viel um die Ohren. Verabredungen mit ihnen musste man möglichst Wochen im Voraus planen.

»Komm schon, ein Kaffee muss sein, sonst musst du die Stele wieder mitnehmen«, frotzelte ich und schaute ihn erwartungsvoll an.

»Na gut«, seufzte Hans. »Einen Kaffee könnte ich schon gebrauchen.«

Die Männer gingen den Kiesweg zum Haus. Ich blieb zwei Schritte hinter ihnen. Unterwegs drehte ich mich noch mal um. Ganz schön groß, diese Stele. Und auch ganz schön auffällig.

Zwei Tage später sah ich aus meinem Bürofenster eine Familie die Auffahrt hochkommen. Der Vater hatte seinen Bierbauch in ein Muskelshirt gezwängt, während die Oberbekleidung seiner Partnerin Leuchtsignale in grellem Pink aussandte. Drei Meter hinter den Eltern herschlurfend, fummelte ein Teenie in lila Leggins gelangweilt an seinen Kopfhörern herum. Das Familienoberhaupt marschierte aufs Haus zu.

Ah, Kunden, dachte ich und stand auf. Gleich würde es klingeln. Nichts geschah. Irritiert blickte ich durch die Fenster der Eingangstür. Von der Familie war weit und breit nichts mehr zu sehen. Waren sie umgekehrt? Nein, dann müssten sie noch auf der Auffahrt zu sehen sein. Suchend schaute ich durch die Wohnzimmerfenster. Schließlich entdeckte ich sie hinten durch die Küchentür. In aller Gemütsruhe stapften Mann und Frau durch unseren Garten, inspizierten unser Gemüsebeet und deuteten ab und an auf irgendwelche Blumen. Das Mädchen kickte ein Stück Holz vor sich her.

»Kann ich helfen?«, fragte ich säuerlich, als ich mich vor ihnen aufgebaut hatte.

»Nee, wir ham das Schild gesehen und wollten mal wissen, wie es hier aussieht«, ließ mich der Chef der Dreierbande ungerührt wissen.

»Guck doch nur, Manfred, dieser schöne Blick!« Jetzt drehte mir die Frau auch noch den Rücken zu und zeigte mit ausladender Geste über die Felder.

»Sie stehen in unserem privaten Garten«, versuchte ich die Leute möglichst unmissverständlich zu informieren. »Zur Honigmanufaktur geht's hier ...«

»Wir kennen uns aus mit Bienen«, unterbrach mich der Bierbäuchige. »Unser Schwager hat auch welche im Kleingarten ...«

Anscheinend musste ich zu einem Trick greifen, um diese drei aus unserem Garten zu lotsen.

»Haben Sie denn schon mal ein Bienenvolk von innen gesehen?«, fragte ich munter und ging energisch in Richtung Hofplatz vor. Doch die Bienenkenner blieben einfach im Garten. »Hallo?!«, wedelte ich mit dem Arm. »Hier geht's zum Schaukasten!«

Schwerfällig setzte sich der Tross in Bewegung. Ich öffnete die Türen meines Bienenschaukastens.

Auf einem langen Metallfuß war in Augenhöhe ein rechteckiger Kasten mit breiter Front angeschraubt, in dem drei mit Bienen besetzte Waben untereinander aufgehängt werden konnten. Glasscheiben zu beiden Seiten der Waben ermöglichten den Blick in das Innere. Damit die Immen nicht dauerhaft dem Tageslicht ausgesetzt waren, konnte man den Schaukasten verschließen und so für Dunkelheit sorgen. Auf der schmalen Seite hatten die Bienen ihr Flugloch.

Mit dem Schaukasten konnte man ohne Imkerhut dem Leben in einem Bienenvolk zuschauen. Man konnte sehen, wie die Tierchen ihr Brutnest anlegten, wie junge Bienen schlüpften, wie sie Honig einlagerten und später verdeckelten. Man konnte sie beim Schwänzeltanz beobachten, und es war immer wieder aufregend, auf die Suche nach der Königin zu gehen. Als ich den Kasten gerade neu hatte, hatte ich stundenlang davorgehockt. Mittlerweile war er zu einer pädagogisch wertvollen Verkaufshilfe geworden. Er stand vorm Eingang zu meiner Imkerei, und jeder, der wollte, bekam von mir eine kleine Einführung in die Welt der Bienen. Freunde und Besucher lauschten gespannt meinen Erklärungen und wetteiferten darum, die Königin zu entdecken. Der Honig verkaufte sich dann meist wie von selbst.

Mit dem Schlüsselwort »Schaukasten« hatte ich offenbar die Aufmerksamkeit des Familienvorstands geweckt. Nun stapfte er zielstrebig zum Kasten. Mit seiner Leibesfülle drängte er mich fast aufs Beet.

»Jacqueline, kom ma!« Seine Teenager-Tochter hatte inzwischen beide Hörer in ihre Ohrmuscheln versenkt. »Jaaaaqueline, nu komm schon!« Er winkte in ihre Richtung, sie schlurfte im Zeitlupentempo näher. »Guck ma. Bienen von innen. Das sind die Bienen und da …«, er patschte mit dem Zeigefinger auf die Scheibe. »Da ist die Königin.« Das Gesicht der Tochter blieb ausdrucksleer.

Neugierig reckte ich meinen Kopf vor. Hatte er wirklich so schnell die Königin entdeckt? Natürlich nicht. Mr. Besserwisser hatte einen Drohn ausgemacht und ihn aufgrund seiner Größe mit der Königin verwechselt.

»Entschuldigen Sie, das ist nicht die Königin. Das ist …« Weiter kam ich nicht.

»Was heißt hier, das ist nicht die Königin? Was soll das denn sonst sein?«, bölkte der Mann von der Seite und blitzte mich mit seinen Schweinsäuglein feindselig an.

»Das ist eine männliche Biene«, klärte ich ihn freundlich auf. »Man erkennt die Drohnen gut an ihren großen Augen. Von denen gibt es viele im Bienenvolk.« Tröstend schaute ich vom Vater zur Tochter. »Die Drohnen haben nur eine Aufgabe: Sie begatten eine junge Königin. Das passiert in der Luft und nennt sich Hochzeitsflug – danach sterben sie.«

Jaqueline starrte auf die Bienen hinter der Scheibe. In ihrem Gesicht war keine Regung zu erkennen. Ich war mir nicht einmal sicher, ob sie mich überhaupt gehört hatte.

»Na, wo ist denn dann die Königin?«, fragte mich der Familienvorstand nun herausfordernd und drehte sich Beifall heischend zu seiner Frau um.

»Das kann ich so nicht sagen. Ich müsste sie auch erst suchen. Die Königin in diesem Schaukasten habe ich noch nicht markiert«, gab ich zu und trat näher heran, um nach ihr Ausschau zu halten.

Die Königinnen meiner Wirtschaftsvölker trugen alle eine kleine Farbmarkierung auf ihrem Brustpanzer. Alle Königinnen eines Jahrgangs bekamen die gleiche Farbe zugeordnet. Nach fünf Jahren wiederholte sich die Farbfolge. Anhand des kleinen Plättchens, das weder schädlich noch störend für die Tiere war, konnte ich erkennen, in welchem Jahr eine Königin geschlüpft war. Außerdem war sie schneller aufzufinden, wenn ich ein Volk öffnete. So konnte ich während der Durchsicht verhindern, dass die Königin versehentlich zu Schaden kam oder sogar verloren ging.

Sekunden vergingen. »Ich finde sie auch nicht«, musste ich zugeben. »Sie versteckt sich oder wird von anderen Bienen verdeckt.«

Ich richtete mich wieder auf und sah dem Mann entschuldigend in seine Schweinsaugen.

»Ha, und Sie wollen ein Profi sein? Andere Leute zurechtweisen, aber selber nicht wissen, wo die Königin ist!« Seine Stimme klang triumphierend.

»Na ja, manchmal ist es eben Glückssache, ob man sie sieht.« Ich versuchte krampfhaft, freundlich zu bleiben. »Außerdem kann man die Drohnen wirklich leicht mit der Königin verwechseln. Das ist mir anfangs auch so gegangen, als ich mich noch nicht so gut auskannte.«

»Nicht auskennen?« Der Mann polterte wieder los. »Unser Schwager, der Dieter, der hat auch Bienen. Und Sie behaupten, wir kennen uns nicht aus?« Schnaubend trat er ein paar Schritte zurück. »So geht man nich mit Kunden um.« Er streckte die Hand zu seiner Tochter aus. »Komm, Jaqueline, wir gehen. Das haben wir überhaupt nicht notwendig!«

»Entschuldigung, ich wollte nur …«, stotterte ich. »Ich wollte Ihnen bestimmt nicht zu nahe treten.«

»Los jetzt!«, kommandierte er noch mal und sah sich

nach seiner Gattin um. Mühselig setzte sich das Dreierge-
spann in Bewegung und steuerte Richtung Gartentor. Auf
halber Strecke drehte sich der Bienenfreund noch einmal um
und zeigte mir einen Vogel: »Nicht auskennen … das ist ja
wohl 'ne Frechheit!«

Fassungslos stand ich neben meinem Schaukasten und
blickte den dreien hinterher. Kurz bevor sie die Straße erreichten, bog mein Mann in die Auffahrt. Er nickte ihnen im
Vorbeifahren zu, aber sie ignorierten seinen Gruß und blickten stur geradeaus.

»Wer war das denn?« Fragend sah Jon mich an.

»Kunden! Die haben die Stele vorne gesehen und wollten
sehen, wie es hier aussieht.«

»Und? Haben sie was gekauft?«

Ich schüttelte den Kopf: »Ich glaube, wir sollten das Tor
künftig verschlossen lassen.«

»Grillen wir?« Jon stand auf der Terrasse, hielt die Hand in
die Luft und prüfte die Temperatur. Aufgrund der Nähe zum
Wasser konnte es auch im Sommer abends ziemlich kühl
werden. Uns störte das eigentlich nicht. Als Hamburger saß
man, sofern es nicht in Strömen regnete, selbst im Winter
noch draußen – dick verpackt und mit einem »Latte« oder
»Galão« in der Hand. Zudem hatte mein Mann sich kurz
nach unserem Einzug einen Herzenswunsch erfüllt und einen
riesigen Gasgrill mit Wagen und allem Pipapo erstanden. Auf
dem Balkon unserer Stadtwohnung hatte der Platz lediglich
für einen Elektrogrill gereicht, auf dem man wohl mal Würstchen, aber sicher kein anständiges Steak zustande bekam.

Wir begannen mit den Vorbereitungen. Jon verteilte Rosmarin-Kartoffeln auf einem Blech, während ich im Garten
Rucola für den Salat pflückte. Zu unserer Überraschung war

der weder bei Rehen noch Nacktschnecken beliebt, und so hatten wir nach dem Reinfall mit dem Kopfsalat nur noch dieses aromatische Pflänzchen gesät, das nun buschig wucherte. Der Tisch war gedeckt und der Grill hatte die nötige Temperatur erreicht.

»Wo sind die Würstchen?« Jon kniete vor dem geöffneten Kühlschrank und durchsuchte jedes Fach.

»Weiß nicht, irgendwo da drin. Wo sonst?«

»Guck du mal. Ich kann nur noch ein paar vertrocknete Tofu-Würste von dir entdecken«, entgegnete mein Mann.

Wann immer etwas fehlte, egal ob Schlüssel, Portemonnaie, Schal oder eben Würstchen, musste ich ran. Ich fand alles. Nur diesmal nicht. Keine Würstchen weit und breit.

Eigentlich war ich seit über 20 Jahren überzeugte Vegetarierin. Massentierhaltung und Tiertransporte hatten mich seinerzeit so entsetzt, dass ich jeglichem Fleischkonsum abgeschworen hatte. Doch seit wir auf dem Land lebten und ständig grillten, hatte sich das geändert. Es gab zwei Sachen, bei denen ich schwach wurde: Nürnberger Rostbratwürstchen von Aldi und Trüffel-Salami, die mein Mann sich ab und zu aus Hamburg mitbrachte. Dem verführerischen Duft dieser Spezialitäten konnte ich irgendwann nicht mehr widerstehen. Was für ein Geschmackserlebnis! Um mein schlechtes Gewissen zu beruhigen, hatte ich auch Nürnberger Rostbratwürste aus dem Bioladen oder vom Ökoschlachter probiert, aber leider musste ich feststellen, dass die Aldi-Würste einfach am besten schmeckten. Dagegen kam keine Seitan- und Tofu-Wurst an. Ob ich wollte oder nicht.

»Es könnte sein, dass wir keine mehr haben«, gab ich kleinlaut zu. In dieser Woche war ich mit Einkaufen dran gewesen. »Wie viel Uhr?«

»Viertel vor sechs«, antwortete Jon unwirsch. Der Grill qualmte und die Rosmarin-Kartoffeln waren fertig.

»Wenn ich sofort losfahre, schaffe ich es noch.«

Ich sprang ins Auto. Das Tempo-30-Schild galt nicht für mich. Ich musste Wurst, egal welcher Marke, besorgen, sonst hing der Haussegen schief. Nachdem im letzten Monat der einzige Laden im nächstgelegenen Dorf geschlossen worden war, mussten wir jetzt sechs Kilometer fahren, wenn wir Milch, Butter oder eben Würstchen brauchten. Eine Minute vor sechs brachte ich das Auto auf dem Parkplatz des Supermarkts zum Stehen. Eine Frau schob gerade ihren vollen Einkaufswagen heraus. Ich hatte es noch rechtzeitig geschafft.

Erleichtert nahm ich meine Einkaufstasche und ging auf die Tür zu. Nichts tat sich. Die Schiebetür, die sich gerade noch geöffnet hatte, blieb verschlossen. Ich drückte die Nase an die Scheibe. Bekittelte Verkäuferinnen schlurften hin und her und räumten Regale ein. Ich winkte und rief »Hallo?!«. Eine der Frauen schaute kurz mal zu mir herüber, blickte aber sofort wieder weg und tat so, als hätte sie mich nicht gesehen. Meine Uhr zeigte eine Minute nach sechs an. Ich fuchtelte mit meiner Einkaufstasche vor der Tür rum. Nichts. Das Verkaufspersonal ließ sich nicht erweichen. Wütend stieg ich ins Auto und fuhr zurück.

Der Abend war gelaufen. Mürrisch stocherten wir auf unseren Tellern mit halb verbrannten Rosmarin-Kartoffeln und Salat herum.

»Irgendwie ist alles komplizierter geworden, seitdem wir hier wohnen«, haderte ich mit unserer neuen Heimat. »Kaum zu glauben, wie bequem und easy wir es in Hamburg hatten.«

Jon nickte. »Allerdings!«, sagte er, »Treppe runter, über die Straße und rund um die Uhr einkaufen …«

»Wir hocken hier echt am Arsch der Welt.« Ich bohrte noch tiefer in der Wunde. Ich suhlte mich förmlich in dem miesen Gefühl, das ich aus meiner Jugendzeit so gut kannte: einsam, verlassen und weit weg vom Leben.

»Vorratshaltung-*rules*«, proklamierte Jon und zwinkerte mir zu.

Am nächsten Tag begann er eine riesige Wandtafel zu bauen, auf der wir penibel alles festhalten wollten, was in absehbarer Zeit ausgehen könnte. Und ich fuhr nach Eckernförde, um zehn Pakete Rostbratwürstchen zum Einfrieren zu kaufen.

12.

Im 12. Kapitel werde ich mit den fatalen Auswirkungen der konventionellen Landwirtschaft konfrontiert. Steht meine Imkerei vor dem Aus, bevor ich angefangen habe?

Eines Sonntags stand Bienen-Heini wieder vor unserer Tür. Wir hatten den Tag langsam angehen lassen und saßen noch am Frühstückstisch. Seit dem Hahnenkampf zwischen Hotte und ihm hatte ich ihn nicht mehr gesehen. Bienen-Heini hatte eine Plastiktüte bei sich, aus der Getreideähren herausschauten.

»Ich hab Unmengen toter Bienen vor meinen Stöcken gefunden!«, brachte er aufgeregt hervor. »Wie sieht's bei dir aus?« Er zückte seine Plastiktüte und hielt sie mir unter die Nase.

»Was ist das denn?«, fragte ich. Verständnislos betrachtete ich den Inhalt. In der Tüte konnte ich lediglich ein Bündel Getreideähren entdecken.

Bienen-Heini griff in die Tüte. »Hier, das Getreide ist total verklebt!« Ein finsterer Triumph lag in seiner Stimme. »Die hab ich extra abgerissen, damit ich das beweisen kann.« Er wedelte mit dem Korn in der Luft herum. »Und dann das hier!« Heini schob die Ähren zurück und holte einen handtellergroßen Feldstein aus der Tüte. »Hier, der Stein ist wie glasiert und noch richtig klebrig. Da sind Unmengen an Spritzmitteln drauf!«

Er hielt mir den Stein hin, aber ich winkte ab.

»Das nehme ich nicht in die Hand, wer weiß, was das für ein Zeugs ist«, sagte ich, während ich den Brocken in Heinis Hand beäugte. Am liebsten hätte ich die Luft angehalten – vielleicht dünstete das Ding ja noch irgendetwas Giftiges aus.

Heini ließ sein Beweismittel wieder in der Tüte verschwinden.

»Und was ist jetzt mit deinen Bienen?«, fragte ich, denn ich hatte immer noch nicht erfasst, was passiert war.

Heinis Gesicht rötete sich vor Zorn. »Meine Flugbienen sind wohl alle hin! Der Boden vor meinen Stöcken ...«, er verschluckte sich fast vor Aufregung, »... ist komplett schwarz! So viele sind das! Ein paar hab ich eingesammelt.«

Ich sah Heini fragend an: »Und wieso? Ich meine, wie kommt das?«

»Wie das kommt? Mensch Mädel, die haben ihr Getreide während des Bienenflugs gespritzt!«

»O Gott, und *meine* Bienen?« Ich trat aus der Haustür und blickte zu den Stöcken. Aus dieser Entfernung war nichts zu erkennen.

»Deswegen bin ich hier«, erklärte Heini und marschierte zu seinem Fahrrad, um die Tüte mit Beweismaterial abzustellen.

»Ich komme sofort, einen Moment«, sagte ich und lief ins Wohnzimmer, um Jon zu informieren. Dann rannte ich zurück. Heini stöberte bereits zwischen meinen Bienenstöcken herum.

»Bei dir scheint es nicht so schlimm zu sein.« Er kniete sich hin und drückte das hohe Gras vor einem Bienenkasten auseinander. »Auch wenn man es wegen des Gestrüpps nicht so gut sehen kann.«

»Aber das sind doch Massen!«, entfuhr es mir entsetzt, als ich die toten Bienen sah.

»Kein Vergleich zu dem Desaster bei mir. Da sind viel, viel mehr hin. Scheinbar hält das Wäldchen deine Bienen ab und sie fliegen eher woanders hin.«

Wir gingen von Kasten zu Kasten. Überall fanden wir im hohen Gras etliche tote Bienen.

»Hier riecht es total komisch.« Ich sog die Luft in die Nase und verzog das Gesicht.

Heini richtete sich wieder auf. »Das hab ich auch schon gerochen. Ich glaub, das ist Bittermandel. Das Spritzmittel riecht danach, und wenn die Bienen auf einem Sammelflug damit eingesprüht werden, lassen die Wächterbienen sie zu Hause nicht mehr rein, weil sie einen fremden Geruch an sich tragen. Dann verenden die vor der eigenen Haustür. Hab ich jedenfalls mal gehört.«

»Welcher Idiot macht denn so was?«, fauchte ich. »Die Landwirte müssen doch wissen, wie das Zeug angewendet werden darf, und vor allem, zu welchem Zeitpunkt.«

Heini winkte ab: »Die Felder, wo ich meine Bienen habe, werden von irgendeiner Agrargenossenschaft bewirtschaftet. Das sind Schreibtischtäter, die entscheiden aus der Ferne. Die, die auf dem Trecker sitzen, machen nur das, was ihnen aufgetragen wird. Die denken überhaupt nicht nach. Und obwohl …«

»Ja, aber die müssen doch wissen, wie wichtig Bienen sind«, unterbrach ich ihn.

»… obwohl das Zeugs erst nach dem Bienenflug gespritzt werden darf, geschieht das in der Praxis leider oft tagsüber. Abends will ja jeder Feierabend machen.«

»Aber das darf doch nicht wahr sein,« schimpfte ich. »Das heißt, die Bienen sind nicht direkt durch das Zeugs gestorben, sondern dadurch, dass sie von ihren Artgenossen nicht mehr erkannt werden und einfach nicht mehr reingelassen werden?«

»Ja, ich denke, das ist hier passiert«, bestätigte Heini nachdenklich.

Ohnmächtige Wut stieg in mir auf. Ich hätte gerne irgendwo gegengetreten, konnte aber nichts Passendes finden. Mir fiel eine Begegnung mit einem Bauer aus der Gegend ein. Der hatte mich doch tatsächlich gefragt, ob es stimme, dass Bienen so wichtig für die Natur und Umwelt wären. Ich war damals fast hintenübergefallen. Aus dem Munde eines Landwirts hätte ich nie mit so einer Frage gerechnet. Wenn noch nicht mal Bauern über die Bedeutung von Bienen Bescheid wussten, wer denn dann?

»Und nun?« Ratlos blickte ich Heini an. »Was machen wir jetzt?«

»Nix, da kann man nichts machen. Die Bienen sind ja schon tot. Ich werd mal bei dem Landwirt vorbeigehen, der diese Felder unterm Pflug hat.« Er deutete auf das Feld hinter unserem Haus. »Ich zeige ihm den Stein und die Ähren. Mit dem kann man reden. Der soll den Landarbeitern mal einen Wink geben.«

Einen Wink geben? Das sollte alles sein? Eben hatte Heini sich doch noch vor Empörung verschluckt. Einen Tritt in den Arsch, das hätte ich angemessen gefunden.

»Aber was machen die Völker ohne die Flugbienen?«, bohrte ich. »Die haben jetzt doch gar keine Futtersammlerinnen mehr.«

»Tja«, Heini stieß schnaubend die Luft durch die Nase. »Wir können nur hoffen, dass die Bienen den Verlust ausgleichen können. Wenn die Sammlerinnen ausfallen, rücken junge Bienen nach, solche, die eigentlich erst mit Fluglochwache oder Wachsherstellung dran wären. Bienen können viel kompensieren – aber nicht alles. Den Sommerhonig kann ich mir jedenfalls abschminken.«

»Aber was ist den Bienen zum Verhängnis geworden? Das Feld ist doch mit Getreide und nicht mit Blühpflanzen bestellt?« Es wunderte mich, dass so viele Bienen dorthin geflogen waren, obwohl es keinen Nektar zu holen gab. Waren sie vielleicht nur beim Überfliegen des Feldes unter die Giftdusche geraten?

»Ich vermute mal«, mutmaßte Heini, »dass das Getreide von Blattläusen befallen war und die Bienen deren Ausscheidungen, den Honigtau, gesammelt haben.« Während er bereits auf sein Fahrrad stieg und kontrollierte, ob die Tüte ordentlich im Fahrradkorb lag, fügte er noch hinzu: »Aber im Moment ist das alles nur Spekulation.«

»Du musst was machen! Du kannst nicht einfach so zusehen, wie deine Bienen vergiftet werden!« Jon war außer sich. »Die müssen sich doch wenigstens an die Regeln halten und das Zeugs so anwenden, wie es erlaubt ist!«, schimpfte er.

Natürlich hatte er recht. Wenn ein Milchbauer durch einen fahrlässigen Fehler eines anderen einen Großteil seiner Kühe verloren hätte, würde der das ja auch nicht einfach hinnehmen. Nur weil die Bienen klein waren und einen unauffälligen Tod starben, durften die Missetäter nicht unbehelligt bleiben. Und meine Bienen waren schließlich auch mein Kapital.

»Was soll ich machen?«, haderte ich. »Zur Polizei gehen? Mit 'ner Tüte toter Bienen? Die lachen sich doch kaputt.«

Eine Woche später steckte das *Deutsche Bienen-Journal* in der Zeitungsrolle. Seit ich mich ernsthaft mit der Imkerei beschäftigte, hatte ich dieses Monatsmagazin abonniert. Statt Schminktrends oder Stylingvorschläge in Frauenzeitschriften studierte ich jetzt Tipps zur Imkerpraxis.

Schmunzelnd las ich, wer wegen langjähriger treuer Mitgliedschaft im Imkerverein eine silberne oder goldene Ehrennadel verliehen bekam, und stöberte in den Kleinanzeigen nach Zubehör. Außerdem staunte ich nicht schlecht über die

Rüstigkeit von Imkern: In jeder Ausgabe gab es Gratulationswünsche an etliche Jubilare im Alter von 80 Jahren und älter. Einmal wurde sogar ein 101-Jähriger beglückwünscht. Vielleicht wirkte der Genuss von Honigbroten in Kombination mit Bienenstichen ja lebensverlängernd.

Diesmal blieb ich gleich auf der zweiten Seite der neuen Ausgabe hängen. Dort wurde genau das beschrieben, was Bienen-Heini und ich erlebt hatten. Viele tote Bienen vor dem Flugloch, stand da, seien ein sicheres Zeichen für eine Vergiftung durch Pflanzenschutzmittel. Ich las, dass das Bundesamt für Verbraucherschutz und Lebensmittelsicherheit (BVL) in der »Bienenschutzverordnung« die verschiedenen Pflanzenschutzmittel in die vier Kategorien B1 bis B4 einteilte und ihre Anwendung regelte. Ein Mittel der Kategorie B1 war für Bienen grundsätzlich sehr gefährlich. Pflanzenschutzmittel der Kategorie B2 waren, wenn sie nicht nach dem Ende des Bienenflugs bis 23 Uhr angewendet wurden, ebenfalls bienengefährlich. Am nächsten Morgen sollten diese Mittel für Bienen allerdings nicht mehr erreichbar und damit nicht mehr gefährlich sein. Wirkstoffe der Kategorie B3 waren unproblematisch, sofern sie angewendet wurden wie vorgeschrieben, und bei Pflanzenschutzmitteln der Kategorie B4 bestand keine Gefahr für Bienen.

Hätte ich den Artikel eine Woche vorher gelesen, hätte ich anders reagiert und gewusst, was zu tun gewesen wäre. Ich hätte, wie empfohlen, Proben der toten Bienen und der gespritzten Pflanzen gesammelt. Ich hätte meinen Imkerverein und das zuständige Pflanzenschutzamt informiert. Dann hätte ich die Proben an das Bundesforschungsinstitut für Kulturpflanzen, das Julius-Kühn-Institut in Braunschweig, geschickt. Man hätte den Landwirt vielleicht zur Rechenschaft gezogen und dadurch wäre dem Verursacher wenigstens bewusst geworden, dass er falsch gehandelt hatte. Wenn ich gerichtliche Schritte eingeleitet hätte, hätte er mir vielleicht sogar Schadenersatz leisten müssen. Aber jetzt war es zu spät, und ich konnte mich nur damit trösten, dass es mich nicht so schlimm erwischt hatte wie Bienen-Heini.

Ich schwor insgeheim bei der Ehre meines Helden, dem kanadischen Farmer Percy Schmeiser, beim nächsten Mal anders vorzugehen. Dieser hatte sich nämlich im Jahr 2004 erfolgreich gegen Forderungen des amerikanischen Agrar-Riesen Monsanto zur Wehr gesetzt.

Was war geschehen? Auf Schmeisers Farm hatte sich patentiertes Saatgut von Monsanto selbst ausgesät. Wie die Körner dorthin gekommen waren, konnte nicht geklärt werden. Schmeiser gab jedoch an, dass er sie nicht selbst ausgesät hätte. Als er im darauffolgenden Jahr einen Teil seiner Ernte zur Wiederaussaat verwendete, verklagte ihn die Firma wegen Patentverletzung und forderte einen hohen Betrag an Lizenzgebühren. Schmeiser aber hatte lediglich das getan, was Bauern schon immer getan hatten: Er hatte sein Saatgut selbst vermehrt. Nach langjährigen Streitereien wurde der Prozess beigelegt, ohne dass Schmeiser die geforderte Lizenzsumme oder Schadenersatz zahlen musste. Während des Streits wurden er und seine Frau zu Symbolfiguren im Widerstand gegen Gentechnik in der Landwirtschaft und die zerstörerische Macht der Agrokonzerne, die die Bauern mit ihrem Saatgut von sich abhängig machten. 2007 hatte das Ehepaar sogar den *Right Livelihood Award*, den sogenannten Alternativen Nobelpreis, für seine Aktivitäten erhalten.

Als Imkerin gehörte ich einer mickrigen Minderheit an, aber Percy Schmeiser hatte vorgeführt, wie der kleine David den Goliaths dieser Welt zumindest manchmal das Leben schwermachen konnte. Ich und meine Bienen waren all den

Pestiziden, Herbiziden oder Insektiziden der industriellen Landwirtschaft auf Gedeih und Verderb ausgeliefert. Ich musste mich darauf verlassen können, dass die Mittel und ihre Auswirkungen für Bienen auf das Sorgfältigste geprüft und verantwortungsvoll eingesetzt wurden. War das nicht der Fall und würde ich noch mal so eine Situation erleben, wollte ich dagegen angehen und für meine Rechte und meine Bienen kämpfen.

Abends kamen Bekannte aus Hamburg zu Besuch. Bald brutzelten die für uns so unverzichtbaren Nürnberger Rostbratwürstchen, Zucchinischeiben und Kartoffeln auf dem Rost und verbreiteten einen verheißungsvollen Duft. Der Himmel war wolkenlos, und wir ahnten schon, dass uns die Sonne zu Ehren unserer Gäste einen spektakulären Sonnenuntergang bescheren würde.

Wenn das Schauspiel vorüber und der letzte Zipfel vom großen Spiegelei hinterm Horizont verschwunden war, klatschten wir manchmal Beifall. Eine Sitte, die ich von den Hippies auf Ibiza übernommen hatte. Während meines Studiums hatte ich einige Wochen dort verbracht, um meinem damaligen Freund beim Aufbau seiner Ökogärtnerei zu helfen. Der Freund und die Gärtnerei waren längst Vergangenheit, die Tradition des Klatschens war geblieben.

Der freie Blick über sanft geschwungene Felder, Hecken und die alten, knorrigen Eichen, die im Abendlicht wie Scherenschnitte wirkten, ließ uns noch immer ins Schwärmen geraten. Wenn dann noch ein Rudel Damwild durchs Bild zog, war die Idylle perfekt und die Besucher aus der Stadt glücklich.

»Dabei war heute eigentlich ein schwarzer Tag für mich«, resümierte ich, während wir andächtig am Tisch saßen und den Himmel betrachteten. »Ich werde dieses Jahr wahrscheinlich nur ganz wenig Sommerhonig ernten können.«

Alle Augen richteten sich auf mich und ich erzählte den Freunden, was vorgefallen war.

»Ach, in deinem Honig sind also auch Schadstoffe? Man kann ja gar nichts mehr essen«, seufzte Anne selbstmitleidig über ihren Teller gebeugt. Das saß.

»Keine Sorge, meine Bienen haben sich ja schon geopfert, damit du sauberen Honig essen kannst!« Wütend spießte ich meine Wurst auf die Gabel. »Ich hab doch gerade erklärt, dass alle, die mit dem Zeugs besprüht wurden, verendet sind.« Ich fauchte eher, als dass ich sprach. »Und überhaupt – was jammerst du? Was tust du eigentlich gegen die Umweltverpestung?«

»Was kann ich denn schon dagegen machen?« Achselzuckend widmete sich Anne weiter ihrem Teller.

»Kaufst du wenigstens im Bioladen ein? Achtest du auf regionale und saisonale Produkte?« Ich gab mir Mühe, ruhig zu bleiben. Anne und Tim waren ja schließlich unsere Gäste.

»Na ja …«, druckste Anne. »Es gibt ja keine Garantie, dass Bio wirklich besser ist …« Sie sah sich am Tisch nach Verbündeten um. »Außerdem ist es auf Dauer ganz schön teuer«, erklärte sie und füllte sich den Teller zum zweiten Mal mit unserem Bioessen voll.

»Wenn ich so was schon höre!«, schnaubte ich. »Gutes Essen hat nun mal seinen Preis. Aber alle meckern, wenn irgendwo Gift oder Gentechnik drin ist! Da hast du doch selber Schuld.«

Anne hatte bei mir einen wunden Punkt getroffen. Es ärgerte mich einfach, wenn Menschen gedankenlos konsumierten, was die Industrie ihnen auftischte. Ohne zu überlegen, ob die Tomaten und Salatköpfe jemals Erde gesehen

163

hatten oder was die Tiere für ein Leben gehabt hatten, bevor sie verwurstet wurden. Ich wurde wütend, wenn Leute zur billigsten Milch griffen, ohne darüber nachzudenken, dass der Bauer so nicht mehr von seinen Erzeugnissen leben konnte. Besonders ärgerte mich natürlich der Billighonig in den Regalen der Supermärkte. Seitdem ich durch eigene Erfahrung wusste, wie wichtig Bienen waren, wie viel Arbeit und Mühe von Tier und Mensch in einem Glas Honig steckten und wie beschränkt der Lebensraum der Insekten war, reagierte ich äußerst sensibel auf gedankenlosen Konsum und Preisgemecker. Vor allem, wenn man wie Anne und Tim die Mittel hatte, um einen fairen Preis zu bezahlen.

Mein Mann und ich waren beileibe keine Heiligen. Das bewiesen die Nürnberger Bratwürstchen aus dem Discounter, die wir gerade verspeisten. Aber zumindest bemühten wir uns, bewusst zu konsumieren.

Mittlerweile war es dunkel und ziemlich kühl geworden. Zum Reingehen war der Abend aber viel zu schön. Wir zündeten Windlichter an und wickelten uns mit Decken ein.

»Erzähl doch mal – wie läuft das mit dem Honig und den Spritzmitteln?«, hakte Tim nach.

»Honig enthält so gut wie keine Rückstände. Bienen sind wie kleine Biofilter.«

Ich erzählte von dem Bericht eines Wissenschaftlers der Landesanstalt für Bienenkunde an der Universität Hohenheim, den ich im Internet gefunden hatte. Darin wurde erklärt, dass Pestizide aus gesammeltem Nektar offensichtlich in die Gewebewand der Honigblase diffundierten. Auf ihrem Sammelflug deponierten Bienen den Nektar zunächst in diesem kleinen Speicher. Zurück am Stock gaben sie ihn an andere Bienen weiter, die ihn in die Waben einlagerten. So gelangte der Nektar von Honigblase zu Honigblase und wurde dabei jedes Mal gefiltert. Und selbst wenn er schon in der Wabe war, wurde er immer wieder aufgenommen und umgelagert. Untersuchungen hatten gezeigt, dass dabei auch Pestizidrückstände verringert wurden. Chemikalien, vor allem fettlösliche Substanzen, die uns die konventionelle Landwirtschaft bescherte, reicherten sich also eher in den Bienen als im Honig an. Sofern sie es nach einem Sammelflug überhaupt bis in den Stock zurückschafften und nicht gleich starben, wie es bei mir und Bienen-Heini geschehen war.

»Und wenn ich meine Bienen gegen die Varroamilbe behandele, nehme ich auch nur organische Substanzen wie Oxal- oder Ameisensäure. Oxalsäure kommt in geringer Menge sogar natürlicherweise in einigen Lebensmitteln vor, wie Tee oder Rhabarber. Richtig angewendet hinterlassen die keine Spuren im Honig oder Wachs. Außerdem verwende ich nur zertifiziertes Biowachs für meine Mittelwände.« Der Rotwein hatte meine Zunge gelockert. Und da ich mir noch lange nicht alle Sorgen von der Seele geredet hatte, fuhr ich fort: »Von uns Imkern wird die Quadratur des Kreises verlangt. Wir sollen in einer vergifteten Umwelt ein reines und unbelastetes Naturprodukt herstellen. Erstaunlicherweise gelingt das sogar – noch! Aber ich hab echt Angst vor der Zukunft.« Ein Kloß steckte mir im Hals.

»›Vergiftet‹ finde ich jetzt aber 'n bisschen übertrieben …«, warf Anne zaghaft ein, aber keiner ging auf sie ein.

»Wieso hast du Angst vor der Zukunft? Du verkaufst deinen Honig doch prima«, versuchte Tim mich aufzumuntern. »Und wenn deinen Bienen das nächste Mal etwas zustößt, weißt du ja jetzt, was du zu tun hast.«

»Ich meine noch was anderes. Viel beunruhigender finde ich, was uns mit dem ganzen Gentechnik-Scheiß noch so blüht.«

Ich erzählte vom Fall eines Imkers aus Bayern, der im Jahr 2008 seine gesamte Honigernte in der Müllverbrennung vernichten musste. Von jeher hatten seine Bienen in der Nähe eines Feldes gestanden, das der Freistaat Bayern dann zum Versuchsfeld erklärt hatte: Dort wurde gentechnisch veränderter Mais der Sorte MON 810 des Agrokonzerns Monsanto angebaut. Der Imker klagte gegen den Anbau, wurde aber vom Verwaltungsgericht dazu verdonnert, seinen Bienenstandplatz und sein Bienenhaus vor Beginn der Maisblüte zu räumen, um den Eintrag von MON 810-Pollen durch seine Bienen zu verhindern. Dass die eigentlich Verantwortlichen das Feld räumten, stand natürlich nicht zur Diskussion. Der Imker verlegte schließlich seine Bienen, aber eine Analyse ergab, dass sich in seinem Honig dennoch Pollen des Genmaises befanden. Der so »kontaminierte« Honig durfte nicht verkauft werden und der Imker musste seine gesamte Ernte verbrennen. Andernfalls hätte er sich strafbar gemacht. Schadenersatz vom Verursacher der Verunreinigung, dem Freistaat Bayern, bekam er nicht, obwohl ihm Verluste von über 10 000 Euro entstanden waren. Es wurde argumentiert, dass es dem Imker durchaus zuzumuten gewesen sei, seine Bienen umzustellen.

»Bisher sind die Leute ja ziemlich skeptisch, wenn es um Lebensmittel geht, die direkt aus Genpflanzen hergestellt sind. Bei solchen Produkten muss dann auf der Verpackung irgendwo – natürlich möglichst unauffällig – ›gentechnisch verändert‹ darauf geschrieben stehen. Bislang lassen die sich nicht besonders gut verkaufen. Aber durchs Hintertürchen kommt viel mehr Gentechnik auf den Teller, als wir denken.« Mein Blick fiel auf die Nürnberger Rostbratwurst auf meinem Teller. Auf einmal kamen sie mir fast ein bisschen unheimlich vor.

»Garantiert sind die Schweine für diese Wurst auch mit Gensoja gefüttert worden. Darauf kann man eigentlich Gift nehmen«, bemerkte ich sarkastisch. »Das Zeug ist überall drin. Der Trick ist, dass genmanipulierte Mais- und Sojapflanzen an Tiere verfüttert werden dürfen, ohne dass die Endprodukte als ›gentechnisch verändert‹ deklariert werden müssen. Milch, Käse, Wurst, Jogurt – überall kann Gentechnik drin sein.« Ich blickte von einem zum anderen.

Anne fixierte betreten ihren Teller.

»Und welche Lebensmittel sind davon noch verschont?«, fragte Timo mit gerunzelter Stirn. »Nur Bioprodukte oder die, auf denen explizit ›ohne Gentechnik‹ draufsteht? Ist das alles denn überhaupt noch sauber zu trennen?«

Anne kratzte auf ihrem leeren Teller herum. »Ehrlich gesagt – damit hab ich mich bisher gar nicht beschäftigt«, gab sie zu und rutschte auf ihrem Stuhl hin und her. »Was ist denn überhaupt ›Gentechnik‹?«

»Pflanzen werden in ihrer DNA verändert …«, ereiferte ich mich, »es gibt Pflanzen, denen Bakterien eingebaut werden. Damit können die dann selber ein Insektizid gegen Schädlinge …«

Jon unterbrach mich: »Das ist voll frankensteinmäßig, weil dabei DNA-Teile von unterschiedlichen Arten kombiniert werden, die sonst nie zusammengefunden hätten.«

»Genau! Und hier kommen die Bienen wieder ins Spiel«, regte ich mich auf. »Seit Millionen von Jahren ist es ihre Aufgabe, Pollen zu verbreiten und Pflanzen zu bestäuben. Die wissen ja nicht, ob es normale oder Genpollen sind! Werden die jetzt auf einmal zu Sündenböcken, weil sie auch Gen-Pollen verbreiten könnten?«

Am liebsten hätte ich mit der Faust auf den Tisch gehauen. Jon legte seine Hand auf meine Schulter. Irgendetwas war in Tims Bier gefallen.

»Stimmt schon«, resümierte er, während unser Gast im

Glas herumfischte, »was einmal in der Welt ist, kriegst du nie mehr weg. Ist 'n bisschen wie bei dem strahlenden Müll aus den Kernkraftwerken …«

»Wirkt sich das mit der Gentechnik denn auch schon konkret für dich aus?«, fragte Anne zaghaft nach.

»Nein«, ich klopfte dreimal auf den Holztisch. »Noch nicht, aber die Aussichten sind düster. Durch das Standortregister des Bundesamts für Verbraucherschutz und Lebensmittelsicherheit weiß ich zwar, dass im Umfeld meiner Bienen noch keine Genpflanzen wachsen. Aber wie lange das so bleiben wird?« Ich zuckte die Schultern. »Es geht dabei für die Saatgut- und die Pflanzenschutzkonzerne um viel Geld – und wie wir alle wissen, ermöglicht der Druck einer mächtigen Lobby so manches.«

Ich erzählte unseren Freunden, dass die Imker inzwischen aktiv geworden waren. Als Reaktion auf den Fall des Imkers aus Bayern hatte sich ein »Bündnis zum Schutz der Bienen vor Agro-Gentechnik« formiert. Hobbyimker, die Berufsimkerschaft und Verbände des ökologischen Landbaus und der ökologischen Lebensmittelherstellung engagierten sich vor Gericht für ein Gesetz zum Schutz der Bienen und der Imkereiprodukte. Sie waren mittlerweile schon bis vor den Europäischen Gerichtshof gelangt, wo Gentechnik betreffende Grundsatzfragen behandelt wurden. Dort ging es unter anderem um die Entscheidung, ob geringfügige Spuren von gentechnisch veränderten Organismen, hier von MON 810, in Lebensmitteln hingenommen werden müssten, auch wenn diese keine Zulassung hätten. Die endgültige Entscheidung stand zwar noch aus, aber alles deutete darauf hin, dass das Gericht den »verseuchten« Honig weiterhin als nicht verkäuflich einstufen und den geltenden Grundsatz der »Nulltoleranz« bestätigen würde.

Dieser Grundsatz besagte, dass in Lebensmitteln keine unerlaubten Genorganismen enthalten sein dürften. Da dies einen hohen Aufwand und enorme Kosten bei der Futter- und Lebensmittelproduktion nach sich zieht, forderten Agrokonzerne und Genlobby eine Aufweichung des Gesetzes. Kämen sie damit durch, würden viele Lebensmittel schleichend von gentechnisch veränderten Organismen verunreinigt werden. Der Verbraucher hätte keine Wahlfreiheit zwischen herkömmlichen Lebensmitteln oder Genlebensmitteln.

Wir schwiegen. Inzwischen war es stockdunkel geworden. Mit klammen Händen räumten wir schließlich ab und machten es uns im Wohnzimmer gemütlich. Zum Glück hatten wir den Kaminofen schon eine Stunde zuvor eingeheizt.

»Und was machst du, wenn hier auch irgendwann mal Felder mit Genraps oder -mais bebaut werden?«, fragte Tim.

Ich seufzte. »Nach dem aktuellen Stand der Dinge würde es mir genauso ergehen wie dem Imker aus Bayern«, erklärte ich. Um meine kalten Hände zu wärmen, rieb ich sie kräftig aneinander. »Ich müsste mit meinen Bienen abwandern, in der Hoffnung, woanders einen Ort zu finden, der frei von Gentechnikfeldern wäre. Meinen Honig müsste ich kostspielig analysieren lassen, und falls unerlaubte Spuren von Genpollen zu finden wären, müsste ich ihn vernichten.«

»Dann kann man ja nur hoffen, dass die in Brüssel nicht klein beigeben, sondern zugunsten der Imker entscheiden …«, meldete sich Anne unvermittelt. »… oder?«

Ich nickte und lächelte etwas schief. Nachdenklich saßen wir vor dem Ofen und schauten in die lodernden Flammen.

»Das sieht ja wirklich alles ganz schön düster aus«, murmelte Tim stellvertretend für uns alle in die Stille hinein.

13.

Imkern als Entspannung? Von wegen! Im 13. Kapitel gerate ich mächtig unter Druck und bei den Worten »Outsourcing« und »Delegieren« schwirren nicht nur die Bienen, sondern auch mein Kopf.

Es war im Spätsommer, als mich eine meiner Tanten anrief. Freudestrahlend teilte sie mir mit, dass es höchste Zeit sei, uns einmal zu besuchen. Nicht für lange – aber sie wollten doch zu gerne sehen, wohin es uns verschlagen hätte.

Meine drei Tanten und mein Onkel hatten unseren Umzug rege, aber ein wenig skeptisch verfolgt. Sie konnten nicht verstehen, wie man freiwillig die Kulturhochburg Hamburg gegen das Ödland der schleswig-holsteinischen Provinz eintauschen konnte.

Zur Feier des Tages holten wir die Peace-Flagge vom Fahnenmast ein und hissten dafür Hamburgs Tor zur Welt. An diesem Mast, der bereits vor unserem Einzug im Vorgarten gestanden hatte, fand vor allem Jon Gefallen. Innerhalb kürzester Zeit hatte er einen ganzen Schwung Fahnen gekauft, wobei er die meisten nach rein optischen Aspekten ausgesucht hatte. Daher flatterten abwechselnd so exotische Nationalflaggen wie die von Kiribati, einem kleinen Inselstaat im Pazifik – sie hatte mit der Darstellung von Wellen, einer Möwe und einer strahlenden Sonne bei meinem Mann punkten können –, wie auch die Flagge des im Himalaya gelegenen Königreichs Bhutan und eine farbenfrohe Peace-Flagge vor unserem Haus im Wind.

Mit großem »Hallo« und dick bepackt mit Tüten und Taschen stand meine Verwandtschaft vor der Tür. Innerhalb kürzester Zeit herrschte das reinste Tohuwabohu. Begleitet von lautem Gegacker und fröhlichen Juchzern flogen Handtaschen, Stoffbeutel und Mäntel durch die Diele.

»Ich hab dir auch was mitgebracht«, kündigte meine Tante Hedi verheißungsvoll an und zückte ihren Jutebeutel. »Rate mal, was drin ist!«

Ratlos schaute ich in die Runde und griff nach dem Beutel, der vor meiner Nase baumelte. Zum Vorschein kamen zehn leere Flügelchen-Gläser. Schon wurde mir der nächste Beutel hingehalten. Auch darin befanden sich Gläser – ebenfalls leer. Als ich auch den dritten und vierten Beutel öffnete, fand sich darin nichts anderes als säuberlich gereinigte Flügelchen-Gläser.

Meine Tanten hatten tatsächlich sämtliche Honiggläser gesammelt, die ich ihnen geschenkt oder verkauft hatte. Nun strahlten sie mich an, als hätten sie sich gerade für den Umweltpreis des Jahres qualifiziert. Meine Freude hielt sich in Grenzen. Die Gläser waren mir in etwa so willkommen wie ein Glas grobe Leberwurst.

»Danke schön«, quetschte ich hervor, »ist ja toll! Die kann ich … äh, gut gebrauchen.«

Nach einem langen Tag mit Kaffee, Kuchen und Gelächter brachen Tanten und Onkel wieder gen Hamburg auf, und ich ließ die leeren Honiggläser so schnell wie möglich im nächsten Altglascontainer verschwinden. Natürlich konnten meine Verwandten nicht wissen, dass ich es irgendwann aufgegeben hatte, Honiggläser mehrfach zu verwenden. Die Auftragslage ließ es nicht mehr zu, stundenlang vor der Spüle zu stehen und alte Etiketten abzukratzen, ehe die Gläser wieder zu verwenden waren. Obwohl ich ein Pfandsystem sinnvoll fand, hatte ich einsehen müssen, dass es für mich nicht praktikabel war. Meine Kunden kamen überwiegend von außerhalb, und ich belieferte viele Einzelhändler, die regelmäßig orderten. Mir blieb nur ein Weg. Ich musste mich von der Rücknahmeverpflichtung bezüglich meiner Honiggläser freikaufen. Dafür zahlte ich bei einem Unternehmen, das für die Sammlung und Verwertung von Verpackungsabfällen zugelassen war, eine saftige Ablöse und durfte dafür meine Honiggläser über die öffentlichen Altglascontainer entsorgen und recyceln lassen. Beim Abschluss des Vertrags hatte ich ein unbehagliches Gefühl gehabt. War das wirklich eine sinnvolle Maßnahme gewesen? Würde sich diese Ausgabe rechnen? Ich hatte zum ersten Mal eine unternehmerische Entscheidung getroffen und war unsicher. Mir blieb aber keine Wahl: Ich *musste* meine Zeit auf die Bienen und das Honigabfüllen verwenden und nicht aufs Spülen – auch wenn ich dafür bezahlen musste.

»Uns wird in alten Erzählungen«, erklang die Stimme in meiner Honigküche, »viel Wunderbares berichtet, von rühmenswerten Helden, großer Kampfesmühe, von Freuden, Festen, von Weinen und von Klagen …«

»Kommst du voran?«, drang plötzlich eine weitere Stimme durch den Türspalt meiner Honigküche an mein Ohr. Erschrocken zuckte ich zusammen und verrutschte mit dem Honigtöpfchen. Schon war der Strahl nicht im Glas, sondern daneben gelandet. Gedankenversunken hatte ich vor dem Zapfhahn meines Honigkübels gehockt und der Sprecherstimme meines Hörbuches gelauscht. Es waren die Heldensagen der Nibelungen, die mich diesmal durch meine stundenlangen Abfüllsitzungen begleiten sollten.

»Mist, jetzt ist alles danebengegangen«, schimpfte ich und balancierte das verschmierte Glas über die Spüle. In meinem Schrecken hatte ich offensichtlich auch den Zapfhahn des Kübels nicht fest genug verschlossen.

»Pass auf! Da läuft's noch …«, warnte mein Mann durch den Türspalt.

Schon bildete sich ein kleiner Honigsee unter dem Kübel, der in Zeitlupentempo von der Arbeitsplatte auf den Fußboden tropfte.

»Nicht reinkommen. Hier ist alles klebrig«, rief ich, als Jon sich anschickte einzutreten. Während ich das Malheur wegwischte, fluchte ich vor mich hin. »Kann nicht mal jemand einen Honig erfinden, der nicht klebrig ist?«

»Nee, du brauchst 'ne Abfüllmaschine«, erwiderte mein Mann. »Damit wäre schon viel gewonnen.«

Er nahm mir das nächste Glas aus der Hand und bugsierte mich mit sanfter Gewalt aus der Honigküche. Er war der Meinung, dass nach vier Stunden eintöniger Abfüllarbeit eine kleine Kaffeepause drin sein müsste.

»Ich brauch neuen Honig!«, rief ich eine Weile später durchs Haus.

Jon wusste mittlerweile längst, was das bedeutete: Wieder war der Zeitpunkt für seinen Einsatz gekommen. Gemeinsam hievten wir die über 40 Kilo schweren Bottiche, die ich gerade angemischt hatte, auf meine Arbeitsplatte. Dann setzte ich mich auf einen Stuhl direkt davor, wünschte Jon ein schönes Leben und legte los: Zapfhahn auf, warten, bis der zähe Honig ins Glas geflossen war, Zapfhahn zu, wiegen, Tropfen wegwischen. Und wieder von vorne. Stundenlang.

Meine Honigkreationen kamen gut an und die Zeitabstände zwischen den Abfülltagen wurden immer kürzer. Phasenweise musste ich pro Woche zwei- bis dreimal »in die Produktion« abtauchen. Ich freute mich über die Nachfrage. Das war genau das, was ich wollte. Je nachdem, ob der Honig flüssiger oder fester war, konnte es aber drei, vier oder auch fünf Stunden dauern, bis ein Kübel auf die Gläser verteilt war. Und dann waren noch nicht mal die Etiketten drauf. Das kam erst danach.

Anfangs hatte ich es noch genossen, stundenlang in meiner kleinen Fabrik zu verschwinden. Bei der Fließbandarbeit konnte ich abschalten und meine Gedanken auf Wanderschaft gehen lassen. Aber irgendwann lockte mich diese Aussicht nicht mehr. Ich fühlte mich einsam. Schultern und Nacken verspannten. Mein Rücken tat weh, die Füße waren platt.

Eine Zeitlang versprachen Hörbücher Abwechslung. Als ehemalige Schülerin einer links-liberalen Schule, deren pädagogisches Konzept vor allem auf der Förderung von Diskussionsfähigkeit und Meinungsäußerung beruht hatte, gab es jede Menge literarische Lücken zu stopfen. Gelegentlich konnte ich eine Freundin, meine Schwester oder meinen Mann überreden, mir zu helfen. Dann ging die Arbeit schneller von der Hand und machte allein dadurch schon wieder Spaß. Je nach dem, wer mir half, variierte die Aufgabenverteilung in der Produktionskette. Jon füllte am liebsten ab. Meine Schwester schraubte gerne die Gläser zu. Wenn wir richtig in Schwung waren, schafften wir es manchmal sogar noch, die Etiketten auf die Gläser zu kleben. Aber meistens musste ich diesen Arbeitsgang auf den nächsten Tag verschieben.

Jon hatte recht. Wenn die Nachfrage weiter wuchs, würde ich eines Tages wirklich eine Abfüllmaschine anschaffen müssen. Ich hatte auch schon Erkundigungen angestellt, aber ganz schnell wieder die Finger davon gelassen. Diese Dinger waren viel zu teuer – unter 1 500 Euro war keine zu bekommen. Gebrauchte Geräte gab es überhaupt nicht. Wer einmal so ein Teil sein Eigen nannte, gab es offensichtlich nie wieder her. Ich musste also bis auf Weiteres so klarkommen.

»Nein, kein Problem. Klar krieg ich das in einer Woche hin. Vielen Dank. Auf Wiederhören«, sagte ich. Die Dame am anderen Ende der Leitung legte auf.

Ich hielt den Hörer weiter in der Hand und wie durch Watte drang das Tuten des Telefons an mein Ohr, während ich geistesabwesend in den Garten starrte. Träumte ich oder war ich wach? Ich kniff mir in den Daumen. Ich war wach, sehr wach sogar.

Dann riss ich meine Bürotür auf und schrie in den Flur: »2 500 Gläser Honig! In einer Woche! Ich dreh durch!«

»Wie bitte?« Jons Stimme ertönte in der Küche, wo er sich gerade sein Frühstücksmüsli zubereitete.

»Da hat eben die Marketingleiterin eines Autoherstellers angerufen und 2 500 Gläser Honig bestellt. Ich fass es nicht!«

»Schrei doch nicht so.« Jon stand mit einem Mal neben mir. »Also, was ist los? Jetzt mal der Reihe nach.«

»Die wollen zur Vorstellung von irgendeinem neuen Automodell meinen Honig haben«, kreischte ich aufgedreht. »Ich soll 2 500 Gläser liefern, in einer Woche müssen sie abgefüllt sein.« Meine Stimme überschlug sich. »Das ist doch genial!« Jubelnd hüpfte ich in der Diele auf und ab. Jon stieg mit ein und gemeinsam tanzten wir wie wild, bis wir nicht mehr konnten und atemlos zum Stehen kamen.

»Wie – soll – ich – das – nur – schaffen?«, hechelte ich.

Für eine kleine Ewigkeit schauten wir uns ratlos an. Plötzlich befand ich mich wieder auf dem Boden der Tatsachen.

»Das ist völlig unmöglich.« Schlaff sank ich auf die Treppe. »In einer Woche – ausgeschlossen.« Meine Euphorie hatte sich von einer Sekunde zur anderen in Luft aufgelöst. »2 500 Gläser ›Flügelchen – Natürlich verfeinert!‹, halb Zitrone, halb Minze. Das sind ungefähr 320 Kilo Honig oder acht Kübel.« An allen zehn Fingern rechnete ich vor, was ich an Material und Zeit benötigen würde. »Für einen Kübel brauche ich, sagen wir mal vier Stunden. Dann noch das Etikettieren …« Je länger ich nachdachte und rechnete, desto mehr wandelte sich meine Stimmung. »Ich müsste sofort loslegen«, schloss ich meine lauten Überlegungen schließlich ab. »Aber das ist unmöglich.«

»Wieso?« Verständnislos schaute Jon mich an.

»Er geht doch noch nicht ins Glas.«

»Er geht nicht ins Glas?«, echote Jon.

»Na ja, der Honig in den Kübeln ist viel zu hart. Er muss erst in den Wärmeschrank, um fließfähig zu werden.«

»Wie lange denn?«

»24 Stunden kann das schon dauern. Der Honig darf nicht über 40 Grad erwärmt werden, sonst schädigt das seine Enzyme und Vitamine.« Meine Gedanken überschlugen sich. »Ich brauch also mindestens vier Tage, bis alle Kübel so weit sind«, rechnete ich vor mich hin. »Sobald eine Ladung so weit ist, muss sie in die Gläser, damit die nächsten Kübel warm werden können. Das ist 'ne echte logistische Herausforderung …«

»Das klappt schon«, versicherte Jon. »Ich helf dir auch.«

»Aber selbst dann haut es nicht hin. Es sei denn, ich hätte 'ne Abfüllmaschine«, seufzte ich mit gequältem Lächeln. »Dann hätte ich eine Chance.«

Mit hängenden Schultern schlich ich in mein Büro zurück. Ich grübelte, überschlug die Stunden und den Arbeitsaufwand, zählte die verbleibenden Tage und kontrollierte meine Vorräte. Es würde knapp werden, aber irgendwie musste ich es schaffen. Und wenn ich ab sofort in der Honigküche übernachten und mir die Nibelungen hundertmal hintereinander anhören müsste. Diesen Auftrag konnte ich mir nicht entgehen lassen. Abgesehen davon hatte ich ja sowieso schon zugesagt. Ein Rückzieher kam nicht infrage. Aber es war knapp und die Vorstellung, 2 500 Gläser per Hand abzufüllen, fand ich nicht gerade vielversprechend.

Eine Stunde später rannte ich wieder in den Flur, um mich erneut wie ein Derwisch aufzuführen.

»Yes, ich habe eine – sogar zwei!«, schrie ich nach oben. Es polterte.

Jon hatte seinen Bürostuhl so abrupt nach hinten geschoben, dass er umgekippt war. Er sprang die Treppe hinunter, guckte mich mit großen Augen an und wartete auf eine Erklärung.

»Sie werden heute noch rausgeschickt und sind morgen, spätestens übermorgen da!« Ich tat so, als wäre das völlig normal. Meine Mundwinkel zuckten, aber ich wollte Jon noch länger auf die Folter spannen.

»Wer ist da?«

»Na, die Abfüllmaschinen!«, platzte es aus mir heraus.

Ein paar Tage vorher hatte mich eine Redakteurin vom *Bienen-Journal* angerufen und gefragt, ob ich nicht Lust hätte, einen Beitrag zu schreiben. In dem Moment war mir zwar nichts eingefallen, aber ich hatte versprochen nachzudenken und mich wieder bei ihr zu melden. Eben war mir die rettende Idee gekommen und ich hatte bei der Redakteurin damit voll ins Schwarze getroffen: Ich würde die auf dem Markt befindlichen Abfüllmaschinen testen und einen Praxisbericht schreiben. Ich würde prüfen, welche Zeitersparnis diese Geräte bewirkten und wie effizient, kleckerfrei und grammgenau sie meine 2 500 Honiggläser abfüllen konnten. Mit Sicherheit gab es jede Menge Imker, die sich genau wie ich nach einer Arbeitserleichterung sehnten, und der anstehende Auftrag bot genau die richtigen Testbedingungen.

»Nicht schlecht«, staunte Jon und musterte mich mit wohlwollendem Blick.

»Und jetzt kläre ich, ob die Behindertenwerkstatt in Eckernförde die fertigen Gläser etikettiert«, verkündete ich daraufhin.

Diese Idee hatte mir zwar schon lange im Kopf herumgespukt, aber ich hatte sie immer wieder verworfen. Genau wie mit der Rücknahme und dem Spülen der Gläser erschien es mir verfrüht, diese Arbeit auszulagern. Ich wollte alles selbst machen und hätte es mir sicher noch lange nicht zugestanden, zeitraubende Routinetätigkeiten wie das Etikettieren, auszulagern. Meistens setzte ich mich dazu vor den Fernseher und ließ mich berieseln. Oder ich bat meine Mutter, mir zu helfen. Sie liebte diese Tätigkeit und genoss es, mit mir zusammen am Esstisch zu sitzen – was sonst viel zu selten vorkam –, zu ratschen und nebenbei Etiketten aufzukleben. Noch Tage später schwärmte sie von unseren fleißigen Klebesitzungen und bot sich fürs nächste Mal an. Entlohnt wurde sie stets mit ein paar Kilo Honig, selbst gepresstem Apfelsaft, hausgemachter Marmelade oder ähnlichen Spezereien.

Wir waren ein gutes Team, aber diese Menge an Gläsern hätte selbst uns überfordert. Ab jetzt war Outsourcen und Delegieren angesagt. Ich packte eine Kiste mit unbeklebten Gläsern ins Auto, griff mir ein Bündel Etiketten und fuhr nach Eckernförde. Am Telefon hatten wir zwar alles besprochen, aber schließlich musste das Ganze auch geübt werden.

»Die Honigfrau, die Honigfrau«, riefen mir die Behinderten fröhlich lachend entgegen, als ich mit einigen Paletten Honig zur Tür hereinkam.

Sie stürzten sich voller Begeisterung auf die Probegläser – ein paar zum Naschen waren auch dabei. Das Etikettieren war Maßarbeit und gar nicht so einfach, aber nach einigen Fehlversuchen saßen die Handgriffe.

Erleichtert und glücklich fuhr ich heim. Hier würde ich meine Gläser künftig immer hinbringen. Den Leuten in der Werkstatt gefiel das Produkt, und mir ersparte es Zeit, die ich woanders besser einsetzen konnte.

Time is money – schon wieder hatte ich einen unternehmerischen Grundsatz gelernt.

Eine Woche später kam der Paketdienst, um 2 500 Honiggläser abzuholen und nach Ingolstadt zu bringen. Glücklich, aber erschöpft schleppte ich Karton für Karton in den Transporter. Ich hatte es geschafft. Von meinem Gewinn kaufte ich eine der beiden Abfüllmaschinen. Ich wollte auf keinen Fall mehr darauf verzichten.

»Die Maschine ist ja jetzt gebraucht, da kann ich natürlich nicht mehr den Neupreis verlangen ...«, entschuldigte sich der dänische Händler in perfektem Deutsch. »Wären Sie mit 15 Prozent Rabatt einverstanden?« Ich konnte durchs Telefon hören, wie er grinste.

Mein Artikel erschien ein paar Wochen später. Als ich mir die Fotos, auf denen ich umgeben von Bergen aus Honiggläsern vor meiner Abfüllmaschine saß, anschaute, stieg mir wieder der spritzige Geruch von Minz- und Zitronenhonig in die Nase. Was war das für ein Stress gewesen! Wie groß meine Sorge, nicht rechtzeitig fertig zu werden! Aber alles hatte geklappt. Ich hatte es geschafft.

14.

Im 14. Kapitel stellt sich eine vermeintlich gute Entscheidung als Trugschluss heraus und ich stürze in meine erste Krise.

»Könntest du bei uns nicht auch ein paar Bienenvölker hinstellen?«

Immer wenn wir uns beim Einkaufen oder irgendwo anders getroffen hatten, war früher oder später diese Frage auf den Tisch gekommen. Marion betrieb einen Bauernhof in der Nähe, auf dem Schulklassen aus der Stadt ihre Klassenfahrten verbringen konnten, um Natur, Landwirtschaft und Bauernhoftiere kennenzulernen. Die Kinder hatten ihre täglichen Aufgaben. Sie mussten die Hühner, Enten oder Schweine füttern, Unkraut jäten, Gemüse ernten und durften ansonsten den ganzen Tag draußen spielen. Gebe es dort auch noch einen Bienenstock, könnte sie den Kindern die ökologische Bedeutung von Bienen anschaulich erklären, hatte Marion mir mehrfach ihr Vorhaben schmackhaft gemacht.

Im Prinzip gerne – hatte meine Antwort stets gelautet. Allerdings war ich erst einmal froh, dass die Bienen endlich direkt vor meiner Haustür standen. Sobald ich die ersten Ableger von ihnen gebildet hätte, versicherte ich ihr, würde ich auf der Matte stehen.

Ende Juni war es so weit: Ich brachte fünf kleine Völker auf den Biohof. Ich wusste – hier, zwischen üppigen Blumen- und Gemüsebeeten, Raps, Klee und Löwenzahn, würden es meine Mädels richtig gut haben und sich prächtig entwickeln. Und alles ohne Gift. Außerdem gab es dort jede Menge alter Lindenbäume, deren Blüte noch bevorstand, und im nächsten Frühling konnten sich die Immen über eine Streuobstwiese mit Apfel-, Birnen- und Kirschbäumen freuen. Es war schön dort. Der Hof lag sieben Kilometer von unserem Haus entfernt und damit außerhalb des Flugradius der Bienen. Ich konnte also sicher sein, dass sie nicht zu ihrem alten Standort zurückfliegen würden.

Bienen haben einen bemerkenswerten Orientierungssinn und finden sich anhand markanter Zeichen wie Bäume oder Sträucher zurecht. Zusätzlich dient ihnen die Sonne als Kompass. Scheint sie nicht und ist der Himmel bewölkt, richten sie sich nach der Streuung des Lichts. Außerdem sind sie in der Lage, den Lauf der Sonne zu berücksichtigen: Selbst wenn sie längere Zeit im Dunkel des Bienenstocks verbracht haben und sich der Sonnenstand entsprechend verändert hat, können sie jede Futterquelle wiederfinden.

Lerninhalte, die ich zu Schulzeiten als langweilig und abstrakt empfunden hatte, wurden jetzt im wahrsten Wortsinn lebendig: Wenn ich beispielsweise Waben herauszog, um sie auf Schwarmzellen zu überprüfen, konnte ich beobachten, wie sich die Bienen mittels ihrer »Tanzsprache«, dem Rund- oder Schwänzeltanz, über entdeckte Futterplätze und deren Lage und Entfernung zum Bienenstock austauschten. Lag die Futterquelle in einem Umkreis von 100 Metern, »tanzte« die Biene, die die Quelle entdeckt hatte, auf einer Wabe Kreise – den Rundtanz. Je schneller, desto mehr Futter war dort zu holen. Die anderen Sammelbienen verfolgten die Darbietung und erfuhren zusätzlich durch kleine Kostproben, um welche Art Futter es sich handelte.

Mit dem Schwänzeltanz konnten Bienen ihren Kolleginnen Auskunft über eine Futterquelle geben, die mehr als 100 Meter vom heimischen Bienenstock entfernt lag. Dabei lief die Biene eine Acht. Auf der Mittellinie schwänzelt sie mit ihrem Hinterteil und zeigt damit nicht nur Art und Menge des Futters an, sondern auch noch Richtung und Entfernung. Die Lage der Futterquelle in Bezug auf den Sonnenstand wurde im Dunkel des Bienenstocks in Beziehung zur Schwerkraft gesetzt. Waren leckere Blüten exakt in Richtung der Sonne zu finden, so tanzte die Biene auf der Wabe senkrecht nach oben. Lag die Futterquelle in der entgegengesetzten Richtung, tanzte sie eine senkrechte Linie nach unten.

Und die Bienen hatten noch eine faszinierende Fähigkeit: Sie konnten sogar UV-Licht sehen. Blumen hatten sich diese Eigenschaft zunutze gemacht, um möglichst zuverlässig von den kleinen Bestäubern besucht zu werden. Sie entwickelten im Lauf der Evolution UV-reflektierende Muster auf ihren Blütenblättern, die den Bienen anzeigten, wo sie landen mussten, um den Nektar zu finden und gleichzeitig die Pflanze zu bestäuben.

»Du musst sofort kommen!«, brüllte die Stimme am Telefon. »Deine Bienenstöcke sind umgekippt!«

Eine heiße Welle schoss durch meinen Körper. Wie hatte das passieren können? Genau wie bei den anderen Stöcken sah ich auch bei den Biohof-Immen jede Woche nach dem Rechten. Meinen letzten Besuch hatte ich erst am Vortag gemacht und da war alles noch in bester Ordnung gewesen.

Die Kästen standen windgeschützt hinter einer Hecke und ruhten auf einem massiven Gestell aus Holzbohlen. Durch ihr Eigengewicht konnte ihre Standfestigkeit höchstens durch eine Windhose gefährdet werden – dachte ich. Außerdem hatte ich jeden Kasten zusätzlich mit schweren Steinen beschwert.

Ich ließ alles stehen und liegen, raffte mein Zubehör zusammen und sprang ins Auto. Schon von Weitem sah ich das hektische Gewusel auf der Wiese. Ulrike, die Mitarbeiterin, die mich angerufen hatte, jagte einer Herde halbwüchsiger Lämmer hinterher. Die Tiere stoben in alle Richtungen auseinander, es schien aussichtslos, sie zusammenzuhalten. Das hätte nur ein Hund geschafft. Als Ulrike mich kommen sah, gab sie ihre Hatz auf und lief mir entgegen.

»Was ist denn passiert?«, fragte ich sie durch das heruntergekurbelte Fenster.

»Heute Morgen sind die Böckchen gebracht worden«, erzählte sie atemlos. »Erst lief alles prima. Aber als ich mittags mal gucken ging, sah ich plötzlich, dass die Wollis angefangen hatten, sich an den Bienenstöcken zu scheuern und mit ihren Köpfen dagegenzurammen.«

»O Mann! Warum sagt mir denn auch niemand Bescheid, dass Schafe kommen?« Genervt brachte ich das Auto zum Stehen, stieg aus und zwängte mich in meinen Imkeranzug.

»Weil wir nicht wussten, dass die so was machen«, erklärte Ulrike kleinlaut. »Der Schäfer meinte, Bienen und Schafe tun sich nichts. Wir konnten doch nicht ahnen, dass die so frech sind.«

Mir schwante Böses. Während Ulrike ihre Jagd nach den kleinen Schafböcken wieder aufnahm, um sie auf eine andere Weide zu treiben, entfachte ich Rauch in meinem Smoker.

»Haut ihr wohl ab, weg da, husch!«, schrie ich und stob fuchtelnd los. Einige Tiere der Herde hatten den Anschluss an ihre Artgenossen verloren und kletterten schon wieder zwischen meinen Kästen hin und her.

Die halbstarken Böcke hatten ganze Arbeit geleistet: Die ersten beiden Bienenstöcke lagen bereits umgekippt auf der Wiese. Die Deckel daneben. Ein paar mit Bienen besetzte Waben waren ins Gras gepurzelt. Gerade scheuerte sich eines der Tiere am hintersten Bienenstock, der bereits gefährlich schwankte.

»Schhh, schschsch!«, schrie ich erneut und warf die Arme in die Luft. Das Schaf sprang erschrocken zur Seite und riss dabei den dritten Stock um. Der Ziegelstein, der obendrauf lag, plumpste dumpf auf den lehmigen Boden. Der Deckel kollerte über das zertrampelte Gras und blieb ein paar Meter weiter liegen. Sofort flogen etliche aufgebrachte Bienen kreuz und quer über den Schauplatz.

»Verdammter Mist!« Ich nebelte mir mit dem Smoker den Weg frei und versuchte, die Stöcke als Ganzes wieder aufzurichten, um nicht noch mehr Unruhe zu erzeugen. Keine Chance. Die Dinger waren einfach zu schwer. Ich musste die Stöcke in ihre Bestandteile zerlegen und dann Stück für Stück wieder zusammensetzen: erst den Boden, dann die unterste Zarge und dann die beiden darüberliegenden. Mit jeder Erschütterung kamen mehr Bienen hervor, um mich, den Störenfried, zu vertreiben. Auch die neugierigen Schafe wagten sich Schritt für Schritt wieder näher heran. Kaum drehte ich ihnen den Rücken zu, um an einer Seite klar Schiff zu machen, kletterten sie wieder in dem Tohuwabohu herum.

Mittlerweile hatte Ulrike einen Teil der Herde auf die Nebenweide befördert.

»Ein Hütehund wäre jetzt Gold wert«, japste sie, während sie mit einem Weidenstecken in der Hand näher kam, um mir den Rest der Schafe vom Halse zu halten.

»Bleib bloß weg«, warnte ich sie. »Hier kann es ungemütlich werden.« Im selben Moment schrie sie auf und klatschte sich an den Hals. Ulrike warf den Stecken weg und floh Richtung Hof.

»Wir haben noch ein Stück Rollzaun. Mal sehen, ob ich das finde!«, rief sie im Laufen und verschwand auf dem Weg zur Scheune.

Ich sammelte die Weidenrute auf und briet dem Anführer der kleinen Rowdys eins über. Das hatte gesessen! Seine Kollegen suchten das Weite und liefen zum Tor der Nachbarweide am Ende der Koppel, wo der Rest der Herde bereits in Seelenruhe graste. Jetzt wäre es ein Leichtes gewesen, sie auch dorthin zu verfrachten, aber Ulrike war noch nicht wieder zurück und ich musste mich dringend um meine Bienen kümmern.

Zügig machte ich mich daran, die Stöcke zusammenzusetzen. Jetzt fing es auch noch an zu regnen. In null Komma nichts war der lehmige Boden aufgeweicht und verwandelte sich in eine glitschige Rutschbahn. Dicke Lehmplacken setzten sich ins Profil meiner Gummistiefel. Manchmal sogen sich die Schuhe im Matsch so fest, dass ich kaum meine Füße vom Boden lösen konnte. Mein Imkeranzug klebte mir kalt am Körper. Dieser Regen würde so schnell nicht aufhören. Ich musste mich beeilen, damit ich und die Bienen nicht total nass wurden und auskühlten.

Ich war gerade dabei, mit einem energischen Griff die dritte Zarge anzuheben, da rutschten mir die Beine weg und ich flog samt Bienen auf mein Hinterteil. Mitten rein in den Modder. Wie ein auf dem Rücken liegender Käfer strampelte ich mit allen Gliedmaßen und suchte nach Halt. In Sekundenschnelle hatten sich meine Lederhandschuhe mit braunem Wasser vollgesogen und wurden schwer und eisig kalt. Ich hätte heulen können.

Während ich versuchte, wieder Boden unter die Füße zu bekommen, hörte ich schwere Schritte über die Wiese stapfen. Kopfüber zwischen den Kästen hindurchschielend konnte ich sehen, wie Ulrike keuchend eine riesige Rolle Zaun auf der Schulter heranschleppte. Mit einem befreienden Kraftlaut warf sie die sperrige Last ins nasse Gras.

»Agnes?« Ulrikes Gesicht tauchte wie ein großer Vollmond hinter den Bienenstöcken auf.

Unsere Blicke trafen sich. Für einen Sekundenbruchteil glotzte sie mich entgeistert an, dann gackerten wir los. Sie kam auf meine Seite und reichte mir die Hand, damit ich mich an ihr hochziehen konnte. Platsch – rutschte sie aus und lag neben mir im Matsch. Klatschnass und über und über mit Schlamm beschmiert lagen wir wie zwei Jahrmarkt-Catcherinnen hinter den Bienenstöcken. Nun brach es endgültig ungehemmt aus uns heraus und wir lachten und lachten.

»Schluss jetzt,« versuchte ich unseren hysterischen Lachanfall mit strenger Stimme zu stoppen. »Wir müssen die Bienenkästen endlich in Ordnung bringen. Im Auto ist noch ein Hut, den kannst du dir holen.«

Gemeinsam rappelten wir uns auf. Ulrike eierte über die aufgeweichte Wiese zum Auto und holte den zweiten Imkerhut. Zu zweit und mit der Kraft der Verzweiflung schafften wir es tatsächlich innerhalb von ein paar Minuten, alle Stöcke wieder in Reih und Glied auf das Holzgestell zu stellen und den Zaun einmal rund um den Standplatz zu ziehen. Fertig – fürs Erste war die Gefahr gebannt. Meine Bienen waren zwar ordentlich durcheinandergeschüttelt und etwas nass geworden, aber wirklichen Schaden hatten sie nicht genommen.

Es regnete tagelang weiter. Bei meinem nächsten Kontrollbesuch hatten sich an einigen Stellen der Weide riesige Pfützen gebildet.

Jetzt zahlt es sich aus, dass ich die Kästen erhöht auf Holzbohlen aufgestellt habe, dachte ich beruhigt, da kann nichts passieren. Auch der Zaun erfüllte seinen Zweck und hielt die neugierigen Schafböcke fern, die mittlerweile wieder auf der Bienenwiese weideten.

An einem Sonntag klingelte das Telefon. Auf dem Display erkannte ich die Nummer des Biohofs. Blitzartig ratterten vor meinem inneren Auge verschiedene Szenarien ab: Waren die Schafböcke durch den Zaun gebrochen? Hatte ich irgendetwas übersehen oder versäumt?

»Du musst ganz schnell kommen!«, haspelte Ulrike am anderen Ende der Leitung ins Telefon. »Wir müssen deine Bienen verlegen.« Hatte ich ein Déjà-vu?

»Was ist denn nun schon wieder?«, fragte ich gereizt. Schließlich war es in erster Linie der Wunsch der Hofbetreiber gewesen, dass ich meine Bienenstöcke dorthin brachte. Dann hatten sie auch dafür Sorge zu tragen, dass sie gut standen …

»Komm einfach«, sagte sie. Der Klang ihrer Stimme ließ keine weiteren Fragen zu.

Ich klingelte an der Tür des Bauernhauses. Ulrike öffnete mir. Auf ihrem Arm trug sie ein klitzekleines, rosafarbenes Ferkel. Entzückt vergaß ich für einen Moment, dass es eigentlich um etwas anderes ging.

»Das ist Freddy«, erklärte sie. »Er ist gestern zusammen mit 14 Geschwistern auf die Welt gekommen.« Freddy strampelte und wollte sich aus dem Griff befreien. »Die Mutter hat ihn nicht angenommen, deswegen versuchen wir, ihn mit der Flasche großzuziehen.«

Sie bat mich hinein und ging vor mir her in die große Wohnküche des Bauernhofs. Dort stand unter einem warmen Rotlicht eine Pappkiste mit Stroh.

»Darf ich ihn auch mal halten?«, bat ich. Wann hatte man schon mal die Chance, ein Ferkel auf den Arm zu nehmen? Freddy war ganz leicht und zart. Er zitterte ein bisschen, als ich ihn mir an die Brust drückte. Binnen Sekunden hatte das kleine Ferkel mein Mutterherz geweckt. Am liebsten hätte ich mir Freddy in einem Tuch vor den Bauch gebunden, so zart und schutzbedürftig wirkte er.

»So, Kleiner, jetzt geht's zurück in dein Bettchen«, säuselte ich schließlich und setzte Freddy in seinen Pappkarton. Der kleine Quieker hüpfte ein paar Mal ungelenk im tiefen Stroh umher, fiel um und schlief auf der Stelle ein. Gerührt betrachtete ich das blitzeblanke Ferkelchen. Wie schön, dass Freddy auf diesem Biohof auf die Welt gekommen war. Hier war ihm ein schönes Leben sicher. Nur gut, dass ich so was Süßes nicht esse, schoss es mir durch den Kopf. Einmal mehr war ich froh, dass ich, abgesehen von meinem Sündenfall zur Grillsaison, schon seit mehr als 20 Jahren kein Fleisch mehr aß. Ich brauchte Freddy gegenüber kein schlechtes Gewissen zu haben.

»Ich hab 'ne schlechte Nachricht«, kündigte Ulrike an. »Der Teich hat den massenhaften Regen der letzten Tage nicht mehr aufnehmen können und ist über die Ufer getreten.« Verständnislos blickte ich sie an und wartete auf weitere Informationen. »Und auch die Drainage auf der Lämmerwiese ist mit dem Starkregen nicht klargekommen.« Langsam dämmerte mir, worauf sie hinaus wollte. »Die Bienenstöcke stehen in einer riesigen Pfütze.«

»Ach du Scheiße«, entfuhr es mir. »Ist Wasser reingelaufen?«

»Weiß nicht, so genau konnte ich das nicht erkennen …«

Auf der Wiese stand das Wasser knöchelhoch. Ein Frosch hüpfte zur Seite, als ich zu meinen Bienen watete. Wahrscheinlich freute er sich über das überdimensionale Planschbecken. Erleichtert sah ich aus der Ferne, dass das Wasser die Fluglöcher dank der Holzbohlen nicht erreicht hatte.

Erst als ich näher kam, erkannte ich das wahre Ausmaß des Unglücks: Vor den Bienenkästen trieben Hunderte ertrunkener Bienen. Geschockt stand ich im Wasser und versuchte nachzuvollziehen, was geschehen war. Es hatte tagelang wie aus Eimern geschüttet. Heute war der erste trockene Tag. Der Wind hatte die Wolken weggeblasen und der Himmel war strahlend blau. Die Sammelbienen konnten endlich wieder ausfliegen und hatten das auch eifrig getan. Beim An- und Abflug mussten sie vom Wind abgetrieben und ins Wasser gedrückt worden sein. Einige Bienen zappelten noch und versuchten verzweifelt, irgendwo Halt zu finden. Ich suchte ein Stöckchen und fischte so viele wie möglich aus ihrem nassen Grab. Die meisten waren allerdings schon tot.

Gemeinsam mit den Besitzern des Hofs hatte ich mir extra diesen Standplatz ausgesucht, weil wir der Meinung waren, dass er für die Bienen ideal war. Sie wurden von den ersten Strahlen der Morgensonne geweckt, und es gab den kleinen Teich, an dem sie ihren Wasserbedarf decken konnten. Außerdem schützte sie eine kleine Hecke vor Wind. Dass so etwas geschehen konnte, hatte ich mir im Traum nicht vorstellen können.

Hätte ich jeden Tag zur Kontrolle kommen müssen? Taugte ich überhaupt zur Imkerin? Kreuzunglücklich ging ich zum Hof zurück. Jetzt musste es erst mal darum gehen, die Bienen so schnell wie möglich umzustellen. Ich besprach meinen Plan mit Ulrike und fuhr nach Hause, um dann mit Zurrgurten und Schaumstoffstreifen wiederzukommen. Zwei Stunden später, als es schon zu dämmern begann, sicherte ich jeden Bienenstock mit einem Gurt und verschloss die Fluglöcher mit dem Schaumstoff. Wir schleppten die Bienenstöcke durchs Wasser zum Auto und ich fuhr mit ihnen nach Hause.

Ich rief Bernie an. Wir hatten schon lange nicht mehr miteinander geredet.

»Ach mien Deern, aus Fehlern wird man klug. Mir sind sogar mal zwei Bienenstöcke vom Hänger gefallen, als ich sie umstellen wollte.« Erstaunt lauschte ich seinem Geständnis: »Für *so wat* muss man sich schämen! Dat war einfach tüffelig von mir gewesen. Aber doch nich bei dem, wat du erlebt hast! Gegen höhere Gewalt is bisher noch kein Kraut gewachsen, oder?«

Das tat gut. Bernie war einfach der Beste.

Fasziniert beobachtete ich in den folgenden Tagen wieder mal, zu was für einer Regenerationsleistung die Bienen fähig waren. Sie kompensierten den Verlust ihrer Artgenossinnen in erstaunlich kurzer Zeit. Bei den Immen rückten jüngere Bienen nach und übernahmen die Aufgaben der Flugbienen.

Mich hingegen plagten trotz Bernies Trostversuch noch tagelang Schuldgefühle und ich durchlitt meine erste ernsthafte Krise. Ich stellte alle meine bisherigen Entscheidungen infrage, inklusive derer, die ich gemeinsam mit meinem Mann getroffen hatte. Ich haderte mit meiner Eignung zur Imkerin, beklagte das schlechte norddeutsche Wetter und den Klimawandel, verfluchte unseren Umzug in diese vermaledeite Einöde und bemitleidete mich zu guter Letzt sogar dafür, dass ich täglich nur noch in schmutzigen Overalls, alten Fleecejacken oder Gummistiefeln durch die Gegend lief. Es war offensichtlich. Ich musste mal raus. Ich hatte das Bedürfnis, Abstand von meinem jetzigen Leben zu nehmen.

Noch am gleichen Abend fuhr ich für ein paar Tage nach Hamburg und sog dort die Energie der Großstadt auf. Ich frühstückte in meinem Lieblingscafé bei Franzbrötchen und Tageszeitung, genoss abends die gute Küche der Hamburger

Restaurants jenseits von Sauerbraten und Ostseeplatte, versank im Gestühl meines Stammkinos und traf mich mit meinen Freundinnen. Ein paar Mal huschte ein Gefühl von Trauer über meine Seele, als ich feststellte, wie schnell ich Namen von Straßen vergessen hatte, durch die ich jahrelang geradelt war, oder wie viele Läden seit unserem Umzug geschlossen oder eröffnet hatten, ohne dass ich es mitbekommen hatte. Ich fühlte mich gekränkt, als ein Freund mich im Scherz als Landei bezeichnete, und wollte den Hamburger Autofahrern, die allzu offensiv drängelten, hinterherschreien, dass ich ebenfalls von hier käme und das RD-Kennzeichen nichts zu bedeuten hätte. Jeden Tag zog ich eine andere Lieblingsklamotte aus meinem schier unerschöpflichen Koffer. Endlich begegnete ich mal wieder anderen Menschen als nur Bernie oder Herrn und Frau Olschewski, und ich genoss es, mich schick anzuziehen und vor allem ordentlich zu shoppen. Stück für Stück füllten sich meine Speicher mit neuer Zuversicht.

Ich nahm mir vor, regelmäßig Hamburg-Tage einzuplanen. Hatte ich früher die Auszeit auf dem Land genossen und als wichtig für mein Seelenheil betrachtet, so schien es jetzt umgekehrt. Nun war es die Stadt, die mir neue Energie, Ideen und Impulse gab.

»Hallo! Hier ist Anette!«

Huch? Mit einem Anruf meiner alten Arbeitskollegin hatte ich überhaupt nicht gerechnet.

»Rate mal, was ich hier direkt neben mir liegen hab!«, fragte sie, nachdem wir uns ausgiebig begrüßt hatten.

»Keine Ahnung …«

»Jetzt rate doch mal, ich weiß, dass du das ganz toll findest.«

»Vielleicht einen riesigen Berg Süßigkeiten?«

»Süß ja! Aber viel besser. Eine Kiste mit drei winzigen Kätzchen! Grad geschlüpft!«

»Das gibt's doch nicht! Die muss ich sehn!«

Zehn Minuten später saß ich neben Annette in ihrer Hamburger Dachzimmerwohnung auf dem Sofa und starrte verklärt in die Kiste mit den drei kleinen Fellbündeln. Zwei von ihnen waren dunkel getigert und sahen aus wie kleine Ozelote, eins war weiß mit einem milchkaffeefarbenen Fleck auf dem Köpfchen.

»Und die hast du wirklich in einem Karton vor der Tür gefunden? Wer macht nur so etwas Gemeines!«, ereiferte ich mich, während die Minis in ihrem weichen Nest durcheinanderpurzelten.

Annette zuckte resigniert die Schultern. »Tja, Leute gibt's ... Hätten die nicht so laut gemaunzt, hätte ich den alten Pappkarton glatt übersehen«, sagte sie und nahm einen letzten Schluck Tee. »Den weißen holt meine Freundin Bina morgen ab. Aber die beiden anderen ...«

Der riesige Laden für Heimtierartikel lag genau zwei Straßen weiter. Ein Katzentransportkorb, eine Katzentoilette und Futter – mehr brauchte ich erst einmal nicht. Während der Fahrt zurück aufs Land schlummerten die Zwergtiger in ihrer Höhle. Wie Jon wohl reagieren würde? Ihn so vor vollendete Tatsachen zu stellen war schon gewagt. Aber ich hoffte, dass die beiden Hamburger Jungs auch sein Herz erweichen würden. Ich wusste schon, wie ich sie nennen würde: Pauli und Michel. Wie die Hamburger Wahrzeichen.

15.

Im 15. Kapitel erledige ich das, was normalerweise vor einer Firmengründung stattfinden sollte, und mache mir zum ersten Mal darüber Gedanken, wohin mich meine unternehmerische Reise führen soll.

»Vielen Dank, dass ihr gekommen seid«, sagte ich mit klopfendem Herzen, während ich in Jackett und Bluse gekleidet am Kopf des Tisches stand, um meine Gäste zu begrüßen.

Ich hatte lange darüber nachgedacht, wen ich fragen könnte. Schließlich hatte ich eine illustre Runde eingeladen. Außer meinem Mann blickte mir Sibylle, eine Innenarchitektin mit Sinn für das Besondere, entgegen. Dann war da noch Ecki, der PR-Fachmann, der sich durch seine Begeisterungsfähigkeit auszeichnete und andere damit prima motivieren konnte. Und unser Freund Thomas war gekommen, ein Werbeprofi, der chronisch überarbeitet war und eigentlich von einem Leben als Golfprofi träumte. Allesamt waren erfolgreich in ihrem Metier und seit Jahren selbstständig. Normalerweise trafen wir uns in ungezwungener Runde, man plauderte und lachte über Gott und die Welt. Nur selten sprachen wir über berufliche Themen. Die Rolle der Geschäftsfrau, die ich jetzt vor meinen Freunden gab, fühlte sich fremd an. Jetzt musste ich die Hosen herunterlassen.

»Wie ihr bereits meiner Mail entnommen habt«, begann ich meine kleine Ansprache, »möchte ich heute gemeinsam mit eurer Hilfe Strategien und Ziele für die Honigmanufaktur Flügelchen entwickeln.«

Meine Freunde schauten mich ernst und erwartungsvoll an. Einige hatten meine Mail mitgebracht und jetzt vor sich auf dem Tisch liegen. Darin hatte ich geschrieben:

Liebe Freunde,
hiermit würde ich Euch gerne zu einem Flügelchen-Kreativ-Meeting in unseren ländlichen »Thinktank« einladen. Der Grund ist folgender: Seitdem ich vor ein paar Jahren mit der Imkerei als Hobby begonnen habe, hat sich eine Menge getan. Aus dem Hobby wurde eine kleine Profession, aus zwei Bienenvölkern wurden viele. Diverse Veröffentlichungen in Zeitschriften haben zur Verbreitung der Marke »Flügelchen« beigetragen, sodass ich den Honig mittlerweile bundesweit verkaufen kann. Ich habe meinen Markennamen schützen lassen, eine Honigabfüllmaschine angeschafft, und für die Konfektionierungsarbeiten konnte ich eine Diakonieeinrichtung in Eckernförde gewinnen. Die Etiketten werden runderneuert, erhalten einen Barcode, ein Frischesiegel und einen kleinen Anhänger, der an jedem Glas die Philosophie und den Hintergrund der Honigmanufaktur Flügelchen transportiert.
Warum halte ich so ein Meeting für wichtig?
Bisher hat sich die Honigmanufaktur von alleine so entwickelt. Für mich ist der Zeitpunkt gekommen, an dem ich aktiv überlegen möchte, wo ich langfristig hinwill.
Mit Euren Ideen und Eurer Expertise seid Ihr alle prädestiniert, der kleinen Honigmanufaktur Flügelchen einen Kick in eine tolle Zukunft zu geben. Deshalb möchte ich Euch um Eure Mithilfe bitten.
Viele Grüße, Agnes

Voller Überzeugung hatte ich die Mail verschickt. Ich war mir sicher, dass innerhalb kürzester Zeit die ersten begeisterten Rückmeldungen eintrudeln würden. Nichts geschah. Auch am zweiten und dritten Tag gab es noch keine Antwort. Mehrmals am Tag checkte ich meine Mailbox und wurde immer zaghafter. War es doch keine gute Idee gewesen, Freunde um Hilfe zu bitten? Waren die jetzt womöglich genervt?

»Ich glaube, das Meeting wird nicht stattfinden«, erzählte ich meinem Mann enttäuscht.

»Wie bitte?« Er runzelte die Stirn.

»Niemand hat geantwortet.«

»Das kann nicht sein«, erwiderte er. »Sind Schulferien? Vielleicht sind alle im Urlaub?«

»Glaub ich nicht, außerdem hat keiner von denen Kinder.«

»Zeig mal.« Jon lief an mir vorbei in mein Büro und setzte sich vor den Rechner. »Hab ich es mir doch gedacht«, sagte er triumphierend, »du bist vielleicht 'ne Nummer!«

»Wieso denn, was denn?«

»Deine Einladung ist im Postausgang hängengeblieben und gar nicht verschickt worden.« Ich sah über seine Schulter auf den Bildschirm. »Wahrscheinlich hast du in einer der Adressen einen Fehler«, fügte Jon hinzu. »Und dann wird die ganze Mail nicht verschickt.«

Gemeinsam gingen wir die Adressaten durch und tatsächlich, bei einer hatte ich die Endung vergessen.

»Ich Trottel!« Kleinlaut, aber erleichtert korrigierte ich den Fehler und schickte die Nachricht ab.

Und siehe da: Noch am selben Abend erhielt ich die Antworten: »Super Idee!«, »Gerne« und »Das kann ich auch gebrauchen«.

Anstelle der Tea-Time-Mischung von Delacre, wie ich sie aus Business-Meetings vergangener Tage kannte, standen auf unserem Esstisch im Wohnzimmer Teller mit Bienenstich. Kaffee und Tee dampften in großen Kannen auf einem Beistelltisch. Aus der Redaktion der Lokalzeitung hatte ich mir ein Flipchart geliehen. Der Rahmen unseres Treffens sollte so professionell wie möglich wirken.

Ich räusperte mich. »Ja, dann wollen wir doch mal anfangen.« Ich blickte auf meinen Spickzettel, schon lange hatte ich nicht mehr vor einer Gruppe gesprochen. Das letzte Mal in meiner Studentenzeit. »Also, ich dachte … ich würde … neben dem Honig, meinem Kerngeschäft, würde ich gern noch andere Dinge anbieten.« Ich blickte in die Runde. Rechte Begeisterung konnte ich in den Gesichtern nicht erkennen. »Zum Beispiel ein leckeres Erfrischungsgetränk! Flügelchen-Pop wäre dafür ein toller Name! …« Vier Fragezeichen sahen mich an. »Da habe ich auch schon mit einigen Rezepten … also, herum experimentiert.« Ecki malte kleine Kreise auf das weiße Blatt Papier vor ihm. »Aber vielleicht habt ihr ja auch noch andere Ideen? …« Sibylle starrte auf ihre Tasse. Mein Vortrag schien ins Leere zu laufen. »… will jemand noch Kaffee?« Thomas schüttelte den Kopf, Jon brummte eine Verneinung. »Passen würde auf jeden Fall auch noch Tee«, sagte ich zögernd. »Außerdem hatte ich an Müsliriegel gedacht …«

Ecki runzelte die Stirn. »Agnes«, sagte er, »meinst du nicht, dass du dich verzetteln könntest?«

Sibylle presste die Lippen zusammen und nickte zustimmend.

»Verzetteln? Wieso verzetteln? Ich muss mich einfach breiter aufstellen. Allein mit Honig kann ich keinen Blumentopf gewinnen.« Ich bemühte mich, sachlich zu klingen, aber innerlich war ich getroffen.

»Ist das nicht ein bisschen zu früh?« Eckis Frage war eher ein Statement.

»Es ist doch besser, gleich die richtigen Weichen zu stellen.« Ich wollte meinen Standpunkt nicht so ohne Weiteres aufgeben. »Müsliriegel kann ich bestimmt mehr umsetzen als Honig und das ist dann eine sichere Basis.«

Der Rest der Truppe hatte bisher nichts gesagt.

»Ich weiß ja nicht ...« Sibylles Stimme klang etwas säuerlich. »Müüüsliriegel?« Sie zog das Wort in die Länge.

»Ja, Müsliriegel!«, entgegnete ich heftig.

»Nicht jeder mag die«, sagte sie, während ihr ein Mandelstückchen rechts an der Unterlippe hing. Ich tippte mir mit dem Finger an die entsprechende Stelle. Sibylle zwinkerte mir zu und wischte genau die falsche Seite ab.

»Aber viele mögen sie«, beharrte ich.

»Lass uns mal sachlich bleiben«, grätschte Ecki dazwischen. »Gegenfrage: Du meinst also, sich als einzelkämpfende Honigproduzentin zu etablieren ist ganz schön schwer?«

»Allerdings!«, schnaubte ich. »Wenn ich zum Bei...«

»Und es wird dadurch einfacher, dass du gleichzeitig noch versuchst, Limonadenproduzentin, Müsliriegelbäckerin oder Teeimporteurin zu werden?«, unterbrach er mich.

Ich stockte. Jon atmete hörbar auf. Endlich pulte mir mal jemand anderes bei, was seit Langem seine Rede war.

»Ja ... Nein, natürlich nicht. Aber nur auf Honig kann ich doch keine Existenz aufbauen«, lamentierte ich.

»Mach erst mal eine Sache richtig.« Thomas schaltete sich ein. Während er sprach, nahm er seine Brille ab und massierte seine Nasenwurzel. »Und wenn du die gut kannst, dann treffen wir uns wieder.«

Das saß! Ich hielt meine Klappe. Hatten sie vielleicht doch recht? Wollte ich mich vielleicht mit dem Festhalten an möglichst vielen Produkten von der alles entscheidenden Frage ablenken? Nämlich ob das, was ich hier tat, überhaupt wirtschaftlich sinnvoll war? Schnell schob ich den Gedanken beiseite.

»Auf alle Fälle brauche ich einen Online-Shop.« Ich wechselte das Thema. »Es kann doch nicht sein, dass die Kunden erstmal fragen müssen, ob ich überhaupt Honig versende.«

Erleichtert nahm ich wahr, dass fast alle zustimmend nickten.

»Find ich nicht. So ist das viel persönlicher«, meldete sich Sibylle zu Wort. »Ist doch schön, wenn man erst mal ins Gespräch kommt.«

Thomas runzelte die Stirn. »Dadurch vergehen schon ein bis zwei Tage«, wandte er ein. »Die Kunden verlieren die Lust und überlegen es sich anders.«

»Also, ich warte gerne mal auf was«, beharrte Sibylle. »Dann steigt die Vorfreude.«

Jon und Ecki schauten sich entgeistert an.

»Ich glaube, du bist ein Einzelfall«, murmelte Thomas zur Tischplatte.

Ecki schien die Geduld zu verlieren: »Man muss ganz klar sagen: Der heutige Internet-Kunde will seine Ware am übernächsten Tag im Briefkasten haben! Das ist einfach Standard. Sonst kauft er eben woanders.«

Sibylle verschränkte die Arme und zog eine Schnute. »Ein Internet-Shop passt gar nicht zum Manufakturgedanken«, erklärte sie. »Das ist unromantisch, finde ich.«

»Auf welchem Planeten lebst du denn?«, quetschte ich hervor. »Du hast doch selber 'ne Internet-Seite.«

»Ja schon, aber das mit den Online-Shops ist … irgendwie zwanghaft«, maulte Sibylle. »Jeder klagt über die Schnelllebigkeit, aber gleichzeitig muss alles zack, zack gehen.«

»Und trotzdem brauch ich einen.«

»Würde ich mir überlegen.« Sibylle ließ nicht locker. »Das

setzt dich voll unter Druck – du musst immer sofort reagieren.«

Allmählich begriff ich gar nichts mehr. »Aber das ist doch auch in meinem Interesse. Ich will doch verkaufen, oder? …«

Thomas, Jon und Ecki warfen sich vieldeutige Blicke zu. Irgendwie waren mir Sibylles Kommentare peinlich. Was mochten die drei nur denken? Ich kannte Sibylle noch nicht so lange und hatte mir eigentlich ganz andere Ideen und Vorschläge von einer kreativen Innenarchitektin erhofft.

»Was meint ihr denn?« Fragend blickte ich auf den Rest der Runde.

»Fangen wir doch mal woanders an«, ergriff Ecki das Wort und lenkte unsere Aufmerksamkeit in eine neue Richtung. »Was willst du monatlich verdienen?«

Ratlos schaute ich ihn an. »Das kann ich doch nicht sagen«, erwiderte ich. »Das kommt drauf an, wie viel ich verkaufen kann.«

Ecki, seit vielen Jahren erfolgreicher PR-Profi und Zeitschriften-Herausgeber, blieb hartnäckig. »Trau dich mal, eine Zahl zu nennen.«

»Mmh«, druckste ich rum. »Das hängt von so vielen Faktoren ab …«

»Nun mach schon«, ermunterte er mich. »Das ist eine wichtige Voraussetzung für viele weitere Entscheidungen.«

»Am liebsten so viel wie in meinem alten Job«, sagte ich zögerlich und rechnete damit, dass Ecki mir einen Vogel zeigen würde.

Jon schrieb den Betrag auf den Flipchart.

»Und wie viel verdienst du zurzeit mit deinem Honig pro Monat?«, lautete Eckis nächste Frage.

»Ähm, da muss ich nachdenken.«

Ich stellte zwar monatlich alle Einnahmen und Ausgaben

für die Buchhaltung zusammen und übergab die Unterlagen unserem Steuerberater, einen Überblick, was dabei durchschnittlich herauskam, hatte ich aber nicht wirklich.

»Tja, was verdiene ich eigentlich monatlich? …« Fragend blickte ich Jon an.

»Keine Ahnung, das musst du selber wissen.« Mein Hilfegesuch prallte an ihm ab.

Ich errötete. Alle Augen waren auf mich gerichtet. Ich fühlte mich unter Druck gesetzt. Angestrengt addierte und multiplizierte ich die Beträge der letzten Rechnungen im Kopf hin und her und versuchte unter Zuhilfenahme meiner zehn Finger zu einem Ergebnis zu kommen. Ich musste etwas sagen, sonst wäre ich als Dilettant entlarvt, der noch nicht mal seine eigenen Zahlen kannte. Daran konnten auch die Profiausstattung mit Flipchart und der Business-Dress nichts ändern.

»Ich find's schade, wenn es immer nur ums Geld geht«, sagte Sybille in dem Versuch, mir zu Hilfe zu kommen.

Ecki warf ihr einen düsteren Blick zu.

»Wartet mal, ich guck lieber kurz in meinen Unterlagen nach«, sagte ich schließlich.

Ich stand auf und ging in mein Büro. Hier konnte ich endlich einen klaren Gedanken fassen. Mit schnellem Griff zog ich den aktuellen Ordner aus dem Regal und schlug meine letzte betriebswirtschaftliche Auswertung auf.

»Geht doch«, sagte Jon, als ich wiederkam und eine Zahl nannte. Er schrieb den Betrag unter die andere Zahl auf das Flipchart. Ich setzte mich wieder auf meinen Platz und atmete einmal tief durch.

»O.k.«, sagte Ecki, »und jetzt geht es darum, wie du am besten von deiner Ist-Einnahme zu deinem gewünschten Ziel kommst.« Aus seinem Mund klang das ganz einfach. »Natürlich spielt dein Profil dabei auch eine Rolle. Das entscheidet darüber, welche Absatzwege infrage kommen und welche nicht. Ob du bei Aldi stehen willst oder in edleren Etablissements.«

Ich nickte und fühlte mich wie ein dummes Schulmädchen.

»Was ist das Besondere an deinem Produkt?«, fragte er weiter. »Ich weiß, dass du das weißt, aber es ist wichtig, dass du es formulieren kannst.«

»Das Wichtigste ist«, antwortete ich prompt, »dass ich nur Honig aus Schleswig-Holstein verarbeite.«

Schon oft hatte ich meinen Kunden erklärt, dass der meiste Honig, der in deutschen Supermärkten angeboten wurde, aus Mittel- und Südamerika, zum Beispiel Argentinien, Mexiko oder Uruguay, stammte. Deutschland war zwar ein Land der Honigesser, konnte den Bedarf aber längst nicht selber decken. Im Jahr wurden hier pro Kopf cirka 1,3 Kilogramm des süßen Stoffes geschleckt. Nur 20 bis 25 Prozent davon sammelten deutsche Bienen, der Rest kam aus dem Ausland. Die Qualität des importierten Honigs wurde von der Honigverordnung der EU geregelt. Ihre Bestimmungen waren weniger streng als die des Deutschen Imkerbundes.

Mein Honig war also ein knappes Gut und ein qualitativ hochwertiges Produkt noch dazu. Außerdem hatte ich mich zusätzlich dadurch beschränkt, dass ich nur Honig aus meiner Region anbieten wollte.

»Die Bienen leisten hier bei uns die Bestäubung der Pflanzen«, zählte ich weiter auf, »und der Kunde kann sicher sein, dass der Honig keine Medikamente enthält, nicht mit Zucker oder Apfelsaft gestreckt und auch nicht erhitzt wurde, wie es bei billigen Honigen aus dem Ausland schon vorkommen kann.«

»Prima«, ermunterte mich Ecki. Jetzt schien die Sache ins Rollen zu kommen.

»Die Transportwege sind kurz.« Ich zog meinen nächsten Trumpf. »Deswegen stimmt auch die CO_2-Bilanz.«

»Super, fällt dir noch was ein?«

»Dass ich mit fünf Cent von jedem verkauften Glas eine Initiative unterstütze, die sich für blühende Landschaften einsetzt?«

»Ja, weiter!«

Ich dachte kurz nach. »Ich arbeite mit einer Behindertenwerkstatt zusammen.«

»Also noch ein sozialer Aspekt«, soufflierte Ecki und nickte. »Ja klar, das ist auch ein Mehrwert«, sagte ich und stutzte innerlich.

Ich hatte diese Dinge nur deshalb so eingerichtet, weil sie mir selber wichtig waren. Darüber, dass ich Verkaufsargumente in der Hand hielt, die ich gezielt einsetzen konnte, hatte ich gar nicht nachgedacht. Erst jetzt wurde es mir bewusst.

»Und jetzt überlegen wir, wo es die Kunden gibt, die all das ebenso wichtig finden und es deshalb entsprechend honorieren.« Ecki biss beherzt in ein Stück Bienenstich und lehnte sich zurück. Er hatte erst mal genug getan.

»Wo verkaufst du im Moment am meisten?« Jon ergriff das Wort.

»Na ja, am Anfang waren das die kleinen Delikatessenläden …«

»Und wo könntest du noch im Regal stehen?«, wollte er weiter wissen.

»Tankstellen!« Sibylles Geistesblitz schien sie selbst aus einer Art Winterschlaf zu katapultieren.

»Fleurop?«, fragte Thomas und nahm damit dem Moment die Peinlichkeit.

»Nicht schlecht!«, konstatierte Jon. »Darüber sollte man nachdenken.«

»Wochenmärkte«, warf Ecki ein.

»Hatte ich auch schon überlegt, aber da muss man echt früh aufstehen …«

»Food-Messen!«

»Online-Portale mit Shop-System.« Jon schrieb die großen weißen Bögen des Flipcharts voll.

Nach vier Stunden waren alle Bögen voll und unsere Köpfe leer. Mir brummte der Schädel. Aber ich war froh, dass ich es gewagt hatte, meine Freunde mit ins Boot zu holen. Auch wenn Sibylles Meinung rätselhaft blieb. Alleine hätte ich mich an diese Themen nicht herangetraut. Und was die Zahlen betraf – vielleicht war Betriebswirtschaft ja doch nicht so langweilig und unverständlich, wie ich immer gedacht hatte?

Wenn es nur jemanden gäbe, der mir da ein bisschen auf die Sprünge helfen könnte …

Zwei Wochen später saß ich zum ersten Mal Herrn Wiesenkötter gegenüber. Der graumelierte freundliche Herr war Mitglied des Vereins »Senioren helfen jungen Unternehmern e. V.« und erwies sich als fachkundiger Berater für den Einzelhandel. Von ihm erfuhr ich, mit welchen Margen der Lebensmittelhandel kalkulierte und nach welchen Kriterien die Produkte in den Regalen angeordnet wurden. Schnell kamen wir vom Hölzchen zum Stöckchen.

»Was muss eigentlich vom Gesetz her alles auf einem Honigetikett stehen?«, ergriff ich die Flucht nach vorne, als Herr Wiesenkötter meine Gläser durch seine Lesebrille studierte und dabei die Stirn in Falten legte.

Still und schmunzelnd wie ein Zauberer zog er ein Infoblatt aus seiner Jackettinnentasche. Ein Leitfaden der Landwirtschaftskammer mit dem imposanten Titel »Grundsätzliche Kennzeichnungselemente zur Deklarationsprüfung bei Endverbrauchernutzung«.

Das klang kompliziert. Mir sackte das Herz in die Hose.

»Das können Sie als Grundlage verwenden«, sagte Herr Wiesenkötter. »Anhand dieser Auflistung überprüfen Lebensmittelkontrolleure Etikettierungen von Direktvermarktern.«

Ich überflog das Dokument: QUID-Angaben, Sichtfeldregelung – was waren das denn für Sachen? Musste man das alles bei der Gestaltung des Etiketts berücksichtigen?

Tagelang schob ich den Zettel von einer Seite des Schreibtisches auf die andere. Ich empfand die bürokratischen Zwänge als Sabotageakt auf dem Weg meiner freien unternehmerischen Entfaltung. Ich wollte doch nur Honig verkaufen! Aber ob Schriftgröße, Zutatenreihenfolge, Losnummer, Gewichtsanteile oder Allergikerhinweis – nichts wurde dem Zufall überlassen. Dem eigenen Ermessen schon gar nicht. Diese Kröte musste ich wohl schlucken, wollte ich verhindern, jemals von einem böswilligen Kunden oder Mitbewerber vor den Kadi geschleift zu werden.

Zum Glück stellte sich beim nächsten Treffen mit Herrn Wiesenkötter heraus, dass doch nicht alles so kompliziert war. Er machte mich mit etlichen Details und Vorschriften vertraut und wies mich auf Stolperfallen in der Welt des Einzelhandels hin.

Leider beendete er nach vier Treffen seine Tätigkeit für den Senioren-Verein. Um den entscheidenden Aspekt hatte ich mich während dieser Zeit erfolgreich herumgedrückt – um den betriebswirtschaftlichen. Soll und Haben. Plus und Minus. Kohle oder Pleite.

Ich wurde einem anderen Berater zugeordnet. Dieser Unternehmer im Ruhestand verabredete sich vorzugsweise in

eleganten Hamburger Hotellobbys und sah seine Beratungs-
funktion darin, mir bei einem Kaffee oder Cocktail von seinen beruflichen Erfolgen und seinem Privatleben zu erzählen. Anfangs fand ich das spannend. Persönliche Lebenswege
mit all ihren Höhen und Tiefen konnten ein Beispiel sein und
motivieren. Außerdem lenkte es von mir selber ab. Als ich
dann beim zweiten und dritten Treffen auch noch in seine
Ernährungsphilosophie mit Frischkornbrei und Algendrinks
eingeweiht wurde, begannen die Termine zu nerven. Ich
verbuchte die Treffen unter der Rubrik »dumm gelaufen«.
Die Überraschung flatterte Wochen später ins Haus. Für die
»Memoiren« des Ruheständlers sollte ich doch tatsächlich
einen saftigen Betrag bezahlen. Nach diesem Reinfall erloschen meine Bemühungen erst mal, mir betriebswirtschaftliche
Kenntnisse anzueignen.

Jeder Unternehmensberater hätte sich über die mangel-
hafte Vorbildung, mit der ich mich in das Abenteuer Selbstständigkeit gestürzt hatte, die Haare gerauft. Auf den Kar-
riereseiten des *Hamburger Abendblattes*, die ich samstags so
gerne beim Frühstück las, hätte ich als perfektes »So nicht«-
Beispiel getaugt. Ich konnte den Artikel mit einer Überschrift
à la »Stolperfallen auf dem Weg in die Selbstständigkeit« direkt vor mir sehen: *Die 41-jährige Agnes Flügel, studierte
Kulturwissenschaftlerin, hatte sich nach langjähriger Tätigkeit in der Medienbranche entschieden, ihr Hobby zum Beruf zu machen. Mit Idealismus und Leidenschaft, aber ohne
jede betriebswirtschaftliche Basis gründete sie die Honigmanufaktur Flügelchen. Konnte das funktionieren? Das Portrait
eines Scheiterns.*

Ich hatte keinen Plan. Selbst meine Mathekenntnisse waren überschaubar. Wie ging noch mal Prozentrechnung oder
Dreisatz? Vielleicht wollte ich auch gar nicht wissen, ob das,

was ich tat, aus geschäftlicher Sicht Erfolg versprechend war. Für mich war die Imkerei eine Herzensangelegenheit. Hätte ein Businessplan gezeigt, dass dies alles Quatsch war, wäre für mich eine Welt zusammengebrochen. Außerdem war es ja nicht so, dass ich nicht genug zu tun gehabt hätte. Trotz meiner Ignoranz lief meine Honigmanufaktur erfolgreich. Die Interessenten standen Schlange, und schon im ersten Jahr hatte mein eigener Honig nur knapp gereicht, um alle Anfragen zu bedienen. Aber wie lange würde das so weitergehen? Und verdiente ich dabei überhaupt etwas oder zahlte ich eher drauf?

Es half nichts: Ich musste endlich mal meine Hausaufgaben machen.

16.

Mein Rhythmus richtet sich nach den Bienen. Der schönste Sommer ist für die kleinen Helden bereits der Anfang vom Ende. Anstelle von Strand- und Badevergnügen beschäftige ich mich im 16. Kapitel mit merkwürdigen Phänomenen namens Räuberei und Drohnenschlacht.

Die Bank knirschte gefährlich, als wir uns setzten. Herr Scholz, der Redakteur der Kreiszeitung, holte Block und Stift aus der Fototasche und räusperte sich. Es war später Nachmittag. Die Augustsonne wärmte herrlich. Wir saßen vorm Haus und blickten auf die Bienenstöcke.

»So, Frau Flügel«, begann er, »nu erzählen Sie mal – wie ist das mit den Bienen …«

Herr Scholz hatte ein rundes Gesicht, in dessen Mitte ein prächtiger, fast weißer Schnauzer prangte. Sein Haar war in langen Strähnen einmal von links nach rechts über den ganzen Kopf gekämmt und schien irgendwie festgeklebt. Er kniff die Augen zusammen und wartete offenbar auf eine Antwort.

»Was wollen Sie denn genau? …« Ehe ich meine Frage beenden konnte, sah ich, wie eine einzelne Biene mit einem schrillen Summen Kurs auf den Redakteur nahm. »Keine Sorge«, versicherte ich ihm, »die ist nicht an uns interessiert.«

»Weiß ich«, antwortete Herr Scholz, beugte den Kopf nach hinten und wischte mit der Hand durch die Luft. Er zwinkerte mir zu und ergänzte: »Das kann doch einen Seemann nicht erschüttern.«

Die Biene verzog sich.

»Wie war Ihre Frage noch mal?« Ich nahm den Faden wieder auf. Herr Scholz blickte in die Notizen in seinem Schoß.

»Genau, also …«, sagte er, da summte es wieder. Diese Biene schien meinen Gesprächspartner besonders zu mögen. »Kusch!«, rief er und lachte etwas gekünstelt. »Ab ins Körbchen!«

Die Biene flog um seinen Kopf und wollte sich dort offenbar niederlassen. Herr Scholz propellerte mit beiden Händen in der Luft herum. Sein Gesicht rötete sich. Die morsche Bank schwankte bedenklich.

»Nicht hektisch werden«, beruhigte ich ihn.

Herr Scholz sprang auf, Block und Stift plumpsten auf den Boden.

»Es geht schon«, rief er mir zu. »Gleich hab ich sie abgehängt!« Geduckt lief er ein paar Schritte über den Rasen und schlug weiter um sich. Einzelne Strähnen lösten sich von seinem Kopf und hingen ihm erstaunlich lang auf die Schulter.

»Herr Scholz!« Ich versuchte ihm zu Hilfe zu kommen. »Sie dürfen sie mit Ihrem Gefuchtel nicht noch wilder machen!«

»Ist klar!«, keuchte er und flüchtete ein paar Schritte weiter. Ich lief hinterher.

»Da wollte ich gerade auf die Sanftmut der Bienen zu sprechen kommen, und dann so was.« Ich konnte mir ein geheimes Grinsen nicht verkneifen.

»Hau ab!«, schimpfte Herr Scholz und verschwand mit erstaunlichem Tempo um die Hausecke.

Ich griff mir den Wassersprüher, der schon seit Monaten unter der Bank lag, und nahm die Verfolgung auf. Im Laufen besah ich meine Waffe. Ich hatte sie dort deponiert, um meine Katzen mit gezieltem Wasserstrahl von einem Vogelnest zu vertreiben. Inzwischen hatte der ehemals transparente Behälter eine algenähnliche Farbe angenommen. Es schien, als sei durch die Sonneneinstrahlung neues Leben in der Ursuppe entstanden. Egal – für frisches Wasser war jetzt keine Zeit.

Herr Scholz rannte, als ob es um sein Leben ginge, aber ich war ihm dicht auf den Fersen und feuerte drauflos.

»Bleiben Sie doch mal kurz stehen«, rief ich ihm zu.

»Moment!«, quiekte Herr Scholz zurück und versuchte im Laufen sowohl die Biene loszuwerden als auch seine Frisur wieder in Form zu bringen.

»Ich hab einen Sprüher hier!«, schrie ich ihm hinterher. »Ich muss die Biene nur …« In diesem Moment blieb Herr Scholz stehen und drehte sich um.

Wie in Zeitlupe sah ich, wie der grünliche, übel riechende Strahl ihn mitten auf sein blütenweißes Hemd traf.

Es dauerte ziemlich lange, bis Herr Scholz wieder zu Atem gekommen war. Immer noch standen Schweißperlen auf seiner Stirn.

»Das Biest hat mich tatsächlich einmal ums ganze Haus verfolgt«, schnaufte er und leerte das Glas Wasser, das ich ihm gereicht hatte, in einem Zug.

»Das tut mir so leid«, entschuldigte ich mich für das ungewöhnliche Verhalten meiner Bienen. »Sie sind aber kein Allergiker, oder?«

»Nein, nein, das nicht.« Herr Scholz winkte ab. »Aber gestochen werden will man ja trotzdem nicht.«

Ich gab ihm ein feuchtes Handtuch für sein Hemd und sammelte Block und Stift wieder ein.

Hörte ich richtig? Da war es wieder. Das Summen. Ungläubig verfolgte ich, wie die Biene im Zickzack in Richtung Redakteur flog und sich auf seinen Ärmel setzte. Mit einem Handstreich wischte Herr Scholz sie ab. Sie fiel zu Boden und er trat drauf.

»Schluss – aus – vorbei! Du wirst mich nicht mehr jagen.«
Stolz blickte er auf die zertretene Biene, dann zu mir. Ein Stückchen der grünen Ursuppe trocknete gerade auf seinem Ärmel.

»Wir gehen lieber rein, sonst gibt es vielleicht noch mehr Opfer«, schlug ich wegen seines rabiaten Vorgehens pikiert vor.

Doch der unerwartete Sieg über die Kreatur hatte Herrn Scholz offenbar neuen Schwung verliehen. Er sprang auf, stopfte einen Hemdzipfel in die Hose, rubbelte noch ein bisschen am Fleck herum und fummelte seine Kamera zurecht.

»Sekündchen, ich komme nach«, rief er. »Ich brauche nur noch ein paar Fotos von den Bienenstöcken … aus sicherer Entfernung, versteht sich.«

Während ich in der Imkerei damit beschäftigt war, Honiggläser aufzuschrauben und Probierlöffel zurechtzulegen, beobachtete ich durchs Fenster, wie Herr Scholz mit Kamm und Taschenspiegel seine Frisur in Ordnung brachte.

»Was haben Sie denn jetzt gerade Schönes geerntet?«, lautete seine erste Frage, nachdem ich ihm meine Honigküche gezeigt hatte.

»Sommerblüte«, erklärte ich und reichte ihm einen Probierlöffel. »Das ist eine Mischung aus diversen Blüten. Und weil wir an der Straße einige Linden haben, wird da auch viel Lindenblütennektar drin sein.«

Herr Scholz lutschte auf dem Löffel herum: »Mmh, lecker, aromatisch.«

Ich nahm ihm das rosafarbene Eislöffelchen ab und gab ihm ein anderes.

»Hier, zum Vergleich. Das ist Rapshonig aus dem Frühjahr.« Er begutachtete den Honig auf dem Löffel und konstatierte: »Deutlich heller in der Farbe.«

»Ja, der ist so gut wie sortenrein, deswegen ist der so schön hell. Fast weiß.«

Er steckte den Löffel in den Mund und machte ein Gesicht wie ein Winzer bei der Weinprobe.

»Der ist viel milder. Wirkt, als wäre er süßer«, stellte er fest. Ich nickte.

»Zum Vergleich gibt es als Drittes noch eine Kostprobe Waldhonig.« Ich schraubte ein Glas mit dunkelbraunem Honig auf, steckte ein drittes Probierlöffelchen hinein und reichte es ihm hinüber.

»Hm. Sehr würzig, fast karamellig«, lautete sein Urteil. »Von was für Blüten kommt der denn?«

»Läusepipi.«

Herr Scholz ließ den Löffel sinken. »Wie bitte?«

»Na ja, Waldhonig hat mit Blüten gar nichts zu tun«, erklärte ich.

»Sondern?«

»Mit Honigtau.«

Herr Scholz schien verunsichert. Er zog die Stirn kraus und legte den Löffel beiseite.

»Und was genau ist Honigtau?«

»Wie gesagt – Läusepipi«, wiederholte ich.

»Moment mal«, stotterte mein Besucher. »Ist das vielleicht das klebrige Zeug, das man von Autoscheiben kennt, wenn sie zum Beispiel unter Linden …«

»Ganz genau«, bestätigte ich. »Ausscheidungen von Blattläusen.«

»Ach, das kommt gar nicht von den Bäumen selbst?«

Ich schüttelte den Kopf und erklärte: »Die Blattläuse saugen Pflanzensaft aus den Blättern, verdauen ihn und scheiden dann Honigtau aus. Der wird von den Bienen gesammelt und zu Honig verarbeitet.«

»Und das habe ich gerade …« Herr Scholz guckte auf seinen letzten Löffel.

»Lecker, oder?« Ich naschte noch ein bisschen. »Waldhonig ist reich an Mineralstoffen, außerdem kann er ätherische Öle enthalten – zum Beispiel von Tannen.«

»Aha«, murmelte Herr Scholz und schrieb eifrig mit. »Und bei dem, äh, normalen Honig – was ist denn da alles Gesundes drin?« Offenbar war ihm der Waldhonig nicht so ganz geheuer.

»In erster Linie Fructose und Glucose …« – Herr Scholz sah mich fragend an – »… auch bekannt als Frucht- und Traubenzucker«, übersetzte ich. »Außerdem Saccharose und Maltose. Ach, Moment …« Ich holte meine Karteikarten aus dem Büro, die ich mir irgendwann mal für einen Vortrag angefertigt hatte. »Glucose und Fructose sind Zucker, die der Körper leicht verbrennen kann«, las ich vor. »Deshalb sind sie für den Stoffwechsel äußerst wertvoll.« Herr Scholz nickte und schrieb weiter. »Honig enthält zudem Enzyme, Vitamine, Pollen, Mineralstoffe und Aminosäuren. Und natürlich Wasser.« Ich legte meine Spickzettel weg. »Übrigens, wenn ich mal einen Durchhänger habe, löffele ich den Honig einfach aus dem Glas. Das pusht!«

»Sie meinen wohl«, sagte mein Besucher grinsend, während er noch auf seinem Probierlöffel herumkaute, »das hätte ich bei der Verfolgungsjagd vorhin gebraucht!«

»Geschadet hätte es mit Sicherheit nicht«, bestätigte ich schmunzelnd. Der Mann hatte offenbar doch irgendwie Humor. »Und wenn Sie sich mal so richtig dopen wollen«, sagte ich und zeigte auf meine Aromahonige, »kann ich Ihnen den mit Espresso empfehlen.«

Mit großen Augen nahm Herr Scholz den Löffel Honig mit den schwarzen Pünktchen entgegen.

»Mmh, wie Kaffee und Honigbrötchen in einem!«, kommentierte er lutschend. »Und wie sind die anderen?«

Nun gab es kein Halten mehr. Mein Besucher bestand darauf, sich durch alle meine Sorten zu probieren. Vor jedem neuen Gang reichte ich ihm ein Glas mit Wasser zum Nachspülen und freute mich über sein lobendes »Ah«, »Mmh« oder »Lecker«.

Am Ende der Verkostung hielt sich der Redakteur demonstrativ den Bauch.

»Ich kann nicht mehr«, sagte er stöhnend. »Aber ich würde gerne ein paar Gläser mitnehmen – darf ich?«

Während ich Herrn Scholz ein kleines Probierpaket zusammenstellte, machte er Fotos von der Schleuder und den Honiggläsern und packte seinen Kram zusammen.

Was für ein Geräusch war das eigentlich? Brummte die Heizung wieder oder – im selben Moment wurde mir klar, was ich da hörte: meine Bienen. Ein ganzes Geschwader hatte bereits den kleinen Vorflur eingenommen.

»Ach du Elend!«, rief ich. »Sie haben die Haustür offen gelassen!« Mein Besucher erstarrte. »Schnell, die Imkerei schließen, sonst kommen noch mehr rein!« Mit einem lauten Rums zog ich die Tür zur Honigküche ins Schloss. Im Flur wimmelte es bereits von Bienen. Herr Scholz stand mit seinen Taschen bepackt vor mir.

»Und da soll ich jetzt? …« Er deutete in Richtung Flur. Ein paar der kleinen Kampfflieger prallten gerade von der Scheibe ab.

»Da müssen Sie jetzt wohl durch«, bestätigte ich und hob entschuldigend die Schultern.

Herr Scholz schien ein bisschen blass um die Nase zu werden.

»Nicht schon wieder«, stöhnte er.

»Das schaffen Sie«, ermunterte ich ihn. »Auf drei öffne ich die Tür und dann nix wie durch!«

»Okay«, murmelte Herr Scholz.

»Wenn wir draußen sind, hauen Sie aber bitte die Tür ins Schloss«, ermahnte ich ihn.

Fünf Sekunden lang standen wir wie Sportler vorm Startsignal vor der Flurtür.

»Fertig?«, fragte ich, ohne mich umzusehen.

»Ja«, ertönte es zittrig hinter mir.

»Gut, dann – eins – zwei – drei!«

Ich riss die Tür auf. Wir stürmten in den Vorflur und von dort nach draußen. Herr Scholz lief noch einige Meter weiter und klopfte reflexartig seine Kleidung ab.

»Klappe zu – Affe tot«, sagte ich mit einem Blick durch die Glastür nach drinnen. »Ihr müsst jetzt erst mal drin bleiben.«

Suchend schwirrten die Immen im Flur umher und flogen gegen die Scheibe.

»Ich denk, die sind so harmlos«, stichelte Herr Scholz, während er seinen Kopf ständig nach links und nach rechts drehte, um mögliche Angreifer abzuwehren.

»Wenn sie irgendwo Honig riechen, wollen sie ihn haben«, erklärte ich, um meine Tierchen in Schutz zu nehmen. »Jetzt im Spätsommer beginnen sie, sich auf den Winter vorzubereiten.«

»Und die vorhin – die wollte wohl auf mir überwintern, was?«

»Vielleicht sind Sie ja ein ganz Süßer«, ulkte ich.

Langsam normalisierte sich die Gesichtsfarbe des Redakteurs wieder.

»Ganz im Ernst«, klärte ich ihn auf. »Die Bienen finden nicht mehr so viele Blüten wie im Frühjahr, aber ihr Sammeltrieb ist nach wie vor ausgeprägt. Um diese Jahreszeit kann es sogar vorkommen, dass ein Bienenvolk ein anderes ausraubt und ihm den gesamten Honig stiehlt.«

»Ach, tatsächlich?«

Ich nickte. Das Phänomen der Räuberei hatte ich im Vorjahr bei Bernie beobachten können und ich wollte nicht, dass das auch bei mir passierte. Bernie hatte damals vergessen, das Flugloch am Stock eines relativ kleinen Bienenvolkes einzuengen, nachdem er es gefüttert hatte.

Ist ein stärkeres Bienenvolk erst mal durch Honig- oder Zuckerduft angelockt, ist es meist zu spät. Ein schwaches Volk hat wenig Chancen, den Eingang zu verteidigen, wenn ein zahlenmäßig überlegenes Volk es angreift. Die Eindringlinge stechen dann die Wächterbienen am Flugloch tot, stehlen den gesamten Futtervorrat und bringen ihn in den eigenen Stock. Die überfallenen Bienen haben so keine Aussicht mehr, den Winter zu überstehen.

Seitdem ich Zeuge eines solchen Überfalls geworden war, achtete ich im Spätsommer sorgfältig darauf, die Imkerei und den Schuppen, in dem das Bienenfutter und Waben lagerten, bienendicht verschlossen zu halten. Wenn ich in dieser Jahreszeit an den Völkern arbeitete, dann nur ganz frühmorgens oder abends nach Flugbetrieb.

Immer noch standen wir draußen und beobachteten durch die Scheibe, wie die Bienen vor der Tür zur Imkerei hin- und herpatrouillierten.

»Die kann ich erst heute Abend aus dem Flur jagen«, sagte ich seufzend. »Sobald die Tür längere Zeit aufsteht, kommen noch mehr dazu.«

»Das tut mir leid«, murmelte Herr Scholz zerknirscht, »das mit der offenen Tür.«

»Ach was, kein Problem.« Ich winkte ab und lächelte ihn an. »Das können Sie doch nicht wissen.«

Herr Scholz lächelte etwas schief zurück. Als er reich bepackt zum Auto zottelte, hing ihm sein verschmutztes Hemd noch hinten aus der Hose. Sein Artikel erschien ein paar Tage später. Trotz allem fiel er erstaunlich positiv aus.

Der August und auch der September blieben warm und freundlich. Jedes Wochenende kamen Freunde zu Besuch, sonnten sich im Garten, gingen an den Strand oder unternahmen Radtouren. Wenn das Telefon klingelte und wir eine Hamburger Vorwahl sahen, meldeten wir uns nur noch mit »Pension Immenhorst«. Wir ahnten schon, dass sich die nächsten Gäste anmelden wollten.

Viel Zeit für Strandvergnügen blieb mir allerdings nicht. Meine Majas bereiteten sich auf die bevorstehende Winterruhe vor und ich musste sie dabei so gut wie möglich unterstützen.

Diese Tiere haben eine andere Zeitrechnung als wir. Für sie beginnt das neue Jahr bereits im August. Die Jungbienen, die dann schlüpfen, sind Winterbienen. Im Gegensatz zu den Sommerbienen, die sich mit Nektarsammeln abrackern und schon nach drei bis sechs Wochen sterben, ist es die Aufgabe der Winterbienen, sich die Bäuche vollzuschlagen, um den Winter zu überstehen. Sie sollen im nächsten Frühjahr die neue Generation begründen, daher können sie bis zu neun Monate alt werden.

Pro Volk benötigten meine Immen 20 bis 24 Kilogramm Zuckerlösung als Ersatz für den Honig. Fasziniert beobachtete ich, in welcher Geschwindigkeit sie die Eimer lehrten, die ich ihnen auf die oberste Zarge setzte. Ab und an war es nötig, den gesamten Stock zu wiegen, um so zu ermitteln, ob sie bereits genug Futter für den Winter hatten oder ob sie noch mehr Zuckerlösung benötigten.

An die 10 000 Bienen sind notwendig, damit ein Volk dem Winter trotzen kann. Natürlich zählte ich meine Tiere nicht einzeln ab. Für die Schätzung gibt es glücklicherweise einfache Faustregeln. Erschien mir ein Volk nicht groß genug, um durch den Winter zu kommen, vereinte ich es mit einem anderen.

Im Spätsommer konnte ich an den Bienenstöcken ein merkwürdiges Schauspiel beobachten: Die Arbeiterinnen zerrten die Drohnen aus dem Stock, sodass diese verendeten. »Drohnenschlacht« nennt sich dieses rigide Vorgehen der weiblichen Arbeitsbienen, dessen Ziel es ist, die männlichen Fresser vor dem Winter loszuwerden. Diese haben ihren einzigen Lebenszweck, die Begattung der Königin, bereits zwischen Mai und Juli erfüllt und können dem Volk zu diesem Zeitpunkt keinen Nutzen mehr bringen. Die Drohnen besitzen keinen Stachel und sind den Arbeiterinnen daher hoffnungslos unterlegen. Selbst wenn sie nicht sofort totgestochen werden – ohne Nahrung und die Wärme des Bienenstocks sterben sie innerhalb kürzester Zeit.

Im Herbst und Winter herrscht daher in einem Bienenvolk eine reine Weiberwirtschaft. Erst im darauffolgenden Frühjahr beginnt die Königin wieder, unbefruchtete Eier zu legen, aus denen neue Drohnen entstehen können.

Nachdem der Honig geerntet war, bestand eine meiner wichtigsten Aufgaben darin, meine Bienen gegen die Varroamilbe zu behandeln. Diese Milbe wurde in den Siebzigern aus Asien nach Europa eingeschleppt und hat sich seitdem zum Bienenfeind Nr. 1 entwickelt. Die Varroamilbe legt ihre Eier in die Brutzellen der Bienen und ernährt sich vom Blut der Bienenlarven. Der Blutverlust schwächt die jungen Bienen, sie werden anfällig für Krankheiten oder schlüpfen mit verstümmelten Flügeln. Ab und an kann man eine dieser Milben sogar auf einer Biene sitzen sehen.

Ich versuchte, der Plage ausschließlich mit organischen Säuren wie Ameisen- und Oxalsäure Herr zu werden, da diese biologisch waren und keine Rückstände hinterließen. Ich hasste es zwar, bei sommerlichen Temperaturen mit Schutzbrille, Gummihandschuhen und Mundschutz draußen unterwegs zu sein, aber es half nichts: Ameisensäure war ätzend und ich wollte nichts riskieren.

Es gab noch eine andere Krankheit, vor der mich Bernie bereits ganz am Anfang meiner Imkerkarriere in Gedichtform gewarnt hatte. Grimmig hatte er rezitiert:

> »Wenn Völker hungern, tun sie rauben,
> den Nachbarn droht dann die Gefahr.
> So mancher musste schon dran glauben,
> an sie – die Faulbrut aus den USA!«

Damals hatte ich über seine Darbietung herzlich gelacht. Aber Bernie war es bitterernst gewesen. »Wenn ich den erwische, der diesen Scheiß bei uns eingeschleppt hat! ...« Drohend hatte er seinen Smoker geschwenkt. Die Amerikanische Faulbrut, so hatte er mir erklärt, war eine bakterielle Infektion, die ein ganzes Volk in null Komma nichts vernichten konnte. Sie war so ansteckend, dass ihr Ausbruch beim Veterinäramt gemeldet werden musste, Sperrbezirke eingerichtet wurden und infizierte Völker ihren Standort nicht verlassen durften. Da die Faulbrut vor allem durch Räuberei von einem Volk aufs andere übertragen wurde, musste man diese unbedingt vermeiden.

»Dat is wie bei uns Menschen«, hatte Bernie damals philosophiert. »Wenn der Hunger zu groß wird, fällt jeder über den anderen her. Dann gibt's Mord und Totschlag und am Ende kommen noch die Seuchen dazu!«

Ich weiß noch, dass das damals ein bisschen zu einfach für mich geklungen hatte. Andererseits – war dies nicht genau das, was uns die Zwanziguhrnachrichten im Fernsehen jeden Tag präsentierten?

17.

Im 17. Kapitel mache ich die virtuelle Bekanntschaft von Neid, übler Nachrede und wilder Spekulation und versuche, mir ein dickes Fell wachsen zu lassen.

 »Bist du gerade im Internet?« Die Stimme meiner Schwester klang, als wäre sie völlig aus dem Häuschen.

»Ja, aber ich …«

»Das musst du dir sofort angucken!«, unterbrach sie mich. »In diesem Honigforum reden die über dich!«

»Wer redet über mich? Und überhaupt, was denn für ein Honigforum?«

»Warte, ich schick dir den Link.«

Zehn Sekunden später erschien Carolas Mail auf dem Bildschirm. Ich bewegte den Mauszeiger über die markierte Zeile und hielt abrupt inne. Sollte ich das jetzt wirklich lesen?

Ich griff lieber zum Telefonhörer: »Du, ich bin's noch mal …«

»Das ist doch 'n Ding, oder?«, schnitt Carola mir das Wort ab.

»Ja, nein …« Ich druckste herum. »Was steht denn da drin?«

»Die zerreißen sich voll das Maul über dich!« Carola schäumte. »Dein Honig sei viel zu teuer und hätte 'ne Phasenwicklung, oder so!«

Mir wurde flau im Magen.

»Und wer schreibt da so was?«, fragte ich.

»Na, die anderen … deine Kollegen! Die Imker!«

Ich musste tief durchatmen. Mir war es schon unangenehm, dass sich jemand überhaupt über mich oder meinen Honig öffentlich ausließ – ich war diese Art von Beachtung schlicht nicht gewohnt. Aber dann auch noch in Form einer Hetzkampagne? Ich ging in die Küche und holte mir ein großes Glas Wasser.

Auf meinem Bildschirm stand immer noch Carolas Mail. Ach was, versuchte ich mir selber einzureden, jetzt guck dir die Seite schon an! So schlimm kann das ja gar nicht sein! Wenn du wüsstest!, hätte ich mir am liebsten selber geantwortet. Nein, ich würde diesen Link bestimmt nicht jetzt sofort öffnen! Das wäre ja noch schöner, wenn ich mir das diktieren ließe! Von Typen, die ich nicht einmal kannte! Mein innerer Widerstand wuchs. Aber irgendwo in der hintersten Ecke meines Oberstübchens war mir klar, dass ich mir etwas vormachte: Früher oder später würde ich mich diesen Äußerungen stellen müssen. Aber lieber später als früher. Zunächst hatte ich noch einen ganzen Haufen anderer, extrem wichtiger Dinge zu tun. Was war das noch gleich gewesen? …

Jon und ich saßen abends beim Essen. Während er mit leuchtenden Augen von seinen Plänen für den Bau eines Kräutergewächshauses berichtete, driftete ich gedanklich ständig ab. Diese Forumgeschichte spukte immer noch in meinem Kopf herum.

»Sag mal, hörst du mir überhaupt zu?«, fragte mich Jon.

»Ich? Ja… klar«, stotterte ich. In dem Moment realisierte ich, dass er mir gerade eine Frage gestellt hatte. Irgendetwas mit Vulkansand.

»Wovon hab ich denn gesprochen?«, testete er mich ironisch lächelnd.

»Vom, äh … Gewächshaus?« Ich versuchte zu raten.

»O.k.« Jon schob den Teller zur Seite. »Was ist los mit dir?«

»Ach, da ist so eine blöde Diskussion in einem Imker-forum im Gange ...« Jon zog die Stirn kraus. Das Licht in meinem Weinglas zeichnete Muster auf den Tisch. »Die lästern da über mich und Flügelchen.« Ich seufzte.

»Und was schreiben die so?«, wollte mein Mann wissen.

»Das ... weiß ich auch nicht so genau.«

Jon sah mich fragend an. Es half nichts. Jetzt musste ich mich outen.

»Carola hat mir den Link gemailt. Aber ich trau mich nicht, die Einträge zu lesen«, erklärte ich.

Meinem Mann fiel fast die Kinnlade herunter. »Aber das geht doch nicht! So etwas musst du doch ...«

»Ich weiß, ich weiß«, unterbrach ich ihn zerknirscht. »Ich warte noch auf den richtigen Zeitpunkt.«

Jon streckte den Kopf vor, als hätte er sich verhört. »Den richtigen – was?«

»Na ja, ich dachte – vielleicht können wir zusammen ...?«

»Was ist denn jetzt?«, rief Jon über die Schulter in die Küche. Vor ihm stand der aufgeklappte Laptop auf dem Tisch und wartete.

»Bin gleich da!«, versicherte ich. »Der Kaffee läuft noch durch!« Ich blickte auf die Küchenuhr – es war 16.15 Uhr. Nach zähem Ringen hatten wir uns auf einen festen Termin zum gemeinsamen Lesen der Forumsbeiträge geeinigt.

»Dann fang ich schon mal an!«, klang es ungeduldig aus dem Wohnzimmer.

»Okay!«, rief ich zurück. Jetzt musste ich nur noch die Spülmaschine ausräumen. Und die Wäsche aufhängen. Und dann vielleicht noch ...

»Und?«, fragte ich Jon, nachdem der Kaffee, die Spülmaschine, die Wäsche und das Altpapier zu ihrem Recht gekommen waren. Ich fühlte mich ein bisschen wie der Patient, der nach der Untersuchung auf die Diagnose wartet.

»Die sind einfach neidisch«, resümierte mein Mann achselzuckend. »›Wie kann die bloß so viel Geld für ihren Honig nehmen?‹ ›Den kann sich die Großfamilie gar nicht mehr leisten!‹ ›Die tut so, als sei sie Bio! Der Honig hat ja Phasentrennung!‹«

Ich war geschockt. Zorn stieg in mir auf – genau die Energie, die mir für die Auseinandersetzung mit meinen Kritikern bisher gefehlt hatte.

»Zeig mal!« Mit einem Ruck drehte ich den Schirm in meine Richtung.

Jon lehnte sich zurück. Während der folgenden Dreiviertelstunde arbeitete ich mich durch sage und schreibe 17 Seiten Forumsbeiträge. 17 Seiten! Irgendeiner der User war anscheinend über meine Internetseite gestolpert und hatte sich in erster Linie über meine Preise aufgeregt. Er hatte hochgerechnet, dass ich meinen Rapshonig für 22 Euro pro Kilo verkaufte. Damit hatte er in Windeseile einen ganzen Haufen Protestler auf die Barrikaden gebracht, die sich über mich und meine Wucherpreise mokierten.

»Eigenartig«, murmelte Jon. »Die beklagen sich tatsächlich darüber, dass sie von einem Mitbewerber preislich *überboten* werden? Normalerweise meckert man doch, wenn jemand mit Schleuderpreisen den Markt verdirbt!«

»Eben«, pflichtete ich ihm bei. »Eigentlich müsste ich über die herziehen, weil sie ihren Honig zu Spottpreisen verramschen und weder sich selbst noch der Sache der Bienen damit nützen. Die zahlen ja sogar noch drauf bei Preisen von 3,50 Euro pro Glas.« Grimmig las ich weiter: »›Wo kommen wir denn hin, wenn sich nur noch Münchner Millionäre Honig leisten können? Die denkt scheinbar gar nicht an die Familie mit drei Kindern von nebenan!‹« Der nächste wiederum glaubte, Lufteinschlüsse in meinem abgebildeten Honig zu erkennen, und diagnostizierte: »Qualität sieht anders aus.« In die gleiche Kerbe schlug ein User namens *Drohnus Maximus*: »Dieser Honig ist eindeutig in Phase!«

Wie bitte? Ich spürte, wie sich auf meinem Hals hektische Flecken bildeten.

»Was hat es denn damit auf sich?«, hakte Jon nach.

»Mit Phasentrennung bezeichnet man das Absetzen einer flüssigeren Schicht auf dem Honig«, sagte ich genervt. »Das kann bei kristallinen Honigen bei zu langer Lagerung und zu hohem Wasseranteil passieren. Oder wenn der Honig zu stark erwärmt wurde. Irgendwann könnte die obere Schicht gären.« Jon schüttelte ungläubig den Kopf.

»Denken die wirklich, du hättest uralten, halb gegorenen Honig für deine Seite fotografiert? Zeig mal her!« Er warf einen Blick auf die Abbildung auf meiner Website und schlug stöhnend die Hände über dem Kopf zusammen. »Das darf doch nicht wahr sein – das ist doch nur der Schatten des Deckels auf der Oberfläche!«

»Natürlich! Hast du den Quatsch etwa geglaubt?« Empört sah ich meinen Mann an. Jon las weiter.

»Und was«, er zeigte auf den Bildschirm, »hat es mit diesen Lufteinschlüssen auf sich?«

»Die sind in naturbelassenen Honigen völlig normal. Kleine Bläschen eben. Die können auch beim Abfüllen mit meiner Maschine entstehen.«

Ich beugte mich wieder über den Schirm um weiterzulesen. Während der Großteil der Forumsautoren ganz augenscheinlich versuchte, meine Produkte in jeder nur erdenklichen Weise als minderwertig und überteuert abzuqualifizieren, gab es auch ein kleines Grüppchen, das mich verteidigte.

Da wurden die wildesten Spekulationen bemüht und haarsträubende Schlussfolgerungen gezogen. Ich konnte es nicht fassen, dabei hatte auch nicht ein Einziger dieser Schreiberlinge mich je persönlich angesprochen. Keiner hatte mir Fragen gestellt oder mir die Chance gegeben, mich zu äußern.

»Das gibt's doch nicht!«, platzte es aus mir heraus, nachdem ich mich eine Weile in die Kommentare vertieft hatte. »Da behauptet doch tatsächlich jemand, ich würde Blühende Landschaft bescheißen!«

»Darüber bin ich auch gestolpert«, bekräftigte Jon. »Wie kommen die denn da drauf?«

Ich erklärte meinem Mann, dass das Netzwerk Blühende Landschaft es sich zur Aufgabe gemacht hatte, die Verbreitung von Blühpflanzen im öffentlichen Raum voranzutreiben, um so die Lebensgrundlage von Honig- und Wildbienen zu schützen und zu verbessern. Diese Arbeit konnte man als Imker durch einen Aufkleber auf jedem verkauften Honigglas unterstützen. Die Bögen mit je 50 Aufklebern kosteten 2,50 Euro. Auf diese Weise führte man fünf Cent pro Glas an den Verein ab.

Eines der Forumsmitglieder hatte offenbar Honig bei mir bestellt – zur Konkurrenzbeobachtung, wie er vollmundig verkündete – und schrieb nun, dass auf den Gläsern kein Aufkleber des Vereins gewesen sei. Folglich würde ich auf meiner Internetseite lügen, wenn ich behauptete, Geld an den Verein weiterzuleiten.

»Aha.« Jon nickte. »Und wieso sind die Aufkleber nicht auf deinen Gläsern?«

»Weil die so klein sind«, seufzte ich. »Auf die 125-Gramm-Gläser passt doch kaum noch etwas drauf. Außerdem wäre das noch ein Arbeitsschritt mehr. Ich muss ja so schon das Gummiband durch den kleinen Papieranhänger ziehen, den um das Glas legen und dann noch das Etikett und das Mindesthaltbarkeitsdatum aufkleben.«

»Das mag ja alles sein«, sagte Jon und strich sich nachdenklich über den Bart, »aber der Aufkleber von Blühende Landschaft ist nun mal nicht auf dem Glas. Und wenn du dann auf deiner Internetseite behauptest …«

»Ja, ich weiß«, unterbrach ich ihn, »aber dazu kommt noch, dass der knallorangene Aufkleber die ganze Optik des Glases kaputt macht. Auf den 125er-Gläsern steht noch nicht mal drauf, dass von deren Verkauf fünf Cent gespendet werden. Ich werbe damit gar nicht!«

»Okay«, Jon verschränkte die Arme vor der Brust und lehnte sich zurück, »das versteh ich ja alles. Aber Kuddelmuddel ist es trotzdem: Im Internet schreibst du, dass du die fünf Cent abführst, aber die Aufkleber benutzt du nicht. Wie weißt du denn überhaupt, wie viel du spenden musst?«

Ich stellte meine Kaffeeschale so schwungvoll auf den Tisch, dass etwas Kaffee überschwappte, und blickte Jon an.

»Das weiß ich sehr genau. Anhand der Rechnungen vom Großhandel weiß ich, wie viele Honiggläser ich pro Jahr gekauft habe, und dann bestelle ich die gleiche Menge Aufkleber – und das sind mittlerweile ziemlich viele.«

Jon nickte anerkennend.

»Ach, verdammt«, schimpfte ich. »Dieses seitenlange Gemecker im Imkerforum geht mir echt nahe.«

Ich saß mit meiner Freundin Maike im Garten und haderte mit mir und der Welt. Maike nippte an ihrem Apfelsaft.

»Ich muss echt lernen, mit Kritik umzugehen und …«

»… dich nicht unterkriegen zu lassen!«, ergänzte sie.

»Ja, genau. Das kann doch nicht wahr sein, dass ich mich von diesen Typen so ins Bockshorn jagen lasse.«

Ich musste an das denken, was Jon mir noch am Nachmittag gesagt hatte. Seiner Ansicht nach würde jeder weitere Schritt meiner Manufaktur in die Öffentlichkeit zwangsläufig auch weitere Reaktionen provozieren. Und die könnten nun mal nicht alle positiv sein, hatte er mir eindringlich vor Augen geführt. Es werde immer Leute geben, die alles besser wüssten oder neidisch seien, die mich als Bedrohung, als Abzockerin oder einfach nur als Konkurrentin empfinden würden. Das sei normal, und es sei erst der Anfang.

Ich wusste, dass er recht hatte, aber mit dieser Seite der Realität war ich bisher noch nie konfrontiert worden. Zumindest nicht, was meine Imkerei betraf. Hatte ich nicht auch gerade deswegen meinen Job in Hamburg an den Nagel gehängt, weil ich dieses Klima von Intrige und Missgunst nicht mehr ertragen konnte? Hier hatte es mich offenbar wieder eingeholt.

»Also«, bohrte Maike nach und holte mich aus meinen Gedanken zurück in die Gegenwart, »du darfst dich davon einfach nicht beeindrucken lassen!«

»Das ist leichter gesagt als getan.« Meine Freundin sah mich mitfühlend an.

»Sieh es doch mal so«, sagte sie, »du bist es wert, dass über dich und das, was du tust, gesprochen wird. Das ist doch eigentlich super!«

»Pah, auf diese Art der Aufmerksamkeit verzichte ich gerne.« Ich kam ins Stocken. Meine Augen wurden feucht.

»Hey, jetzt reicht's aber.« Maikes Stimme wurde streng. »Mach dir doch dieses dumme Gequatsche zunutze! Pick dir die Infos raus, die dich weiterbringen. Eigentlich kannst du sogar dankbar dafür sein.«

»Dankbar?« Verächtlich warf ich ein völlig zerpflücktes

Stückchen Holz weg, mit dem ich die ganze Zeit herumgespielt hatte.

»Ja, klar, weil man aus Kritik lernen kann. Was nützt es, wenn dir alle immer nur Positives sagen, dann entwickelst du dich garantiert nicht weiter.« Maike räkelte sich in ihrem Gartenstuhl, um die letzten Sonnenstrahlen zu ergattern. »Sag mal«, fragte sie unvermittelt, »weshalb machst du das alles eigentlich?«

»Na, das ist doch klar!« Erstaunt sah ich sie an.

»Und?« Sie ließ nicht locker.

»Weil mir das Imkern Spaß macht und weil ...« Ich stockte. »Weil es wichtig ist.«

Schon während ich diese Worte aussprach, merkte ich, wie schwer es mir fiel, auf Maikes einfache Frage eine ebenso einfache Antwort zu finden. Wofür tat ich das eigentlich wirklich? Aus purem Idealismus? Für unseren Lebensunterhalt? Wollte ich mit Flügelchen reich werden? Oder was war meine Triebfeder? Ich stand auf und vertrat mir die Beine. »Ich geh mal kurz ans Wasser, Kopf klarkriegen, o. k.?«

»O. k., bis nachher«, nuschelte meine Freundin und schloss die Augen.

Im Abendlicht schlenderte ich den kleinen Sandweg entlang. Maikes Frage ging mir nicht aus dem Kopf.

Das tat gut. Ich lag auf einer gepolsterten Liege, die Augen geschlossen und das Gesicht in die ausgesparte Mulde gebettet. Leise Sphärenklänge liefen im Hintergrund und zwei erfahrene Hände bearbeiteten meinen Rücken.

Während ich vor mich hin dämmerte, gingen meine Gedanken auf Reisen – selbst die Musik schien sich zu verändern. Irgendeine Melodie drehte sich in meinem inneren Ohr im Kreis. Woher kannte ich die? Jetzt fielen mir die Worte dazu ein: *Wieso? Weshalb? Warum? Wer nicht fragt, bleibt dumm.* Fast hätte ich ins Handtuch geprustet – das war doch die Titelmusik aus der Sesamstraße! Wie kam ich denn jetzt darauf? War ich schon langsam auf dem Weg zurück in die Infantilität? *Wieso? Weshalb? Warum?*, sang es wieder in meinem Kopf. Ach ja! Das waren tatsächlich meine Fragen! Die, die Maike angestoßen hatte: Was war meine Motivation für Flügelchen? Warum tat ich das?

»Sie waren heute aber ganz schön verspannt«, sagte Frau von Leliwa zum Abschied lächelnd. »Da musste ich wirklich kräftig rangehen.«

»Das kann ich mir gut vorstellen«, seufzte ich wohlig, während ich meine Schultern rollte und dem angenehm befreiten Gefühl im Rücken nachspürte. »Mir geht grad viel im Kopf rum.«

»Und was ist das so?«, fragte die Masseurin am Waschbecken stehend über die Schulter.

»Och …« Meine Fußspitze zog kleine unsichtbare Striche auf dem Kachelboden. »Es geht um Sinn und Unsinn meiner Honigmanufaktur und wie ich mit Kritik umgehe.«

Die Yoga- und Massagepraxis von Frau von Leliwa befand sich gerade mal in drei Kilometern Luftlinie von unserem Haus entfernt. Sie war also quasi eine Nachbarin. Seit ich ihre geradezu magischen Fähigkeiten im letzten Herbst zufällig entdeckt hatte, war ich immer mal wieder auf eine wohltuende Massage bei ihr vorbeigeradelt.

Frau von Leliwa warf das kleine Handtuch zielsicher in den Bastkorb in der Ecke.

»Na, das ist doch alles halb so schlimm!«, sagte sie mit einem Lachen. »Hier – ziehen Sie mal eine Engelkarte!« Sie hielt mir ein Schälchen mit Karten hin.

Auweia, war mein erster stiller Impuls. Hätte ich doch

bloß nicht damit angefangen. Ich mochte Frau von Leliwa gern und ich hatte auch gar nichts gegen Engel, aber dieser Orakelkram?

»Oh«, hörte ich mich sagen. »Ja, gerne.«

Innere Stärke, lautete die Überschrift, darunter ging es etwas kleiner weiter: *Die Engel helfen Dir heute, Dein wahres Potenzial zu entfalten. Sie zeigen Dir den Weg zu einer Kraftquelle in Deinem Inneren. Dies ist die wahre Stärke – diejenige, die Dich im Leben nicht verlassen wird: die innere. Sie wird geformt aus Vertrauen und Mut. Die Engel werden Dich begleiten und die innere Stärke wird wie ein Licht aus Dir herausleuchten und Dir den Weg weisen. Schritt für Schritt.«*

Draußen war es bereits stockdunkel. Jon war unterwegs nach Hamburg. Das Haus lag still. Ich saß in meinem Büro und hielt die Engelkarte in der Hand, die Frau von Leliwa mir geliehen hatte. Ich dürfte sie so lange behalten, wie ich wollte, hatte sie gesagt. Ich würde intuitiv merken, wann ich sie nicht mehr benötigen würde. Es war schon sonderbar: Ohne hinzusehen, hatte ich ausgerechnet *diese* Karte aus der bemalten Tonschale gezogen. *Innere Stärke.* Ich war ja alles andere als ein Fan von esoterischem Schnickschnack. Engelkarten? War das nicht wie Kaffeesatzlesen? Gut – Jon und ich waren damals nach unserem Einzug auch mit qualmendem Salbei durchs Haus gezogen, um die »alten Geister« aus dem Gebälk zu vertreiben, aber das war irgendwie handfester gewesen. Außerdem basierte dieses Ritual ja auf echtem indianischem Brauchtum. Nichtsdestotrotz: Die Worte auf dieser Karte trafen ins Schwarze.

Wieso, dachte ich mit einem Mal, konnten dich diese Forumseinträge eigentlich so aus dem Tritt bringen? Du *weißt* doch, dass du niemanden betrügst. Du *weißt* doch, dass du deinen Honig nach bestem Wissen und Gewissen herstellst. Du *weißt*, dass dein Produkt seinen Preis wert ist. All das weißt du. Wie kann es also sein, dass eine Handvoll Neider und Miesepeter dir so zu schaffen machen?

»Innere Stärke …«, murmelte ich und sah aus dem Fenster. Die Lichter der Bewegungsmelder waren wie von Zauberhand angegangen. Ein leichter Wind strich durch die Bäume. Mehr passierte nicht. Kein Engel kam zu Besuch.

Pling! Unsere Rotweingläser stießen aneinander. Jon hatte ein Entrecote vom Weideochsen auf dem Teller, mir dufteten Salbeiravioli und frisches Saisongemüse entgegen.

»Alles gut bei euch?«, fragte Maria und legte mir die Hand auf die Schulter. Ich nickte bejahend mit vollen Backen.

»Könnte nicht besser sein.« Jon bemühte sich, beim Sprechen sein Kauen zu verbergen.

Maria lächelte und ging weiter zu einem anderen Tisch im Nebenraum. Meine Ravioli waren köstlich und das Glas Chianti dazu einfach perfekt.

»Ich war ja gestern bei Frau von Leliwa«, erzählte ich Jon zwischen zwei Bissen. »Das war wirklich interessant.«

»Inwiefern?«, schmatzte er, ohne von seinem Teller aufzusehen. »Hat sie 'ne neue Massagetechnik an dir probiert?«

»Nein.« Ich schob ein Stück Möhre auf meine Gabel. »Sie hat mich eine Engelkarte ziehen lassen.«

»Aha«, sagte Jon und sah mich jetzt mit hochgezogener Augenbraue an.

»Es stimmte alles.« Ich ging sofort in Verteidigungshaltung. Mein Mann legte das Besteck beiseite und nahm seine Serviette. »Nein, wirklich!«, schob ich hinterher, »und dabei habe ich einfach nur eine Karte aus einem Haufen gezogen.« Jon tupfte sich den Mund ab.

»Und?«, fragte er grinsend. »Wird der Honig ab sofort nur noch bei Vollmond geschleudert?« Typisch Jon!

»Du musst das gar nicht so ins Lächerliche ziehen. Es war echt verblüffend …«

»Was genau stimmte denn nun alles?«, unterbrach er mich.

»Innere Stärke«, sagte ich. Jon sah mich fragend an. »So hieß die Karte«, fügte ich hinzu.

»Und was ist daran so treffend?«, fragte Jon stirnrunzelnd.

»Na ja, dass mir diese ganze Lästerei in dem Forum gar nicht so viel ausgemacht hätte, wenn ich …« – ich musste schlucken – »… wenn ich davon mehr hätte. Innere Stärke eben.« Jetzt war es raus.

»Tja«, sagte er bedächtig und schob die Unterlippe vor, »das kann man natürlich immer gebrauchen.«

»Und wie läuft's bei dir?«, fragte ich Maria etwas später. Wir waren inzwischen die letzten Gäste im Riesby Krog und die Inhaberin hatte sich mit einem Schluck Wein zu uns an den Tisch gesetzt. Wir hatten sie und ihren schönen Dorfkrug in Rieseby durch unseren PR-Freund Ecki kennengelernt. Mit guten Restaurants in akzeptabler Entfernung waren wir nicht gerade reich gesegnet – entsprechend dankbar nutzten wir den kulinarischen Neuzugang.

»Ach, ganz gut«, sagte Maria lächelnd. »Ich glaub, wir sind aus dem Gröbsten raus.« Sie hob ihr Glas und ihre hellblauen Augen leuchteten. »Außerdem sind wir seit Neuestem Mitglied bei Feinheimisch.«

»Was ist das denn?«, fragte ich nach.

»Das ist 'n ganz toller Verein«, erklärte Maria, »der die regionale Esskultur kultiviert und fördert.«

Durch ihre Mitgliedschaft, wie sie uns weiter erzählte, verpflichtete sie sich, keinerlei Fertigprodukte in der Küche zu verwenden und mindestens 60 Prozent ihres Einkaufs mit Produkten aus Schleswig-Holstein zu bestreiten.

»Das klingt ja spannend«, stellte Jon fest. »Und wie wird man da Mitglied? Klappern die jetzt alle Restaurants in Schleswig-Holstein ab?«

»Nee, nee.« Maria winkte ab. »Ich hab mich bei denen beworben.«

»Dann ist das so was wie ein regionaler Guide Michelin? Vergeben die auch Sterne oder Kochlöffel?«

Maria schüttelte den Kopf. »Feinheimisch ist kein Restaurantführer. Eher ein Netzwerk. Da werden nicht nur Gastronomen aufgenommen.«

»Sondern?«, fragte ich. Maria sah mich erstaunt an.

»Na, Erzeuger halt oder einfach nur Förderer. Eben Leute, die Regionalität unterstützen wollen – es geht ja ums Ganze. Um die Verbindung zwischen ...« Sie hielt inne und ihr Gesicht hellte sich auf. »Wieso bist du eigentlich nicht dabei?« Ich verstand nicht sofort. »Schließlich bist du doch hier aus der Region! Und du bist Honigproduzentin! Das passt doch wie die Faust aufs Auge!«

Die Besucher der Veranstaltung hatten sich ordentlich herausgeputzt. Langsam schob sich die erwartungsvolle Masse die breite Treppe hoch in den ersten Stock. Durch die gläserne Stirnwand funkelten die Lichter der Schiffe. Der Anleger der *Stena Line* in Kiel war vielleicht nicht der Hafen von Monte Carlo, aber sehr viel festlicher konnte es dort auch nicht zugehen.

»Feinheimisch – Genuss aus Schleswig-Holstein e.V.« feierte seinen einjährigen Geburtstag, und es schien, als seien alle Mitglieder, Freunde und Unterstützer erschienen. Der Vereinsvorsitzende hatte die Gäste begrüßt, der Landwirtschaftsminister hatte eine flammende Rede gehalten, jede Menge Blitzlichter hatten den Raum stroboskopartig erhellt – jetzt ging es nach oben, wo die feinheimischen Erzeuger und Gastronomen ihre Verkostungsstände und Leckereien aufgebaut hatten.

Dieses Fest war auch mein Fest: Seit ein paar Monaten war ich Mitglied des Vereins – als erste und einzige Imkerin. Seitdem hatte sich viel bewegt. Ich hatte etliche neue Kontakte geknüpft und genoss die Gemeinschaft mit Gleichgesinnten.

»Hallo ihr beiden!« Am oberen Ende der Treppe grinste uns Ecki entgegen. »Habt ihr schon Marias Stand gesehen?«

Wir begrüßten uns herzlich.

»Wo denn?«, fragte ich nach.

»Ziemlich weit hinten«, rief mir Ecki zu, der jetzt schon wieder von weiteren Gästen abgedrängt wurde. »Direkt neben dem vom Hotel Waldesruh!«

Wir winkten ihm hinterher und bahnten uns mühsam einen Weg durch die Menge.

»Was ist denn mit Marias Stand?«, fragte Jon.

»Wirst du gleich sehen.« Ich tat geheimnisvoll.

Hier oben war wirklich alles vertreten, was in der Feinheimisch-Welt Rang und Namen hatte: Die weiß gewandeten Köche des Columbia Hotels aus Travemünde servierten feine Häppchen. Direkt daneben wurden Spezialitäten vom Galloway-Rind von Bunde Wischen aufgeschnitten. Ein Stück weiter verteilte Sven vom Rosengarten am Deich Schnittchen mit duftender Rosenblättermarmelade.

»Bitte schöön, geschmorter Lammspieß karamellisiert in Flügelchen Minz-Honig«, sagte ich strahlend vor Stolz und wies auf die leckeren Happen an Marias Stand. Dort hatte sich bereits eine Traube von neugierigen Feinschmeckern gebildet. Nur mit Mühe kam Maria mit dem Nachlegen hinterher. Glücklich beobachtete ich die Gesichtsausdrücke der Testesser.

»Toll, oder?«, flüsterte ich Jon zu. Er sah mich an und nickte.

»Ganz groß«, flüsterte er lächelnd zurück.

Ich hakte mich bei ihm ein. Wenn jetzt der Strom ausgefallen wäre, hätte ich den Raum auch allein erhellen können. Ich winkte Maria zu, um ihr mitzuteilen, dass wir noch ein wenig weitergehen würden. Sie war gerade dabei, einem Gast etwas zu erklären, und winkte mit einem Glas »Flügelchen« zurück.

Es war gar nicht so einfach, in diesem Trubel eine stille Ecke zu finden. Jetzt endlich hatten wir ein Tischchen und zwei freie Barhocker entdeckt und ließen das Treiben auf uns wirken. Die Beleuchtung der geschmückten Stände funkelte, Menschen lachten, von der kleinen Bühne wehte Musik herüber, mein rechter Fuß tippte im Takt. War das nicht das Sesamstraßenlied? *Wieso? Weshalb? Warum?* Nein, es war nur eine ähnliche Melodie.

Mir fiel Maikes Frage wieder ein: »Warum tust du das, was du tust?« Ich dachte zurück an die Kritik aus dem Forum, an den Rat meiner Freundin und an meinen Strandspaziergang. Eins war klar, ich stand an einem anderen Punkt als noch vor wenigen Wochen. Ich hatte Verbündete. Hatte ich vielleicht sogar ein bisschen mehr »innere Stärke«? Ich liebte meine Bienen und wünschte mir, dass diese kleinen Superhelden mehr geschätzt und gewürdigt wurden. Das war es, was zählte. Und selbst wenn es nur für heute Abend sein sollte – in diesem einen stillen Moment wusste ich: Die Internet-Fuzzies konnten mich mal. Und zwar kreuzweise.

18.

Im 18. Kapitel ziehen die ersten Herbststürme übers Land und ich stelle fest, dass hier in der dunklen Jahreszeit stabile Nerven gefragt sind.

»So, jetzt wiegen wir deine Mädels mal.« Mit diesen Worten hievte Bernie eine Bienenstockwaage aus dem Auto und stellte sie vor seinen Füßen ab. »Mal sehen, ob sie schwer genug sind.«

Fix und fertig, in Imkermontur gewandet, hatte ich im Vorgarten auf ihn gewartet. Jetzt hielt er mir wie immer seine Hand zur Begrüßung hin und wie immer ignorierte ich sie. Stattdessen umarmte ich ihn flüchtig. Bernie errötete leicht und schaute zu Boden. Auch das passierte jedes Mal. Er war durch und durch vom alten Schlag, ein bisschen steif und verklemmt. Das viele Umarmen und Küssen, das Jon und ich unter Freunden praktizierten, kannte er nicht. Irgendwann hatte ich ihn mal gefragt, ob ich ihm mit dieser Geste zu nahe treten würde: »Nee, mien Deern«, hatte er schmunzelnd geantwortet, »dat is schon in Ordnung, solang dein Mann mich nich irgendwann zum Duell herausfordert.«

»Gut, dass ich keine Biene bin, sonst müsste ich jetzt auch auf die Waage, um zu sehen, ob ich mir genug für den Winter angefuttert habe«, flachste ich, während ich vor ihm herging. Seit Ewigkeiten hatte ich nicht mehr auf so einem Ding gestanden und hatte auch nicht vor, daran etwas zu ändern. Wenn ich zu viel gefuttert hatte, dann merkte ich das auch so – ohne mich der Diktatur eines Messgeräts zu unterwerfen.

Jedes Bienenvolk hatte in den letzten Wochen mehrere Portionen Bienenfutter von mir bekommen. Damit die Tiere beim Aufschlecken der sirupartigen Lösung nicht im Eimer versanken, hatte ich Korken auf die Oberfläche gelegt. Für Jon kam mein spätsommerlicher Korkenbedarf gerade recht.

»Alles nur für die Bienen«, hatte er sich jedes Mal mit charmantem Augenaufschlag entschuldigt, wenn er zum Abendessen eine Flasche Wein für uns geöffnet hatte. Zu schade, dass meine Immen nicht wussten, dass sie auf den Korken leckerer Barolo- oder Bordeaux-Weine hockten, während sie ihre Zuckersuppe schlabberten.

Auf alle Fälle hatten die Korken ihren Zweck erfüllt. Innerhalb kürzester Zeit waren die Eimer geleert und das Futter in die Waben getragen. Nun wollte ich mit Bernies Hilfe überprüfen, ob sie für den Winter auch ausreichend versorgt waren. Schließlich mussten sie ein paar Monate damit auskommen.

»Du hast ihnen auch bestimmt ausreichend Futter gegeben?«, fragte er, als wir mit der Waage zum nächstgelegenen Bienenstock gingen.

»Ja, Bernie, genau wie du es mir gesagt hattest«, beteuerte ich.

»Und wie viel hab ich dir gesagt?«, bohrte er nach. Kam da etwa wieder der Honigfeldwebel zum Vorschein?

»Jetzt reicht's aber«, wehrte ich seine Frage ab. »Ich hab deine Anweisungen genau befolgt, basta.«

»Is jut, mien Deern, dann lass man sehen, wat wir hier haben.« Bernie stellte die Waage neben dem Stock auf einem der wenigen Rasenstücke ab, die nicht völlig von Maulwurfshügeln aufgewühlt waren.

Mittlerweile hatten wir den Kampf gegen die kleinen Buddler aufgegeben. Weder Hausmittel, wie eingegrabene Flaschen oder Knoblauchzehen, noch die teuren Geräte aus dem Baumarkt mit verheißungsvollen Namen wie »Maulwurfsschreck« hatten irgendetwas ausrichten können. Ich praktizierte zwar Bernies Tipp mit den Blumensamen, dennoch waren mir die Maulwürfe manchmal ein Dorn im Auge. In dem Moment, als ich gerade alle Planier- und Säarbeiten beendet hatte, ploppte garantiert irgendwo ein neuer Hügel auf.

»Und nicht vergessen!« Bernie hob den Zeigefinger. »Immer aus den Knien heben, wenn du dir keinen Scheuermann holen willst!«

Ich nickte zustimmend, ging in die Knie und griff mit beiden Händen unter den Kasten.

»Eins – zwei – drei … und hoch!«, kommandierte Bernie und hob den Stock zusammen mit mir an. »Vorsichtig, nich so wackeln.«

Ich machte einen kleinen Ausfallschritt. Gemeinsam hievten wir den ersten Bienenstock auf die Waage. Der Zeiger vibrierte und pendelte sich bei 38 Kilogramm ein.

»Dat macht 'n guten Eindruck«, bewertete Bernie das Ergebnis. »Die haben genug Futter drin. Mit Bienen, Zargen und Wabenmaterial kannst du schon ma locker auf 40 Kilogramm kommen.«

Ich notierte die Zahl auf einer der Karteikarten, die ich mir zu jedem Volk angelegt hatte, um Informationen zu Volksstärke, der Anzahl von Brut- und Futterwaben oder dem Zustand der Tiere festzuhalten. So hatte ich einen Überblick über bereits erledigte Arbeiten und solche, die noch anstanden.

»Denk man nich, dat ich hier jedes Jahr mit der Waage angescheddert komm, mien Deern«, brummelte Bernie und rieb sich mit der Hand das Kreuz. »Eigentlich bin ich für so 'n Geschleppe schon zu alt.« Schuldbewusst schaute ich zu ihm hinüber. »Ich mach dat nur dies eine Mal. Du musst 'n

Gefühl für dat Gewicht entwickeln. Dann reicht dat, wenn du den Kasten auf jeder Seite anlupfst, um zu wissen, ob er schwer genug ist.«

»O.k., ich probier es mal«, willigte ich ein und ging zum nächsten Bienenstock.

Ich spürte Bernies Blick im Nacken und ging vorschriftsmäßig in die Knie. Seine persönliche Mission war, möglichst Rücken schonend und Kräfte sparend zu arbeiten. Von Anfang an hatte er mich deswegen unentwegt ermahnt und mir bei jedem Handgriff vorgebetet, wie ich es besser machen konnte. Aber erst nachdem ich mir beim unvorsichtigen Anheben eines 40-Kilogramm-Honigkübels einmal einen Wirbel verrenkt hatte, wusste ich Bernies Ermahnungen zu schätzen.

Ich schob meine lederbehandschuhten Hände seitlich unter den nächsten Kasten und hob und senkte ihn prüfend.

»Mmh, ich würde sagen, der ist ganz schön schwer.« Mit einem entschuldigenden Grinsen setzte ich den Stock wieder ab und richtete mich auf.

»Na, dat is ja 'ne ganz dolle Angabe, mien Deern. Lass mich mal sehen.« Bernie schickte sich an, die Zargen anzulupfen. »Oh-haua-ha, is da Blei drin? Wat haste denn da an Futter rinngeschmissen? Ich würd ma sagen, dat is 'n Zentner.« »Ganz normal, so wie bei den anderen auch«, antwortete ich achselzuckend und testete selber noch einmal.

Gerade wollte ich die Zargen wieder herunterlassen, da rutschten sie mir von den unförmigen Lederhandschuhen und polterten unsanft auf die darunterliegende Betonplatte. Der Deckel sprang ab und fiel ins Gras.

»Mist«, zischte ich.

Bernie verdrehte die Augen. Ein zorniges Aufbrausen kam aus dem Inneren des Kastens. Schon schossen einige wütende Immen zwischen den Waben hervor. Verdammt – wo war mein Imkerhut? Da wir die Stöcke nur wogen und er mich nervte, hatte ich ihn kurz vorher abgenommen.

»Autsch, Treffer!«, schrie ich und klatschte mir gegen die Oberlippe. Es brannte höllisch. Der Stachel steckte noch und verrichtete unbeeindruckt davon, dass die dazugehörige Biene nicht mehr an ihm hing, sein giftiges Werk. Mit schmerzverzerrtem Gesicht rieb ich mir die Einstichstelle. »Ich muss mal kurz in den OP«, rief ich und trabte Richtung Bienenküche davon.

Wenn ich ins Gesicht gestochen wurde, musste es schnell gehen. Ich hatte mir mittlerweile ein ganzes Arsenal an Gegenmitteln zugelegt, und je nachdem, wo ich getroffen wurde, gab es verschiedene Notfallpläne. Hatten die Bienen mich irgendwo am Körper oder in die Hände gestochen, schluckte ich lediglich eine hochkonzentrierte Ampulle mit Kalzium und ließ mir ein paar Apis-Mellifica-Kügelchen auf der Zunge zergehen. Wurde ich jedoch im Gesicht getroffen, fuhr ich stärkere Geschütze auf und nahm zusätzlich ein Antihistamin ein. Meistens gelang es, die Schwellung damit einzudämmen. Manchmal sah ich trotzdem innerhalb kürzester Zeit wie der Verlierer eines Boxkampfes aus. Vom Juckreiz ganz zu schweigen.

Auch diesmal schien meine ausgeklügelte Medikation nicht viel auszurichten: Binnen Minuten wuchs meine Oberlippe zu einer stattlichen Größe heran. Verdammt! Jetzt würde ich mich für Tage nicht mehr unter Menschen wagen können.

»Na, dat wird ja 'ne feine Schwellung«, bemitleidete mich Bernie und beäugte meine dicker werdende Lippe.

Er hatte keine Ahnung, wie recht er behalten sollte. Abends war sie bereits so geschwollen, dass ich das einmalige Vergnügen hatte, meine wurstähnliche Lippe permanent im Blick zu haben, egal wohin ich auch schaute. »Du siehst aus wie dieses Benefiz-Duo mit den aufgespritzten Lippen, und zwar Mutter und Tochter in einem«, foppte mich Jon, als er mich für meine private Schreckensgalerie »Ansichten eines Schwellkörpers« knipste.

»Alle Mädels sind gut für den Winter gerüstet.« Bernie hatte die Bienen inzwischen weiter gewogen und sich dabei lieber auf seine langjährige Erfahrung verlassen. Die Waage lag unbenutzt im Rasen. »Nur dat Volk, dat dich gestochen hat, müssen wir auflösen.« Mit schmerzender Lippe wartete ich auf eine Erklärung. »Da sind Drohnenmütterchen am Werk.«

Spontan geisterte mir die gemeine Frau Krüger aus meinem Heimatdorf durch den Kopf, wie sie die Dorfstraße entlang lief und über die angeblich ungepflegten Gärten der Nachbarn schimpfte.

»Drohnenmütterfen? Waf ift daf denn fiewew?« Bernie schien meinen lippenbedingten Sprachfehler überhört zu haben.

»Die Königin is futsch oder kann keine Eier mehr legen. Fass mal mit an«, forderte er mich auf.

Ich konnte mir aus seiner Antwort keinen Reim machen, schleppte aber, ohne zu widersprechen, den Bienenstock direkt neben einen anderen.

»Wofu machen wir daw?«, insistierte ich.

»Also, mien Deern, von Drohnenmütterchen spricht man dann, wenn Arbeiterinnen plötzlich anfangen, Eier zu legen. Dat können die ja normalerweise gar nich! Nur im Notfall, wenn die Königin gestorben is oder …«

»Du meinst, dann entwickeln die wolche Fähigkeiten?«, unterbrach ich ihn leicht sabbernd.

Bernie nickte. »Genau, aber die Eier sind dann unbefruchtet, weil die Arbeiterinnen ja nich auf Hochzeitsreise waren wie die Königin«, erklärte er weiter. »Und was entsteht aus unbefruchteten Eiern?«

»Drohnen!«

»Siehst du und deswegen heißen die Eier legenden Arbeiterinnen Drohnenmütterchen.«

»Und warum mufften wir die jetff hierherfleppen?«

»Wir lösen das Volk auf. Ohne Königin sind die aufgeschmissen und um diese Jahreszeit kriegst du keine neue mehr.«

Bernie hatte etwas Rauch auf die Waben gegeben und machte sich langsam daran, jede einzelne herauszuziehen, um die aufsitzenden Bienen vor dem anderen Bienenstock abzuschütteln.

»Jetzt bettelt euch mal schön bei euren Schwestern ein«, murmelte er beschwörend.

Als wir fertig waren, brachte ich Bernie zum Auto. Die Waage verschwand irgendwo im Tohuwabohu seines Kofferraums.

»Wusstest du eigentlich, mien Deern«, fragte er mit mitleidigem Blick auf meine Lippe, »dass der Bienenstachel nur in der Haut von Säugetieren stecken bleibt?« »Allerdingff«, entgegnete ich säuerlich.

»Die Biene, die dich gestochen hat, is dabei draufgegangen«, hob er an, »weil ihr dabei nämlich …«

»Ich weiff«, unterbrach ich ihn mürrisch, »weil ihr daff einen Teil ihrew Hinterleibew herauwreifft.«

»Aber wenn die Mädels sich untereinander stechen«, fuhr Bernrie unbeirrt fort, »oder sich gegen Wespen oder Hornissen zur Wehr setzen …«

»… bleibt der Ftachel nicht ftecken«, beendete ich seinen Satz.

»Genau!« Bernie nickte anerkennend und strahlte mich an. »Aus dir is ja schon 'ne richtig gute Imkerin geworden!«

Ich versuchte zurückzulächeln, aber das halbe Schlauchboot in meinem Gesicht wollte nicht mitmachen.

Mittlerweile hingen die Bäume über und über voller Äpfel. Immer noch saß ich morgens gern in eine Decke eingewickelt mit meinem Kaffee auf der Gartenbank. Stolz betrachtete ich dann die knallrote Pracht in den Zweigen.

»So viel habt ihr in eurem ganzen Leben bestimmt noch nie getragen, oder?«, hätte ich den Bäumen am liebsten zugeflüstert. Zum ersten Mal war das auch ein bisschen mein Verdienst. Oder besser gesagt – das meiner Bienen. Auf der Website des Deutschen Imkerbundes hatte ich gerade einen »Bestäubungsrechner« entdeckt, der veranschaulichte, welche enorme Leistung die Tierchen erbrachten. Ich staunte nicht schlecht: Bienen steigerten den Jahresertrag bei Äpfeln um 63 Prozent. Bei Kirschen stieg die Ernte um 62 Prozent und bei Birnen sogar um knapp 90 Prozent. Außerdem zeigte der Rechner, wie viele Blüten beim Honigsammeln bestäubt wurden. Um den Honig für ein 250-Gramm-Glas »Flügelchen« herzustellen, mussten sie 37,5 Millionen Blüten besuchen und bestäuben. Mir war schleierhaft, wo eine so große Menge an Blüten zu finden sein sollte.

Die Zweige trugen schwer an ihren Äpfeln. Jeden Tag biss ich beherzt in ein Exemplar und testete den Reifegrad. Obwohl sie äußerlich bereits verführerisch aussahen, waren sie noch so sauer, dass sich in meinem Mund alles zusammenzog und ich den Bissen sofort ausspucken musste.

Dann aber war es endlich so weit: An einem der letzten sonnigen Oktobertage luden wir zum Immenhorster Apfelfest und viele unserer Freunde reisten als »Erntehelfer« aus

Hamburg an. Innerhalb kürzester Zeit füllten sich Körbe und Holzkisten mit den saftigen Früchten und verschwanden in den Kofferräumen. Der Duft von Apfelkuchen wehte über die Wiese und fröhliches Lachen und Johlen hallte durchs Haus und über das Grundstück. Dass dies einer der letzten unbeschwerten Tage in diesem Jahr sein sollte, ahnte ich nicht.

»Bei diesem Wetter jagt man ja noch nicht mal seinen Hund vor die Tür – geschweige denn seine Bienen«, schimpfte ich, während ich völlig durchfroren zur Tür hereintrat.

Meine Schutzbrille beschlug innerhalb von Sekunden. Mit steifen Fingern zog ich mir die Gummihandschuhe von den verfrorenen Händen. Für dieses Jahr hatte ich die letzten Arbeiten verrichtet. Ab jetzt hatte ich Pause. Auch die Bienen konnten sich von mir erholen.

»Tschüss Mädels! Bis zum Frühling«, hatte ich ihnen zum Abschied zugeraunt. Sie hatten sich lediglich summend noch tiefer zwischen ihre Waben zurückgezogen.

»Erkennen dich deine Bienen eigentlich?«, lautete eine Frage, die mir viele Freunde im letzten Jahr gestellt hatten. Nein – sie erkannten mich nicht, und es hätte ihnen auch nichts ausgemacht, wenn sie mich nie wieder zu Gesicht bekommen hätten. Für sie war und blieb ich ein Eindringling, der ihr perfekt organisiertes Gefüge durcheinanderbrachte. Dass sie es ohne meine Eingriffe in freier Wildbahn sehr schwer hätten, überhaupt zu überleben, konnten die Bienen natürlich nicht wissen. Schließlich waren sie etliche Millionen Jahre auf diesem Planeten auch sehr gut ohne menschliche Hilfe ausgekommen. Aber heute? In einer penibel aufgeräumten Umwelt gab es keine hohlen Baumstämme mehr. Die Chance eines wilden Bienenvolks, eine geeignete Heimstätte zu finden, lag praktisch bei null. Und der Varroamilbe hatten sie ohnehin nichts entgegenzusetzen.

Der Kaminofen verbreitete bereits wohlige Wärme. Pauli und Michel räkelten sich auf dem Sofa. Jon stand in der Küche und schnippelte Rucola. Erstaunlicherweise behauptete sich das Pflänzchen nicht nur erfolgreich gegen Rehe, sondern auch gegen das miese Novemberwetter. Die letzte Ernte für dieses Jahr würde für eine große Portion selbst gemachtes Pesto reichen. Er schaute kurz auf und widmete sich dann wieder seinen Zutaten.

»Mmh, riecht das lecker, gibt es heute Nudeln mit Pesto?« Mein Versuch, ein Gespräch in Gang zu bringen, ging im Surren des Stabmixers kläglich unter. Das Ding klang wie der kleine Bruder von Herrn Olschewskis Motorsense.

Ich ging ins Wohnzimmer, setzte mich vor den warmen Ofen und rieb mir die Hände, damit sie endlich wieder warm wurden. Seit dem Apfelfest fühlte ich mich irgendwie anders. Anfangs hatte ich das kaum wahrgenommen und beiseitegeschoben. Aber mit der Zeit wurde das dumpfe Gefühl größer, es drückte auf meine Seele und machte mich missmutig und traurig. Was war mit mir los?

»Tisch decken, Essen ist fertig!« Jon stand mit einem dampfenden Topf Nudeln am Esstisch. Ich nahm die Teller aus dem Schrank und schob die düstere Stimmung beiseite.

Liebe Morgenseiten, seit Tagen stürmt und regnet es. Oft wird es noch nicht mal richtig hell, bevor es wieder dunkel wird. Das Wetter ist kaum zu ertragen und drückt mir aufs Gemüt. Mir fällt Rilkes Gedicht ein. Für mich müsste es anders heißen: Wer bis jetzt noch keine Depression hat, wird bestimmt eine bekommen. Wer jetzt allein ist, wird es lange bleiben, wird warten, lesen, Fernsehen schauen und wird am

Strand unruhig hin und her wandern, wenn die Stürme weh'n.

Das frustrierende Gefühl aus meiner Jugendzeit auf dem Dorf wurde wieder wach. Ich fühlte mich einsam und verlassen. Das Leben fand woanders statt. So viel schöner und geselliger der Sommer hier auch gewesen war, so viel ungemütlicher und einsamer war jetzt der Herbst. Der Regen war nasser, der Sturm windiger und die Kälte eisiger, als ich es aus Hamburg kannte. Wenigstens Pauli und Michel waren schnurrig wie eh und je.

Seit einiger Zeit stand ich morgens eine halbe Stunde früher auf und schrieb meine »Morgenseiten«. Einer Eingebung folgend hatte ich vor ein paar Tagen zu einem verblichenen Buchrücken im Regal gegriffen. Das lilafarbene Taschenbuch musste schon seit Ewigkeiten in unserem Besitz gewesen sein, bevor es von Hamburg mit aufs Land gezogen war. Aufgefallen war es mir noch nie.

»Der Weg des Künstlers« beschrieb laut Klappentext verschiedene Techniken, mittels derer man seinen Geist befreien konnte, um seine Lebensfreude und Kreativität wiederzubeleben oder zu entdecken. Ich hatte ja bereits gute Erfahrungen mit Selbstfindungsliteratur gemacht, daher nahm ich mir vor, es zu lesen. Das Buch war wirklich fesselnd. Innerhalb weniger Tage hatte ich es durchgelesen und mich für eine Übung entschieden, bei der man allmorgendlich alles niederschreiben sollte, was einem gerade in den Sinn kam. Dabei ging es weder um Stil, korrekte Rechtschreibung noch einen guten Ausdruck. Wichtig war nur, den eigenen Gedanken Raum zu geben und sie spontan zu Papier zu bringen.

Liebe Morgenseiten, seit Tagen bin ich schlechter Laune. Habe ich das alles unterschätzt? Kann ich es, können wir es hier in der Einsamkeit aushalten? Können wir uns selbst ge-

nügen? Momentan habe ich mehr Fragen als Antworten. Ich glaube, ich muss wieder öfter nach Hamburg, ins Leben, unter Menschen, sonst werde ich langsam, aber sicher noch zu einer dauerfrustrierten Meckertante.

Die ganze Nacht hatte es gestürmt, heftige Windböen waren ums Haus gepfiffen. Unsere Hamburg-Flagge, die seit dem Sommer am Fahnenmast hing, hatte den Attacken des Ostwindes nicht mehr standgehalten. Als ich mich zu einer frühmorgendlichen Kontrollrunde zu den Bienen aufmachte, hing sie zerfetzt im Zaun. Obwohl ich die Deckel der Bienenstöcke mit Ziegelsteinen beschwerte, kam es manchmal vor, dass sie nach einem schweren Sturm heruntergeweht wurden. Dann konnte das Innere auskühlen und die Bienen sterben. An besonders stürmischen Tagen ging ich daher mehrmals von Standplatz zu Standplatz, um zu schauen, ob alles in Ordnung war. Tief vornübergebeugt stemmte ich mich in der Dunkelheit gegen den Sturm. Es splitterte und krachte. Irgendwo hatte der Wind einen morschen Ast vom Baum gerissen. Ich duckte mich, als wollte ich unter den Böen hindurchschlüpfen, und zog mir meine Kapuze noch tiefer ins Gesicht. Im Schein der Taschenlampe sah ich, dass die Deckel alle fest saßen. Erleichtert trat ich den Rückweg an. Die Auffahrt war übersät mit abgerissenen Zweigen und kleinen Ästchen. Kurz vor der Haustür stolperte ich über ein Stück morsches Holz. Endlich war ich wieder drinnen. Der Wind pfiff durch den Schornstein, rüttelte an den Türen und zerrte am Dachstuhl.

Es war nicht der erste Sturm in diesem Herbst. Vor einiger Zeit hatte es bereits schon mal so heftig geweht. Fotos von umgestürzten Bäumen und abgerissenen Hausdächern erschienen am folgenden Tag in der Lokalzeitung. Ich fand das bedrohlich und meine Fantasie bekam neue Nahrung. Was, wenn die alten Eichen, die keine zehn Meter vom Haus entfernt standen, entwurzelt würden? Nach etlichen Jahrzehnten der Standhaftigkeit konnten sie vielleicht gerade jetzt umfallen. Möglich war das! Ich sah schon, wie der Dachstuhl unter den tonnenschweren Bäumen zerbarst und mich unter sich begrub.

Liebe Morgenseiten, Jon ist mal wieder für ein paar Tage in Hamburg und ich habe eine neue Angst entwickelt. Macht die Einsamkeit psychotisch? Gestern bin ich nach unten ins Gästezimmer gezogen, weil ich Schiss vor umstürzenden Bäumen hatte. Irgendwie lächerlich, oder? Aber überall liegen vom Sturm abgerissene Äste rum und auf dem Weg in die Stadt habe ich tatsächlich einige entwurzelte Bäume gesehen. Das miese Wetter drückt mir aufs Gemüt. Ich fühle mich manchmal, als wäre ich an einer Autobahnraststätte vergessen worden. War es richtig, hierher zu ziehen? Haben sich meine Träume als Trugbild erwiesen? Seit drei Tagen habe ich mich tagsüber nicht mehr angezogen. Meine Jogginghose, eine olivgrüne Fleecejacke und rosafarbene Gummilatschen haben still und heimlich die Macht über mich erlangt – schrecklich.

Wenn ich nicht zum Einkaufen aus dem Haus musste, war der Postbote das einzige menschliche Wesen, das mir begegnete. Sein gelbes Auto teilte den Tag in zwei Hälften: Die erste Hälfte verbrachte ich in dem Wissen, dass noch etwas passieren würde, in der zweiten Hälfte des Tages hatte ich dann die Gewissheit, dass wenigstens ein bisschen passiert war. Die Briefe brachten einen Fitzel der großen weiten Welt an diesen gottverlassenen Ort.

Diesmal war meine Unsicherheit über den Umzug keine kleine Wolke, die sich kurz vor die Sonne schob, damit danach alles noch glänzender aussah. Diesmal stellte ich die Entscheidungen des letzten Jahres ernsthaft infrage.

Liebe Morgenseiten, der Winter hat noch nicht mal ange-
fangen. Wenn ich mir vorstelle, dass das noch monatelang so
weitergeht, wird mir angst und bange. Fühlt sich so eine De-
pression an? Jon fährt vier Wochen nach Südamerika, um
seine Schwester zu besuchen. Eigentlich wollten wir mal zu-
sammen dorthin. Aber jetzt will er alleine los und einen
Selbsterfahrungstrip machen ... Pah, wenn er's nötig hat! So
schnell lass ich mich nicht unterkriegen. Aufgeben gilt nicht.
Das wird mein persönliches Dschungelcamp, meine Heraus-
forderung, meine Bewährungsprobe: Wenn ich es in dieser
Jahreszeit alleine hier aushalte, ohne durchzudrehen, dann
halte ich es überall aus ...

19.

Im 19. Kapitel fordern Einsamkeit, Stille und bergeweise Schnee mein Stehvermögen. Die Bienen halten Winterschlaf und ich wünschte, ich könnte mich dazulegen ...

»Hast du Pauli und Michel gesehen? Die sind doch sonst immer da, wenn es Futter gibt«, fragte Jon, als er mit besorgtem Blick von draußen hereintrat.

Eigentlich war er nie ein großer Katzenfan gewesen. Als ich die beiden Miezen angeschleppt hatte, hatte er nur unter der Bedingung zugestimmt, dass *ich* die volle Verantwortung übernehmen würde. Er stünde nur im Notfall zur Verfügung, wurde er nicht müde zu betonen. Und mit dem Katzenfutter und dem Katzenklo wollte er sowieso nichts zu tun haben. Ins Haus käme der stinkende Kram schon gar nicht. Mittlerweile hatte sich das Blatt gewendet. Mit Charme und Schmusigkeit hatten ihn die beiden Stubentiger langsam, aber sicher um den Finger gewickelt. Es war mir nicht entgangen, dass er immer öfter mit leuchtenden Augen von ihnen sprach und sie mit verzücktem Gesichtsausdruck kraulte.

»Die sind bestimmt auf Mäusejagd«, erwiderte ich beiläufig und ging ins Bad, um mir die Zähne zu putzen.

Pauli und Michel hatten ihren Hauptwohnsitz im Schuppen. Dort hatten wir ihnen ein gemütliches Körbchen hergerichtet und eine Katzenklappe eingebaut. Sie konnten kommen und gehen, wann sie wollten, und wir wussten, dass wir sie auch mal für ein, zwei Tage alleine lassen konnten. Egal, ob sie auf Pirsch waren oder auf unserem Schoß schliefen:

Pünktlich wie ein Uhrwerk waren sie abends gegen 23.00 Uhr zur Stelle, um ihr Futter einzufordern.

Nur heute nicht.

»Wo sind die nur?« Beunruhigt öffnete Jon zum zweiten Mal die Haustür und rief nach ihnen.

»Ach, mach dir keine Sorgen. Die kommen schon wieder«, beschwichtigte ich ihn. Ohne Erfolg.

Mein Mann nahm die Jacke vom Haken.

»Ich geh noch mal ums Haus«, rief er und trat ins Freie. Eisige Kälte zog durch die Tür. Fünf Minuten später stand er wieder in der Diele. Ohne unsere Katzen. »Wenn die bis morgen nicht aufgetaucht sind, müssen wir sie suchen.«

»Die kommen wieder, garantiert.« Ich versuchte, möglichst locker zu wirken.

Mitten in der Nacht ging das Licht in unserem Schlafzimmer an.

»Was ist los?«, fragte ich und setzte mich irritiert im Bett auf.

Jon hatte sich die Stirnlampe aufgesetzt und suchte nach seinen Klamotten. Der Wecker zeigte kurz nach drei Uhr.

»Ich geh noch mal raus. Gucken, ob sie inzwischen da sind.« Schon war er zur Tür und die Treppe runter.

»Jon!« Ich sprang ebenfalls aus dem Bett und lief hinter ihm her. »Warte doch mal eben …«

»Was ist denn?« Ungeduldig verharrte er an der Eingangstür und nestelte am Haustürschlüssel.

»Ich muss dir was beichten …«

»Beichten?« Seine Stirn legte sich in Falten.

»Pauli und Michel … die sind nicht so richtig weg«, offenbarte ich kleinlaut. Jon sah mich schief an. »Ich hab sie ins Gästebad geschmuggelt … für heute Nacht waren minus acht Grad angekündigt«, fügte ich hastig hinzu, »… ihr Wasser war eingefroren.«

Jon sagte kein Wort und ging Richtung Gästebad. Mit eingezogenem Kopf schlich ich hinterher. Pauli und Michel lagen schnurrend auf dem von der Fußbodenheizung gewärmten Badewannenvorleger und blinzelten müde ins Licht. Ein Lächeln glitt über sein Gesicht. Er streichelte beide Tiere über den Kopf, drückte mir einen Kuss auf die Stirn und ging wortlos nach oben.

Am nächsten Morgen verfrachtete ich die Katzen samt Näpfen und Katzenklo wieder in den Schuppen. Dank ihres dicken Fells und den mit Lammfell gepolsterten Körbchen überstanden sie gesund und munter sogar zweistellige Minusgrade.

Neidisch verfolgte ich, wie Shorts, kurzärmelige Hemden und Sandalen in Jons Koffer verschwanden. Die große Südamerikareise stand unmittelbar bevor. Ich hatte mich wohl oder übel damit abgefunden, dass ich zu Hause bleiben musste. Das Vorweihnachtsgeschäft nahte und ich wollte die Zeit, so gut es ging, nutzen.

»Aufstehen, Reisetag!«, flüsterte ich meinem Mann ins Ohr und stellte ihm eine dampfende Schale Milchkaffee ans Bett. Es war Viertel vor sechs. Nicht wirklich seine Zeit. Meine auch nicht.

»Ne viierte St… noo…«, murmelte er und drehte sich zur anderen Seite. Aha, eine viertel Stunde noch.

Ich ging runter und deckte den Frühstückstisch. Der Zeiger der Uhr wanderte Stück für Stück weiter. Sollte ich hochgehen und ihn noch mal erinnern? Nö, entschied mein innerer Trotzkopf, wer ohne mich auf so eine tolle Reise geht, ist selber dafür verantwortlich, rechtzeitig aufzustehen. Dann holte ich die Zeitung rein und machte es mir auf der Couch gemütlich. Nur noch ein wenig dösen, dachte ich …

»Aufstehen!«, schrie ich die Treppe hoch. »In einer viertel Stunde müssen wir los!«

Ich war auf dem Sofa eingeschlafen und erst eine Stunde später von Michel geweckt worden, der mir auf den Bauch gesprungen war. Oben rumpelte es. Verschlafen erschien Jon am Treppenabsatz und rieb sich die Augen.

»Wieso weckst du mich denn nicht?«, meckerte er und verschwand im Bad.

»Wieso weckst du mich denn nicht?«, äffte ich ihn leise nach, sprang in meine Klamotten und kochte schnell noch einen Kaffee für die Fahrt.

Zwei Stunden später erreichten wir in letzter Sekunde den Check-in. Als ich nach einem hektischen Abschied aus der Flughafenhalle trat und zurück zum Auto ging, freute ich mich mit einem Mal auf vier Wochen ohne Ehemann. Viel Zeit für Sentimentalitäten blieb mir sowieso nicht.

»So vielleicht?« Fragend blickte ich meine Schwester an. »Oder sieht das doof aus?«

»Da müssen noch viel mehr Gläser drauf«, entgegnete sie kritisch, während sie zwei Schritte zurücktrat. »Das ist noch zu leer.«

Ich ging in die Honigküche und schleppte weitere Kartons mit allen Flügelchen-Sorten in die Diele. Dort stand ein Tisch in rustikalem Shabby Look. Er war bereits über und über mit Honiggläsern beladen und nun türmte ich die Stapel noch höher. Demnächst fand in den Hamburger Großmarkthallen ein Feinschmecker-Markt statt und ich wollte mit einigen Kollegen von Feinheimisch daran teilnehmen. Ähnlich wie auf dem Jubiläumsfest im Fähranleger in Kiel war eine

Mischung aus Gastronomie mit vor Ort zubereiteten kulinarischen Kleinigkeiten und Verkaufsständen der Produzenten geplant. Außer bei ein paar Bauernmärkten in der Umgebung hatte ich bisher noch nicht viel Markterfahrung gesammelt. Seit Tagen dachte ich bereits darüber nach, wie ich meinen Stand dekorieren könnte, was ich zum Aufbau benötigen würde und was ich an Ware einplanen müsste. Nun stand der große Tag kurz bevor und ich hatte meine Schwester gebeten, auf eine Trockenübung vorbeizukommen. Gemeinsam standen wir um den Tisch und schoben Gläser von links nach rechts und wieder zurück.

»Das soll irgendwie ländlich, aber auch modern aussehen«, überlegte ich laut, ohne zu wissen, was ich mir überhaupt darunter vorstellte.

»Die alten Obst-Holzkisten voller Honiggläser und die Rattankörbe machen sich schon mal gut …«, sinnierte Carola. Ich kramte eine alte Kreidetafel aus meiner Imkerei und stellte sie vor den Stand.

»Für die Preise«, erklärte ich.

»Klasse«, befand meine Schwester. »Jetzt fehlt nur noch ein schöner Bauernblumenstrauß!«

Nach einer halben Stunde wusste ich, wie mein Stand aussehen sollte. Carola machte ein Foto als Erinnerungsstütze.

»Ich weiß was.« Mir kam ein spontaner Geistesblitz. »Tu du doch mal so, als wärst du eine Kundin. Geh mal raus und komm wieder zur Tür rein … Dann kann ich ein Verkaufsgespräch proben.«

»Wenn's sein muss …« Mit einem verschmitzten Grinsen verschwand sie in der Küche.

Ich wartete einen Moment und winkte sie wieder herein. Mit hochgerecktem Kinn stolzierte sie auf den Stand zu.

»Guten Tag«, begrüßte ich meine Kundin. Carola nickte gnädig und ließ den Blick über die Honiggläser schweifen. Mann, war das albern! »Kann ich Ihnen helfen?«, versuchte ich, ernst zu bleiben.

»Was ist das denn Schönes? Ist das Senf?« Mit spitzem Finger zeigte sie auf die Gläser.

Blöde Kuh, von wegen Senf! Du weißt doch ganz genau, was das ist!, dachte ich insgeheim, riss mich aber zusammen und flötete: »Das ist Honig aus meiner eigenen Imkerei in Schleswig-Holstein. Neben den puren Sorten verfeinere ich den Honig mit Gewürzen aus Bioanbau. Möchten Sie mal probieren?« Ich schnitt ein Stück Baguette ab. »Es gibt Vanille, Zimt, Minze oder ...« Das Brot krümelte alles voll. »Welche Sorte hätten Sie denn gerne?« Das war ja wie früher, wenn wir Kaufmannsladen spielten! Ich versuchte Haltung zu bewahren.

»Zimt, wenn's recht ist«, näselte Carola. »Und eins mit ... was war das noch gleich? Ach ja, Mandel.«

Ich nahm das Messer, strich Zimt-Honig auf das Stückchen Brot und reichte es ihr hinüber. Mit tadelndem Blick auf meine rauen Arbeitshände nahm sie das Probierstückchen in Empfang. Dafür sollte ich wohl besser Latex-Handschuhe und eine Zange oder einen Piekser haben, stellte ich fest. Ich griff zu dem Glas Mandel-Honig – aha, das ging natürlich nicht mit demselben Messer! Ich müsste also für jede Sorte eines mitnehmen.

»Mhm, gar nicht so übel«, beurteilte Carola kauend. »Und das machen Sie alles selbst?« Ihre Stimme klang herablassend.

»Und die Bienen, Mylady ...« entgegnete ich und verkniff mir das Kichern. Meine Schwester spitzte die Lippen.

»Dann hätte ich gern einmal Zimt, einmal Mandel und

dann noch ein Glas Rapshonig«, orderte sie schließlich divenhaft.

»Aber immer, gerne doch, Frau Hochvonundzu«, sagte ich und machte einen Knicks. Während ich je ein Glas der gewünschten Sorten in einer Papiertüte verstaute, konnte ich mein Kichern nur mit Mühe und Not unterdrücken. »Das macht dann …« – Kopfrechnen war noch nie meine Stärke gewesen und jetzt, albern wie ich war, fiel es mir besonders schwer – »…Tausenddreihundertvierundzwanzig Euro, bitte.«

»Oh, so günstig!«, säuselte Carola. Sie tat so, als würde sie Geld aus der Tasche holen und mir den genannten Betrag in die Hand zählen. »Stimmt so«, fügte sie hinzu und nickte mit gönnerhafter Miene.

»Ihr seid zu gütig, Madame!«, bedankte ich mich.

Als ich auf den Knopf, die Büroklammer und den Brotkrümel in meiner Hand blickte, prusteten wir gleichzeitig los.

Wenige Tage später war es so weit. Vor meinem Stand drängten sich die Interessenten. Ich reichte bergeweise Teller mit fertig beschmierten Brotstückchen über den Tisch und erzählte von meinen Bienen und meiner Imkerei. Das Geschäft lief gut. Ich hatte bereits einige Visitenkarten von potenziellen Wiederverkäufern in der Tasche und auch zwei Redakteure hatten mich wegen eines Artikels über meine Honigmanufaktur angesprochen.

Ich war gerade dabei, klar Schiff zu machen, als eine üppig mit Goldschmuck behängte Dame mittleren Alters auf meinen Stand zugesteuert kam.

»Was ist das denn Schönes? Ist das Senf?«, fragte sie freundlich und guckte mich entgeistert und auch ein wenig beleidigt an, als ich in schallendes Lachen ausbrach.

Hab heute eine Radtour in die Atacama-Wüste gemacht. Uff, bei Temperaturen von 35 bis 40 Grad im Schatten bin ich ganz schön ins Schwitzen gekommen. Echt unerträglich. Außerdem kann ich bei der Hitze kaum schlafen … Liebe Grüße, Jon

Ich saß morgens früh vor meinem Rechner und las die Mail meines Mannes.

»Ach, du Armer, das tut mir aber leid: 35 Grad im Schatten«, plapperte ich pseudobetroffen vor mich hin. »Ein wahrlich hartes Los!«

Pauli hob erschrocken den Kopf. Er hatte neben der Computertastatur auf dem Schreibtisch geschlafen und guckte mich nun mit weit aufgerissenen Augen an.

»Nein, nicht du, Kleiner. Alles ist gut.« Beruhigend streichelte ich ihn über sein weiches Fell.

Hin und wieder ertappte ich mich dabei, dass ich Selbstgespräche führte. Manchmal dachte ich auch einfach nur laut über irgendetwas nach. Ich schob diesen Tick auf das Alter: Schließlich war ich ja schon über 40 – da gehörte die Herausbildung der einen oder anderen Marotte wohl dazu. Beim Lesen von Jons Mail wurde ich allerdings wütend. Da saß ich bei Kälte, Regen und Sturm vier Wochen alleine zu Hause und mein Mann jammerte über die unzumutbare Hitze am Urlaubsort.

»Da kommen mir die Tränen«, fauchte ich in die Stille und ließ meinen Blick aus dem Fenster schweifen.

Heute war mal wieder einer der Tage, an denen es gar nicht hell wurde. Diese Mail beantworte ich erst mal nicht, dachte ich vergrätzt. Und überhaupt … Hatte er mit einem Wort gefragt, wie es mir hier in der Einsiedelei ging? Mein Blick fiel auf den schlafenden Pauli. Er und Michel waren meine täglichen Freudenspender. Sie wirkten zuverlässiger und waren wesentlich höher dosiert als die Johanniskraut-Kapseln, die ich seit ein paar Tagen schluckte, um meine Stimmung auf erträglichem Niveau zu halten.

Während sich Pauli im Schein der Schreibtischlampe wärmte und ich seine herumfliegenden Haare von der Tastatur blies, sah ich, wie eine Frau die Auffahrt hochkam. Ich bin noch nicht geduscht, nicht gekämmt und nicht angezogen, schoss es mir durch den Kopf. Instinktiv huschte ich hinter eine Gardine: lieber »tot stellen«, einfach so tun, als wäre niemand da. Es klingelte. Ich verharrte hinter der Gardine. Es klingelte noch einmal. Ich hörte Schritte auf dem Kies. Sie kamen näher. Ich spähte durch den Spalt zwischen Gardine und Wand. Die Frau war vor mein Bürofenster getreten. Jetzt klopfte sie an die Scheibe. Mist!, dachte ich. Die brennende Lampe verriet, dass jemand zu Hause war. Im Zeitlupentempo löste ich mich aus meinem Versteck. Jede Bewegung des Vorhangs hätte mich verraten können. Wieder hörte ich Schritte auf dem Kies. Gab mein Besucher auf? Da klingelte es noch einmal.

Ich gab mir einen Ruck. Beherzt trat ich in die Diele und öffnete die Tür.

»Guten Morgen, Frau Flügel.« Eine schlanke Mittfünfzigerin lächelte mir entgegen. »Mein Name ist Broders.« Sie streckte mir ihre handschuhwarme Rechte entgegen. »Ich komme von den Landfrauen und wollte fragen …«

»Bitte kommen Sie doch herein«, unterbrach ich sie.

»Danke sehr«, nickte Frau Broders und trat über die Schwelle.

Einen winzigen Moment standen wir uns stumm gegenüber. Ich schielte nach unten und entdeckte einen Kaffeefleck auf meiner ausgebeulten Jogginghose.

»Also, Frau Flügel«, hob meine Besucherin schwungvoll

an, »hätten Sie nicht vielleicht Lust, mal einen Vortrag bei uns zu halten?«

»Einen Vortrag? Ich? Worüber denn?«

»Über Bienen natürlich!«, erklärte Frau Broders mit kräftigem Organ. »Wir treffen uns jeden Monat im Gasthof Petersen. Und da gibt's immer einen Vortrag. Neulich war Patientenverfügung das Thema.« Sie senkte die Stimme ein wenig: »Das ist 'ne wichtige Sache, wissen Sie? …«

Ich soll bei den Landfrauen einen Vortrag halten, lustig, oder?, tippte ich wenig später in die Tasten. Mein Groll über die Ungerechtigkeit der Welt und die von Jon im Speziellen war verpufft. Diese Neuigkeit musste ich ihm sofort mitteilen, auch wenn ich wusste, dass er meine Mail wegen der Zeitverschiebung erst in fünf bis sechs Stunden lesen würde.

Sehr schön!, las ich irgendwann im Laufe des Nachmittags seine Antwortmail, *dann vergiss mal nicht, deine volkstümliche Tracht zu bügeln! Und geh nicht ohne Häubchen und gestärkte Schürze! Dein Landmann Jonny.*

Der alte Gasthof lag nur ein paar Kilometer von uns entfernt. Als ich auf den Hof fuhr, war der Parkplatz erstaunlich voll. Nur mit Mühe und Not fand ich noch eine kleine Lücke. »Heute Landfrauentreffen«, stand handgeschrieben auf dem Zettel neben der Tür, und darunter: »Beginn 14.30 Uhr – Ende 17.00 Uhr.« Bei der Zeitgestaltung richtete man sich offenbar immer noch nach den Anforderungen in der Landwirtschaft. Früher waren die Mitglieder des Vereins ja ausschließlich Bäuerinnen gewesen.

Mit klopfendem Herzen durchquerte ich den leeren Schankraum und öffnete eine Tür, über der in schnörkeliger Schrift »Festsaal« geschrieben stand. *Tanz op de Deel*, schoss es mir durch den Kopf, als ich den Saal betrat. In meinem Kopf lief in Sekundenschnelle ein Film ab: Ich sah rüschenberockte Mägde in Holzpantinen zu Akkordeonklängen über den Tanzboden hüpfen, die schüchterne Knechte mit Hosenträgern hinter sich her schleiften. Hier musste so manches Familienfest über die Bühne, so manche Ehe gestiftet und so manches Geschäft mit einem Schnaps und per Handschlag besiegelt worden sein.

»Guten Tag«, sagte ich, während ich zögerlich den Saal betrat. »Bin ich hier richtig?«

Etwa 30 grauhaarige und dauergewellte Köpfe beendeten abrupt ihre Unterhaltung. Alles drehte sich zu mir um. Unter den mich musternden Blicken versuchte ich das Gesicht von Frau Broders auszumachen.

»Dat wissen wa nich«, bellte eine der Veteraninnen. »Wo wolln Se denn hin?« Der Dielenboden knarrte unter meinen Schuhen.

»Zu den Landfrauen?«, erwiderte ich schüchtern und blickte hilflos von einer Frau zur anderen.

»Ach, Frau Flügel!« Eine vertraute Stimme rettete mich aus meiner Unsicherheit. »Da sind Sie ja.«

Am linken Ende der Tafel schrappte ein Stuhl über den Fußboden. Frau Broders löste sich aus der Reihe und kam auf mich zu.

»Toll, dass Sie sich Zeit für uns nehmen. Wir sind schon ganz gespannt auf Ihren Vortrag!« Sie hakte mich unter und führte mich zu meinem Platz, der sich glücklicherweise direkt neben ihrem befand. »Meine Damen«, verkündete die Landfrauenchefin lautstark. »Begrüßen wir Frau Flügel, die uns heute etwas über Bienen und Honig erzählen wird!« Die Damenrunde klopfte anerkennend auf den Tisch. »Aber erst mal trinken wir Kaffee und genehmigen uns ein ordentliches Stück Kuchen, ja?«

Zufriedenes Gemurmel machte sich breit. Hiermit war ich offenbar als eine der Ihren akzeptiert. Verstohlen musterte ich die Runde. Von wegen Tracht und Häubchen! Dies waren ganz normale Frauen zwischen 50 und Mitte 70. Niemand wirkte hinterwäldlerisch oder antiquiert. Mein Fremdeln löste sich und auch meine Aufregung verschwand. Innerhalb kürzester Zeit klönte ich bereits mit meiner Tischnachbarin zur Linken.

»Wie ist das denn nu mit den Bienen?«, meldete sich die kecke Seniorin von vorhin nach einer Weile zu Wort.

»Hannelore hat recht«, stimmte Frau Broders ein. »Fangen Sie doch einfach mal an, Frau Flügel.«

Ich trat mit meinen vorbereiteten Karteikarten nach vorne.

»Liebe Landfrauen, vielen Dank, dass ich hier sein darf.« Über 30 Augenpaare richteten sich auf mich. »Mein Name ist Agnes Flügel, ich bin Imkerin und wollte Ihnen heute etwas über Bienen erzählen.« Stille im Saal. Ich räusperte mich. »Also … die Honigbiene, so wie wir sie kennen, gibt es seit ungefähr 25 Millionen Jahren. Bereits in der Steinzeit hat der Mensch die Produkte der Bienen zu schätzen gewusst. Höhlenzeichnungen in …« Eine Kuchengabel klimperte. »… in den östlichen Ausläufern des Juragebirges …« Eine Tasse schepperte. »… lassen diesen Schluss zu.« Ich blickte von einem Gesicht zum anderen. Nirgendwo war eine Regung zu erkennen. »Tja, so gesehen ist die Biene also bereits ein … alter Hut.« Zu Hause hatte ich noch geglaubt, dass diese Formulierung für einen Lacher sorgen würde. Im Saal war nichts zu hören. »Ja, also … ein alter Hut sozusagen.«

Am linken Ende des Tisches ging eine Hand in die Höhe. Hannelore. Alle Köpfe drehten sich in ihre Richtung. Die vorwitzige Veteranin hielt es nicht mehr auf ihrem Stuhl.

»Wie is dat denn jetzt im Winter mit den Bienen? Frieren die da?«, fragte sie.

Eine Sekunde lang war es still im Saal. Dann setzte allgemeines Gemurmel ein. Einige Landfrauen nickten Hannelore zu. Andere drehten sich wieder zu mir. Diese Frage war offenbar interessant.

»Im Winter?«, fragte ich nach, um Zeit zu gewinnen. Hannelore nickte heftig. »Also, wenn das Thermometer fällt … wenn es kalt wird, dann …«

30 gespannte Gesichter sahen mich an.

»Wenn es unter zwölf Grad kalt ist«, langsam kam ich in Fluss, »ziehen sich die Bienen ins Private zurück.« Eine ältere Frau zu meiner Linken holte einen Bleistift hervor. »Sie halten aber keinen Winterschlaf, wie man das von Igeln kennt. Es ist eher eine Art Winterruhe. Wenn es noch kälter wird, ab ungefähr sechs Grad, formieren sie sich zu einer Kugel. Die nennt man Wintertraube.«

»Na, dat muss ja 'ne stachlige Kugel sein!«, ertönte es von ganz hinten. Der Saal lachte.

»Genau!« Ich lachte mit und fuhr fort: »Bis zu 20 000 Tiere ballen sich dabei zusammen, um der Kälte eine möglichst geringe Oberfläche zu bieten. Dadurch halten sie den Wärmeverlust klein.« Anerkennendes Nicken und Gemurmel im Saal. Jetzt hatte ich sie gewonnen. »Aber das Tollste ist, dass sie in dieser Kugel eine konstante Temperatur von 24 Grad halten – selbst wenn es draußen minus 50 Grad kalt ist!«, schwärmte ich.

Durch die Reihen ging ein Raunen. Ich kam mir vor wie eine Dorflehrerin mit ihren Pennälern. Ich erzählte, dass die Bienentraube aus unterschiedlichen Schichten bestand. Ganz außen saßen die Immen dicht an dicht und bildeten so eine Art Isolationsschicht. Darunter saßen Bienen, die mit ihrer

Flugmuskulatur Wärme erzeugten. Fast wie kleine Heizungskörper. Sie kugelten dafür ihre Flügel aus und bewegten lediglich die Muskeln. Dann kamen die Tiere, die für den Nachschub an Energie zuständig waren. Sie saßen direkt auf den Futterwaben und verteilten den Honig an ihre Schwestern, die diese Energie für die Erzeugung der Wärme benötigten. Und da es gerecht im Bienenstock zuging, fand ein regelmäßiger Platzwechsel statt. Die Königin hatte es natürlich am bequemsten: Sie durfte sich den ganzen Winter über im Inneren der Kugel aufhalten.

Während meines Vortrags gingen immer wieder Finger hoch. Meine Zuhörerinnen wollten alles ganz genau wissen. Einige der älteren Semester hatten regelrecht glühende Wangen.

»Meine Damen, wir müssen zur letzten Frage kommen«, rief Frau Broders irgendwann dazwischen. »Die Uhr zeigt bereits drei viertel sechs und einige von uns müssen in den Kuhstall.« Ein Murren ging durch den Raum.

»Mein Name is Else ... Else Ketelsen«, meldete sich eine Frau mit einem schüchternen Stimmchen. »Eine Frage hab ich noch: Wat macht denn der Imker im Winter? Hält der auch Winterruhe?«

Frau Ketelsen war eine zarte Person. Sie saß eingeklemmt zwischen der burschikosen Hannelore und einer anderen üppigen Landfrau, und es schien, als wäre sie ein klein wenig rot geworden. Augenblicklich schloss ich sie in mein Herz.

»Das wäre zu schön.« Ich lächelte sie an. »Aber ich muss regelmäßig kontrollieren, ob alles in Ordnung ist. Wenn man zum Beispiel das Ohr an die Kästen hält, kann man am gleichmäßigen Summen erkennen, dass es den Bienen gut geht. Und dann gibt es natürlich noch andere Aufgaben, wie Vermarktung ...«

Frau Ketelsen nickte. Sie trug etwas Glänzendes am Revers.

»Was ist das für eine schöne Brosche?«, fragte ich und deutete auf das silberne Ding.

»Das ist unser Mitgliedsabzeichen. Eine Biene!«, antwortete sie und errötete schon wieder.

»Ach nein, was für ein Zufall!« Erstaunt betrachtete ich den Anstecker.

»Seit Anbeginn der Landfrauenbewegung«, ergriff Frau Broders das Wort, »ist die fleißige Biene unser Vereinssymbol.«

Der Nachmittag mit den Landfrauen hatte richtig Spaß gemacht. Zum Abschied schüttelte mir der gesamte Saal die Hand. Frau Broders lobte, dass sie ihre »Mädels« noch nie so lebhaft erlebt hätte. Als ich nach Hause fuhr, hing eine silberne Biene an meinem Mantelrevers.

»Bitte nicht stören«, stand auf dem Schild an der Tür zur Küche. Bei mir und meinen Feinheimisch-Kollegen wuchs die Nervosität. Wir saßen in der Gaststube des Lindenhofs und warteten auf die Resultate.

Zwei Stunden zuvor hatte ich dem Küchenchef eine Auswahl meines Honigs in die Hand gedrückt. Bevor sich die Schwingtür zur Küche gänzlich schloss, hatte ich gesehen, wie er die Gläser zu den anderen Produkten auf die Arbeitsplatte gestellt und geöffnet hatte. Während ich noch vor der Küche gestanden und mit Sven geklönt hatte, der seine Rosenmarmelade ins Rennen geworfen hatte, waren nach und nach mehrere ernst blickende Herren an uns vorbeigekommen und in der Küche verschwunden.

»Das ist die Prüfungskommission«, raunte Sven mir zu. Skeptisch sahen wir ihnen nach.

»Und was sind das für Leute?«, flüsterte ich.

»Ein Sterne-Koch, ein Delikatessenhändler und noch ein paar andere Leute mit Ahnung von Essen.«

Ein Zweizentnermann ging an uns vorbei in die Küche.

»Und der hier hat besonders viel Ahnung«, bemerkte ich. Sven grinste.

Heute war der Tag der Entscheidung. Eine Kommission sollte im Auftrag von Feinheimisch über die Verleihung eines Genuss-Siegels entscheiden. Durfte ich künftig einen Sticker mit dem Feinheimisch-Logo und dem Satz »Von führenden Küchenchefs empfohlen« auf meine Gläser kleben? Neben mir und Sven hatten sich Produzenten von Wurst- und Käsespezialitäten, Chutneys, Milchprodukten und Likören um die Auszeichnung beworben. In monatelanger Vorarbeit hatten der Vereinsvorstand und eine Unternehmensberatung Bewertungsregularien entwickelt. Um überhaupt am Genusstest teilnehmen zu können, waren vorher zwei Prüfer bei mir erschienen, die sich akribisch durch meine Honigküche und die Aktenordner gewühlt hatten. Am Ende hatten sie meinen Honig verkostet und dabei Notizen auf einem Prüfungsbogen gemacht. Ein paar Tage später flatterte ein Schreiben ins Haus. *Kleiner, engagiert geführter Betrieb mit sensorisch interessanten Produkten*, stand da zusammenfassend auf dem beigelegten Bewertungsprotokoll. Daran angeheftet fand ich die Einladung zum Genusstest. Und nun saß ich hier und wartete. Endlich klappte die Schwingtür und der Küchenchef trat zu uns in die Gaststube.

»Die Verkostung dauert länger als vermutet«, entschuldigte er sich bei uns. »Wir rufen an, sobald wir alles ausgewertet haben.«

»Es schneit, es schneit!« Aufgeregt rannte ich von einem Fenster zum anderen und freute mich über die weiße Pracht.

Seitdem ich Jon nach vier Wochen braun gebrannt und voller neuer Eindrücke vom Flughafen abgeholt hatte, hatte der Himmel nur bleiernes Grau gezeigt und so tief gehangen, dass es aussah, als würde er den Boden berühren. »Ich kann den Schnee schon riechen«, hatte ich Tag für Tag prophezeit und mit Kennerblick zum Himmel geschaut – aber nichts war passiert. Dann, als ich mich gerade entschieden hatte, meine Klappe zu halten, war es endlich so weit.

Unser erster Winter auf dem Land begann. Innerhalb kürzester Zeit verwandelte sich die deprimierende braungraue Leere in eine schneeweiße Märchenlandschaft. Michel und Pauli stapften zunächst irritiert, dann aber begeistert durch ihr verwandeltes Revier. Armlange Eiszapfen wuchsen aus dem Reetdach. Auf den Bienenstöcken bildeten sich weiße Hauben. Es sah so aus, als wären sie in Watte gepackt.

20.

Im 20. Kapitel feiern wir unser erstes Weihnachtsfest auf dem Land. Es hält einige Überraschungen für uns bereit – nicht nur unter dem Weihnachtsbaum.

»Wir machen es folgendermaßen …« An der Lautstärke und dem Tonfall erkannte ich, dass Jon mit meinen Schwiegereltern telefonierte. »Ich hab gerade im Internet nachgesehen: Die Autobahn ist frei. Keine Staus oder Unfälle …«

Schon seit Wochen fragten wir uns, ob seine Eltern über Weihnachten zu Besuch kämen oder nicht. Mit der Gesundheit der über Achtzigjährigen stand es nicht zum Besten und die 130 Kilometer von Hamburg hierher hatten inzwischen fast unüberwindliche Dimensionen angenommen. Zumindest in ihrer Vorstellung. Jede Anreisemöglichkeit war bereits in Erwägung gezogen worden: Bahnfahrt, Anfahrt im eigenen Auto, Abholung mit Shuttleservice – jede schien irgendeinen Haken zu haben. Und jetzt waren sogar noch zwei entscheidende dazugekommen: massenweise Schnee und viel Wind.

»… kein Problem, so machen wir es.« Beruhigend sprach Jon auf seinen Vater am anderen Ende der Leitung ein. »Ich melde mich in zwei Stunden noch mal, so gegen zwölf Uhr, und dann entscheiden wir.« Ich stand am Treppenabsatz und lauschte. »Ja, prima … Bis nachher.« Es war also immer noch keine Entscheidung gefallen. Viel weiter hätte man sie nicht hinauszögern können. Denn heute war Weihnachten!

Vorgestern waren wir ins Nachbardorf gefahren. Auf einem großen Feld gab es einen Weihnachtsbaumverkauf. Ich wollte unbedingt einen selbst geschlagenen Baum schmücken.

Jon war zunächst dagegen gewesen, weil es ihm zu aufwändig erschien: »Müssen wir denn überhaupt einen Weihnachtsbaum haben? Reichen nicht auch ein paar …«

»Auf keinen Fall reichen ein paar Zweige«, war ich ihm ins Wort gefallen. »Dies ist unser erstes Weihnachten auf dem Land! Und dann noch mit Schnee! Dazu gehört ein Baum – allein schon wegen deiner Eltern.«

Ich mochte meine Schwiegereltern. Sehr sogar. Das letzte Mal, dass die beiden ein Weihnachtsfest ohne Tannenbaum erleben mussten, lag mit Sicherheit Ewigkeiten zurück – in der schlechten Zeit. Ich glaubte nicht, dass sie sich über eine Wiederholung gefreut hätten.

»Also …?«, hatte ich meinen Mann noch mal gefragt.

»… ab zum Weihnachtsbaumkauf«, hatte er eingelenkt.

Nach einer kurzen Fahrt durch die pittoreske Schneelandschaft, vier Glühweinen ohne Schuss und einer akribischen Suche nach dem idealen Baum hatten wir schließlich die Tanne unserer Wahl ausfindig gemacht und mit reichlich Kraftanstrengung abgesägt. Sorgsam eingenetzt hatten wir sie in unseren Kofferraum gehievt und trotz eisglatter Straßen und meterhoher Schneeberge ohne weitere Vorkommnisse nach Hause befördert. Jetzt stand das gute Stück warm und trocken im Wohnzimmer.

»Kommen die Oldies nun oder nicht?«, rief ich einige Zeit später von oben, wo ich nach unserem Weihnachtsschmuck fahndete.

Jon kam die Treppe herunter und zuckte die Schultern.

»In Hamburg ist ziemliches Glatteis-Chaos«, sagte er. »Ich check gleich noch mal die Verkehrsmeldungen und dann entscheiden wir – oder besser gesagt: Sie entscheiden.« Er hielt inne. »Und was ist mit der Gans?«

»Oh, verdammt«, entfuhr es mir, »bin schon unterwegs!«

»Frohe Weihnachten!« Frau Olschewski strahlte mich an, als sie mir wenig später die Tür öffnete. »Kommen Sie doch rein.« Sie wischte ihre Hände an der Kittelschürze ab und deutete Richtung gute Stube.

Ich machte ein zerknirschtes Gesicht: »Es tut mir leid, ich wollte ja eigentlich schon um ...«

»Papperlapapp!«, schnitt mir die Nachbarin das Wort ab, »das Tier läuft uns ja nu nich mehr weg, oder?« Schmunzelnd folgte ich ihr ins Wohnzimmer. »Hier ist der Satansbraten!« Frau Olschewski tätschelte die prallvolle Plastiktüte auf dem Esstisch. »Fix und fertig für die Röhre. Nur die Füllung müssen Sie noch reinmachen.«

»Das weiß die Frau Flügel doch selber!« Herrn Olschewskis heisere Stimme tönte durch die Küchentür.

»Klar«, versicherte ich.

Ein bisschen komisch war das schon: Jetzt würde ich mir eines der Tiere, die uns im Sommer so manches Mal aus dem Schlaf geschnattert hatten, in Kunststoff verpackt unter den Arm klemmen. Und nachher in den Ofen schieben. Aber immerhin wusste ich, dass dieser Weihnachtsbraten es zu Lebzeiten gut gehabt hatte.

»Vielen Dank, Frau Olschewski! Und noch mal: Frohe Weihnachten!«

»Frohe Weihnachten, Frau Flügel.«

Seit einer Viertelstunde schmorte die Gans in der Röhre. Laut Jons diffiziler Niedrigtemperatur-Garungsberechnung würde er jetzt noch ungefähr sechs Stunden brauchen.

»Ich versteh das nicht ...« Mein Mann stand mit sorgenvollem Gesicht in der Tür. »Ich erreiche die Oldies nicht ... weder zu Hause noch auf dem Handy.«

»Vielleicht haben sie das Telefon gar nicht dabei?« Ich

wusste, dass meine Schwiegereltern ihr Handy höchstens einmal im Jahr benutzten.

»Natürlich«, antwortete Jon genervt. »Ich hab's ihnen doch extra eingebläut.« Er schüttelte den Kopf. »Wir wollten uns auf jeden Fall noch mal zusammenklingeln! Die können nicht einfach so losgefahren sein! So was würden die doch niemals tun!«

»Wie sieht denn die Strecke nach Eckernförde aus?«

»Ja, eben!« Jon zuckte die Achseln. »Genau das wollte ich doch prüfen und mit ihnen besprechen ...«

»... und nun sind sie weg«, vollendete ich seinen Satz. Wir sahen uns in die Augen.

»Ich fahr ihnen entgegen«, beendete Jon die kurze Stille.

Keine zehn Minuten später stand mein Mann wieder vor der Tür.

»Komm, zieh dir 'ne Jacke über«, kommandierte Jon. »Du musst dringend mitkommen.«

Als wir kurz darauf gemeinsam vom Hof rollten und auf die kleine Landstraße Richtung Eckernförde einbogen, bot sich mir ein Bild, wie ich es noch nie gesehen hatte: Alles war weiß – einfach alles. Links und rechts der Straße ragten lediglich kurze Stummel der Begrenzungspfähle aus den Wehen. Ausgerechnet in diesem Herbst waren alle Büsche an der Fahrbahnseite rigoros gekappt worden. Nun konnte der Wind die Schneemassen nach Belieben über die ganze Landschaft blasen. Und er war gerade kräftig dabei.

»Das ist noch gar nichts«, erklärte Jon düster. »Kurz hinter Hökholz sind die Wehen schon über einen Meter hoch. Hoffentlich kommen wir da jetzt noch durch.«

Und hoffentlich auch wieder zurück, dachte ich.

Unser Plan sah folgendermaßen aus: Falls Jons Eltern tatsächlich losgefahren waren, wollten wir sie in Eckernförde abfangen und sie in unser Auto umladen. Ihren Wagen wollten wir auf einem überdachten Supermarktparkplatz abstellen.

»Versuch's noch mal«, murmelte mein Mann konzentriert und deutete auf das Handy.

»Hab ich doch eben ... Achtung!«

Die Straße vor uns verschwand im Nichts. Ich kam mir vor, als würden wir unter Wasser fahren und als wäre das Wasser Milch. Jon umklammerte das Lenkrad. Schnee stob zu allen Seiten, die Scheibenwischer rasten machtlos hin und her, dann, ein paar Sekunden später, waren wir durch die Wehe durch.

»Mein Gott!« Adrenalin überschwemmte meine Zellen.

»Siehst du?«, knurrte Jon. »Da kommen die Oldies doch nie im Leben durch ...«

»Ach wie schön«, freute sich Traute und machte es sich auf der Rückbank bequem. »So ein netter Abholservice!«

Nachdem wir uns bis Eckernförde durchgekämpft hatten, hatten wir dort eine Stunde lang an der Straße gestanden, um Jons Eltern abzupassen. Wie froh waren wir, als wir den silbernen Golf mit dem Hamburger Kennzeichen endlich entdeckt hatten.

»Wieso habt ihr das verdammte Handy denn nicht dabei?«, schimpfte Jon wütend. So aufgebracht hatte ich ihn schon lange nicht mehr erlebt.

»Haben wir doch«, erklärte sein Vater Olaf kleinlaut. »Aber Traute hat es ausgestellt!«

Jon platzte der Kragen: »Ihr nehmt euer Handy mit und macht es dann absichtlich aus!?«

»Ach Gott, ja«, gab Traute zu. »Ich wollte doch nur Batterien sparen ...«

Ich nahm Jons Hand und drückte sie kurz. Jetzt bitte nicht ins Lenkrad beißen, sollte das heißen. Er gab ein erschöpftes Stöhnen von sich und startete den Motor.

»Es ist aber auch ein herrlicher Anblick ... die Landschaft, so weiß ...«, konstatierte Olaf fröhlich, als wir die kleine Stadt hinter uns gelassen hatten. »Meint ihr wirklich, dass es nötig war, uns abzuholen?«

Hier waren die Straßenverhältnisse noch überschaubar. Wie drastisch sich dies in nur wenigen Kilometern ändern würde, konnten sich die alten Herrschaften noch nicht vorstellen.

»Also wirklich«, stimmte Traute ihrem Mann zu. »Und dann taucht ihr mit einem Mal auf. Nein, ist das eine schöne Überraschung!«

»Na, dann wartet mal auf die nächste schöne Überraschung ...«, knurrte Jon mit starr nach vorne gerichtetem Blick.

Wir waren schon fast am Ziel, da kam das Auto mit einem Ruck zum Stehen. Verdutzt schauten Jon und ich uns an. Die letzte Schneewehe war einfach zu groß. Wir steckten fest, gerade mal einen Kilometer von unserer Haustür entfernt. Es dämmerte bereits. Ich stieg aus, um mir einen Überblick zu verschaffen.

»Unmöglich, da kommen wir nie durch«, teilte ich den anderen mit. »Der Schnee ist meterhoch. Aber vorhin hab ich noch den Räumbagger gesehen. Der kommt bestimmt gleich wieder ...« Ich strengte mich an, Optimismus zu verbreiten.

»Träum weiter«, sagte Jon, ohne seinen Blick von der Frontscheibe zu nehmen. »Der fährt nach Hause. Feierabend für heute.«

»Ach«, erklärte Traute in bemüht munterem Tonfall. »So schlimm wird's schon nicht sein ...«

Olaf spähte mit zusammengekniffenen Augen durchs fast blinde Seitenfenster. Draußen herrschte weiterhin Schneetreiben. Stille breitete sich in unserer blechernen Höhle aus. Im Geiste ging ich alle möglichen Szenarien durch: Wenn ich vielleicht bis nach Hause stapfen, den Bollerwagen und die Schneeschippe holen würde, könnten wir versuchen, einen Gang durch die Wehe zu schaufeln. Dann könnten wir das Gepäck auf den Bollerwagen und …

»Hast du nicht die Nummer von unserem Vermieter im Handy?« Jons Stimme riss mich aus meinen Überlegungen.

»Ja, klar«, antwortete ich achselzuckend. »Aber was soll der schon ausrichten?«

Jon blitzte mich mit zusammengekniffenen Augen an. Ich kannte diesen Gesichtsausdruck. Er bedeutete: Überleg doch mal!

»Ja, natürlich!« Wie Schuppen fiel es mir von den Augen. »Vielleicht hat er die Nummer vom Fahrer des Räumfahrzeugs!«

Und tatsächlich – so war es. Keine halbe Stunde später sahen wir die rettenden roten Blinklichter des Schneepflugs. Seine riesige stählerne Hand schob in einer einzigen Bewegung den Weg für uns frei. Jetzt aber nichts wie nach Hause!

»Gott sei Dank«, murmelte mir Jon ins Ohr, während der Wagen wieder Fahrt aufnahm. »Im Tank waren auch nur noch ein paar Tropfen …«

»Puh«, stöhnte ich und hielt mir die Hände vor den Bauch. »Ich kann nicht mehr …«

Nach zwei Knödeln, köstlicher Gänsesauce und Bergen von Rotkohl war ich an mein absolutes Limit gestoßen. Zum ersten Mal seit Jahren hatte ich sogar wieder Geflügelfleisch gegessen. Wenn auch nur ein kleines Stückchen. Traute und Olaf saßen nebeneinander und schauten auf den festlich geschmückten Baum. Sie hatten schon lange die Waffen gestreckt.

»Ja, es war köstlich«, resümierte Jons Mutter strahlend. »Das habt ihr wirklich ganz toll gemacht.«

Ich zwinkerte Jon zu. Wir hatten ihr zwar nicht ausreden können, den Rotkohl fertig zubereitet mitzubringen, aber den gesamten Rest des Menüs hatten wir auf die Beine gestellt. Die scherzhafte Losung für den heutigen Tag lautete: Traute hat Küchenverbot! Und erstaunlicherweise hatte sich Jons Mutter sogar an dieses »No-Go« gehalten.

»Jetzt aber die Bescherung!«, rief Olaf in die Runde. »Es ist doch schon nach 21 Uhr!«

Es war das gleiche schöne Spiel wie jedes Jahr: Wir wollten uns alle nichts mehr schenken – und taten es natürlich trotzdem. Ein großer Haufen bunt verpackter Päckchen lag unter dem Weihnachtsbaum.

»Junge, das ist ja schwer wie Blei!« Verwundert wog Jon eins meiner Geschenke in den Händen, während seine Eltern den Anselm-Grün-Kalender durchblätterten, den ich für sie ausgesucht hatte.

Ich hatte bereits eine duftende Gesichtscreme aus ihrer Verpackung befreit, da blieb mein Blick an einem auffällig pink- und lilafarbenen Paket hängen.

»Von wem ist das denn?«, fragte ich in die Runde.

»Keine Ahnung.« Jons Bemühung, betont beiläufig zu klingen, ließ mich stutzig werden.

Ich drehte das Päckchen in der Hand und bemerkte: »Das ist ja per Post gekommen …«

»Genau!«, prustete Jon. »Und zwar von deinem …« Er konnte sich nicht mehr halten, »… speziellen Freund!«

Jetzt sah ich den Namen des Absenders: »Bienen-Hotte! O nein!«

»Doch!«

»Nein!«

»Doch! Hahaha!« Mein Mann wälzte sich auf dem Boden und hielt sich den Bauch. Meine Schwiegereltern standen wie zwei lächelnde Fragezeichen daneben.

»Wer ist denn dieser … Hotte?«, erkundigte sich Traute vorsichtig.

»Auspacken! Auspacken!«, krähte Jon in meine Richtung.

»Äh, wieso eigentlich Bibi Blocksberg?« Irritiert beäugte ich das DHL-Packset mit den Comicmotiven von allen Seiten.

Mein Mann klopfte mit der flachen Hand auf den Teppich. Olaf und Traute sahen etwas besorgt nach unten. Ihr Sohn rang nach Luft.

Ich öffnete den Deckel. Als Erstes fand ich einen handgeschriebenen Packzettel:

1 original Bienenwachs-Kerze »Tannenbaum«
1 große original Bienenwachs-Kerze »Weihnachtsmann«
1 original Bienenwachs-Kerze »Engel«
1 original Bienenwachs-Kerze »kleine Maus«
1 kleine Schachtel Mon Cherie
2 Hörbuch-CD's »Der Bien: Superorganismus Honigbiene«

Während Jon beim Vorlesen fast kollabiert wäre, standen mir jetzt beinahe die Tränen in den Augen.

»Ach, komm schon!«, sagte ich und stupste ihn mit der Fußspitze an. »Das ist doch … wirklich süß!«

»Ja! Wirklich süß!«, giggelte es vom Boden zurück.

»Jetzt hör aber mal auf!« Ich hätte vor Rührung heulen

können. Da hatte Hotte wahrscheinlich Stunden damit verbracht, diese Kerzen für mich zu ziehen! Und dann noch die Schachtel Mon Cherie und die CDs …

Traute nahm den ausgepackten Karton und fragte in einem kurzen Moment der Stille: »Ist das ein guter Freund von euch – dieser Horst?«

Ich stand in meiner Bienenküche und reckte mich. Dies war bereits die fünfundfünfzigste Mittelwand, die ich eingelötet hatte. Allmählich spürte ich die Arbeit im Kreuz. Ich dachte an meine ersten Versuche, unter Bernies Anleitung die Wachsplatten mit dem erwärmten Draht zu fixieren, und musste schmunzeln. Heute schaffte ich einen Jahresbedarf locker an einem Tag.

Jons Eltern saßen im Wohnzimmer und lauschten gebannt Hottes Bienen-CDs. Moment mal!, dachte ich plötzlich, wieso ist es eigentlich so frisch hier drin? Die Heizkörper waren doch voll aufgedreht. Ich legte die Finger an die Metallrippen, sie waren eiskalt.

Mein Mann streckte den Kopf zur Tür herein: »In einer halben Stunde gibt's Mittag.«

»Sag mal«, fragte ich ihn, »ist es eigentlich kühl hier drin?«

»Auf jeden Fall kälter als im Wohnzimmer«, entgegnete er schulterzuckend. »Da drin sind mindestens fünfunddreißig Grad …« Schon heute Morgen hatten seine Eltern darauf bestanden, den Ofen anzumachen. »Wenn wir nachher noch die Kerzen am Baum anzünden, kann ich mich nur noch nackt dort aufhalten …« Jon verschwand in Richtung Küche.

»Guck mal oben nach der Heizungsanlage bitte!«, rief ich ihm hinterher.

»Also diese CD ist ja fantastisch!« Während wir beim Mittagessen saßen, schwärmte Traute voller Begeisterung über Hottes Weihnachtsgeschenk. »Wusstet ihr, dass ein Bienenvolk gemeinsam so etwas wie ein Säugetier bildet?« Jon guckte skeptisch.

»Das ist natürlich nur ein Gedankenmodell«, ergänzte Olaf. »Aber wenn man sie einmal als gemeinsamen Organismus betrachtet ...«

»Als Superorganismus!«, warf Traute ein.

»Genau«, fuhr Jons Vater fort. »Also wenn man sagt, alle Bienen eines Stammes bilden zusammen ein Tier, dann hat dieses Lebewesen säugetierähnliche Eigenschaften ...«

Zum Beispiel, fuhr Olaf fort, würden die Bienen das Futter für ihre Nachkommen selbst herstellen, sie würden sich ein Heim, gewissermaßen einen »Körper«, schaffen und diesen dann auch noch auf 36 Grad – also auf unsere Körpertemperatur – aufheizen.

»Wieso soll die Futterherstellung so etwas Besonderes sein?«, fragte Jon. »Kein einziges Tier geht doch in den Supermarkt und ...«

»Den Honig und das Gelee Royale kannst du aber nicht auf der Wiese pflücken«, unterbrach ihn sein Vater. »Genauso wenig wie unsere Muttermilch.«

Traute nickte eifrig.

Gerade mit diesem »Design-Food« würden die Bienen – wie die Säugetiere – etwas ganz Entscheidendes erreichen: die Abkopplung von einer unsicheren Umwelt. Im Superorganismus Bienenvolk seien die einzelnen Tiere praktisch so etwas wie einzelne Körperzellen, erzählte Olaf, die wie bei uns unterschiedliche Aufgaben wahrnähmen. Einige dienten der Fortpflanzung, andere der Verteidigung, wieder andere bildeten quasi die Leber und kümmerten sich um die Entgiftung.

»Aber das Allerbeste ist«, erklärte Traute strahlend, »dass bei den Bienen die jungen alt und die alten auch wieder jung werden können!« Sie lachte Olaf an. »Die Tiere, die wir draußen auf den Blumen sehen, sind nämlich die Senioren.« Olaf nahm den Faden auf. »Im Gegensatz zum sicheren Leben im Stock lauern im Freien tausend Gefahren. Und die Bienen, die unterwegs sterben, haben drinnen wenigstens schon den Großteil ihres Lebens fürs Volk gearbeitet.«

Was für ein durch und durch geniales Konzept, dachte ich voller Bewunderung. Mir kam der Zwischenfall auf dem Biohof in den Sinn, bei dem fast alle Flugbienen ertrunken waren und das Volk dennoch überlebt hatte.

»Und wie ist das genau mit der Altersumkehrung?«, bohrte ich nach.

In einem Volk, in dem die Sammelbienen, also die Greise, ausfielen, erläuterte Olaf, würden junge Bienen innerhalb kürzester Zeit »nachaltern«, um diese Lücke zu schließen. Und wenn man experimentell alle »Teenies« aus einem Volk verbannte, würden Teile der alten Sammelmannschaft wieder jung – selbst ihre längst versiegten Wachsdrüsen würden wieder aktiv. Jede Biene konnte praktisch jederzeit jede beliebige Funktion übernehmen.

»Also Olaf und ich«, schloss Traute lachend, »wir werden jetzt auch einfach wieder jung!«

»Das kann doch nicht wahr sein!«, entfuhr es mir.

Ich hatte meine Honigküche betreten, um den letzten Schwung Mittelwände einzulöten. Der Raum war eiskalt. Bestenfalls noch zehn Grad.

»Jon!«, rief ich und stampfte durch die Diele. »Irgendwas stimmt mit dieser Heizung nicht!« Auch hier war es deutlich kälter als sonst. Ich prüfte einen der Heizkörper: nichts, keine Funktion. Offenbar wurde die Diele nur noch durch die offene Wohnzimmertür beheizt.

»Komm mal hoch!«, hörte ich meinen Mann vom oberen Treppenabsatz sagen. »Dann wollen wir mal sehen«, murmelte er mit der verknitterten Gebrauchsanleitung in der Hand, als ich neben ihm stand. »Funktionsanzeige null heißt ›keine Wärmeanforderung‹, die Eins steht für ›Vorlüften‹, Zwei ist ›Zündung‹ und …« Ratlos sahen wir uns an.

Die Zahlenreihe auf dem Display der Heizungsanlage schien sich beinahe im Sekundentakt völlig willkürlich zu ändern. Es war fast wie bei einem Geldspielautomaten, nur die piepsenden Geräusche fehlten.

»Solltemperatur überschritten … Gasdruckschalter nicht eingestellt …« Jon blätterte sich weiter durch die fleckigen Seiten. »… Reset-Funktion …«

»Das ist gut!«, warf ich ein. »Klingt nach: Alles stoppen und wieder von Neuem starten!« Mein Mann hörte mich nicht.

»Pumpennachlauf … Luftüberwachung … äh, Luftüberwachung?« Er sah mich an.

»Hubschrauber«, flachste ich. »Mit der Fünf fordert man wahrscheinlich einen Hubschrauber an.« Jon machte ein grimmiges Gesicht. »Jetzt lass uns endlich Reset drücken!«, wiederholte ich. »Mehr wirst du von diesem Kauderwelsch eh nicht verstehen!«

Mein Mann holte tief Luft und seufzte schnaubend durch die Nase.

»Dann drück du!«, sagte er.

Ich betätigte den Schalter. Die Zahlen auf dem Display blieben stehen. 4-4-4, stand dort. Jon zeigte auf einen Schlitz unter der Anzeige.

»Pass auf! Da klimpern uns gleich die Euromünzen entgegen!«, sagte er. Das Gerät machte einen kurzen Ruck, irgendetwas tickte im Inneren. Jon legte das Ohr ans Gehäuse.

»Spürst du jetzt tief in die Maschine hinein?«, flüsterte ich kichernd.

»Psst!« Jon fuchtelte mit der Hand vor seinem Gesicht herum. Eine Weile passierte gar nichts. Dann gab das Gerät ein leises Klack von sich. Die Zahlen rotierten wieder. »Diesmal leider kein Gewinn«, konstatierte Jon, »versuchen Sie es noch einmal …«

So ein Mist! Ausgerechnet am ersten Weihnachtsfeiertag ließ uns die Heizung im Stich. Unser Vermieter war verreist und beim lokalen Installateur lief nur der Anrufbeantworter. Niemand würde in den kommenden zwei Tagen auch nur einen Finger für unser Heizproblem krümmen.

»Nur gut, dass wir den Kaminofen haben.« Mit diesen aufmunternden Worten schloss ich den Lagebericht für meine Schwiegereltern.

Ich konnte ihnen ihre Besorgnis ansehen. Als sie ihr Zimmer bezogen hatten, hatten sie als Allererstes die Heizkörper auf die höchste Stufe gestellt.

»Und was meinst du«, fragte Olaf zögernd, »wann kommt der Heizungsmann?«

»Habt ihr schon mal erlebt, dass ein Handwerker an Weihnachten ins Haus kommt?«, fragte Jon zurück.

Unter dem Tisch stieß ich gegen sein Knie, während ich beruhigend sagte: »Wir haben ja auf den Anrufbeantworter gesprochen. Vielleicht hört er es ab und …«

Aus dem Augenwinkel konnte ich am nachdenklichen Gesichtsausdruck meines Mannes ablesen, dass er gerade versuchte, den Temperaturabfall für die kommenden zwei Tage abzuschätzen. Letzte Nacht war das Quecksilber draußen auf minus 13 Grad gesunken.

»Ach, das wird schon alles!« Traute gab sich zuversichtlich.

Mir wurde mulmig: Das Gästezimmer hatte die meisten Außenseiten, weshalb der Raum am schnellsten auskühlen würde. Hier konnten wir nur noch mit zwei zusätzlichen Decken und Wärmflaschen gegensteuern. Und ansonsten? Würden wir eben die nächsten Tage gemeinsam im Wohnzimmer hocken. Und ganz eng zusammenrücken …

Mühselig bahnte ich mir den Weg durch den verschneiten Garten zu den Bienenstöcken. Mehrfach hatte ich während der letzten Wochen die Fluglöcher kontrolliert: Sie durften nicht zufrieren, sonst würde keine Frischluft mehr in den Stock gelangen.

Schon von Weitem sah ich die dicken weißen Mützen auf den grünen Türmen. Aus der Nähe bot sich mir allerdings ein anderer Anblick: Neben einigen Stöcken lagen tote Bienen im Schnee. Mir schien, es waren Tausende. Fassungslos betrachtete ich den mit schwarzen Punkten gesprenkelten Schnee. Sie mussten aus dem Stock gekrabbelt und nach wenigen Zentimetern erfroren sein. Wie konnte das passiert sein? Waren die Immen vielleicht durch Spechte oder andere Tiere massiv aufgeschreckt und gestört worden? Hatte sie das starke Surren der Stromleitung über ihnen irritiert? Oder gaukelte das grelle Sonnenlicht, das vom Schnee reflektiert wurde und ins Flugloch schien, den kleinen Fliegern einen verfrühten Frühling vor? Ich wusste es nicht. Noch schlimmer aber war, dass ich überhaupt nichts tun konnte: Bei diesen Minusgraden konnte ich nicht einfach in die Stöcke hineinschauen, um zu sehen, wie viele Überlebende es noch gab.

Das Innere würde zu stark auskühlen und die Bienen wären nicht in der Lage, ihre überlebensnotwendige Mindesttemperatur wiederherzustellen. Mit einem Kloß im Hals stapfte ich von Stock zu Stock. Zum Glück sah es nicht überall so aus: Nur drei meiner Völker würden es allem Anschein nach nicht über den Winter schaffen. Mit hängenden Schultern ging ich wieder ins Haus zurück.

»Vielleicht ist bei denen auch die Heizung ausgefallen.« Jon versuchte meine Sorgen mit einem lauen Scherz zu zerstreuen.

Ich warf ihm einen finsteren Blick zu.

»Hast ja recht.« Er hatte meinen wortlosen Zaunpfahl augenblicklich verstanden. »Lustig ist das nicht …, aber …«, er stockte absichtlich, ehe er hinzufügte: »… eine gute Nachricht gibt's trotzdem noch.«

»Und welche soll das sein?« Ich rührte lustlos in meiner Teetasse.

»Heute Abend kommt der Heizungsmonteur!« Jon strahlte mich an.

»Was, heute? Am ersten Weihnachtsfeiertag?«, fragte ich nach.

Mein Mann nickte und verschränkte grinsend die Arme vor der Brust. Fast tat er so, als hätte er selbst das Wunder bewirkt.

»Ist ja irre«, murmelte ich, »danke, liebes Land, in der Stadt wäre das undenkbar …«

21.

Im 21. Kapitel feiern wir Silvester. Der Kreislauf der Natur fängt von vorne an und ich blicke auf unser erstes Jahr auf dem Land zurück.

Wie immer hatte Anna Berge von Taschen, Körben und Tüten dabei. Sie und ihr Mann Stefan waren mittags mit dem Zug aus Hamburg gekommen und ich hatte sie vom Bahnhof in Eckernförde abgeholt.

»Wieso sieht's denn hier so trostlos aus?«, krittelte Anna, als sie in der Diele stand. »So kann das auf keinen Fall bleiben!«

Noch bevor sie Mütze und Mantel abgelegt hatte, kramte sie Girlanden und bunten Flitterkram aus den Tiefen ihres Korbes.

»No Deko – no Party«, sagte Stefan grinsend und umarmte Jon zur Begrüßung.

Er und seine Frau gehörten zu unseren liebsten Freunden und Jon kannte sie schon seit Schultagen. Bis am Abend der Duft von Muscheln in Weißwein durchs Haus zog, hatte Anna das Wohnzimmer mit Glücksklee-Blumentöpfen, Marzipanschweinchen, Konfetti und Luftschlangen dekoriert.

»Hier!«, verkündete unsere Freundin resolut und zog die letzten noch fehlenden Utensilien aus der Tasche.

Ehe wir uns versahen, wippten auf unseren Köpfen kleine Silvesterhüte. Die dünnen Gummibänder zwickten unterm Kinn. Abnehmen durften wir sie natürlich trotzdem nicht.

Gleich war es so weit: Jeder von uns hielt das Ende eines Knallbonbons in der Hand. Jon fixierte die Uhr auf dem Fernsehbildschirm.

Alle zählten laut mit: »... fünf – vier – drei – zwei – eins – Feuer!«

Drei Knallbonbons platzten mit einem etwas kläglichen Peng in der Mitte auf. Ein paar bunte Papierkugeln und Plastikteile flogen im hohen Bogen aufs Parkett. Damit hatte sich unser privates Feuerwerk auch schon erledigt. Wir lagen uns in den Armen und ließen die Gläser klingen.

»Ein schönes neues Jahr euch allen.«

»Ich bin so froh hier zu sein.« Erleichtert blickte unsere andere Hamburger Freundin Helga auf ihren schnarchenden Hund. »Das letzte Silvester haben wir in meinem fensterlosen Badezimmer verbracht, weil der Hund so einen Schiss vor der Knallerei hatte.«

»Schöner Ort für den Jahreswechsel«, kommentierte Anna und fummelte währenddessen ein kleines Hufeisen aus ihrem Knallbonbon.

Draußen herrschte nichts als Stille. Nur ein paar Raketen tauchten bunt, aber geräuschlos am Horizont auf.

»Siehste, sag ich doch.« Ich freute mich, dass ich recht gehabt hatte. »Falls sich Olschewskis nicht noch als Pyromanen offenbaren und ihre Kanonenschläge aus dem Schuppen holen, wirst du heute Nacht garantiert nichts knallen hören!«

»Wisst ihr noch, letztes Jahr in Hamburg? Da wurde so geballert, dass man vor lauter Rauch nix mehr sehen konnte«, rief Jon aus der Küche. Bei diesen Worten wurde mir doch ein bisschen wehmütig ums Herz.

»Aber wenigstens meine Wunsch-Rakete hätte ich gerne in den Himmel geschickt«, erinnerte ich ihn an unsere bisherige Silvestertradition.

Schlag Mitternacht hatte jeder von uns eine Rakete abgeschossen, auf der sein Wunsch für das neue Jahr stand. Wegen des Reetdaches war das nun nicht mehr möglich. In meinem

Hals bildete sich ein Kloß. Das alte Jahr war unwiderruflich vorbei, was würde uns das neue bringen? Ich bückte mich und hob das Plastikteil auf, das aus Jons und meinem Knallbonbon geflogen war: ein kleiner, grellorangener Motorradfahrer.

»Warum muss da bloß immer so überflüssiger Kram drin sein?«, nörgelte ich und wollte das Figürchen direkt in den Müll schmeißen. Da fiel mein Blick auf einen kleinen Zettel, der ebenfalls auf den Boden gesegelt war: *Strebe nicht an, was Du meinst erreichen zu können, sondern das, was Du wirklich willst*, stand darauf zu lesen.

Ich legte den Zettel und das Plastikmotorrad in die Obstschale auf dem Esstisch und gesellte mich zu unseren Freunden, die angefangen hatten, Scharaden zu raten.

Ja, gerne, kommt sehr gelegen, lautete die Antwort-Mail von Herrn Kummkar. Yeah, dachte ich euphorisch, jetzt geht es los. Seit dem Flügelchen-Kreativ-Meeting hatte ich die Realisierung meines Online-Shops vor mir hergeschoben. Erst hatte mir das Geld gefehlt, dann die Zeit. Nun hatte ich mir vorgenommen, das Shop-Projekt endlich abzuschließen, und zwar vor Beginn der nächsten Bienensaison.

Eine Freundin hatte mir eine Jobbörse im Internet empfohlen. »Das ist ganz toll. Da hab ich schon für alle möglichen Tätigkeiten die richtigen Leute gefunden!«, hatte sie geschwärmt. Noch am selben Abend hatte ich die Einträge durchforstet und war dabei auf das Angebot »Online-Shop-Programmierung, schnell und günstig« gestoßen. Das war genau das, wonach ich gesucht hatte! Und dann kam der Anbieter auch noch aus Hamburg. Es passte perfekt. Die vielen positiven Bewertungen des Inserenten durch frühere Kunden ermutigten mich, zum Hörer zu greifen.

»Hallo Herr Kummkar, ich benötige einen Internet-Shop

für meine Imkerei«, erklärte ich am Telefon. »Ich hab zwar in einer Internet-Firma gearbeitet, aber von Programmierung hab ich …«

»Kein Ding. Der Test-Shop ist bis heute Abend fertig«, fiel mir Herr Kummkar nuschelnd ins Wort. Seine Stimme klang jung, aber gleichzeitig rau.

»Wie bitte? Geht das so schnell?« Ich war verblüfft.

»Klar.« Herr Kummkar hustete kurz. »Ich seh ja, wie Ihre Site aussieht, und dann spiegel ich«, fügte er hinzu, als wäre es das Selbstverständlichste von der Welt.

»Müssen wir uns denn nicht mal treffen, damit ich Ihnen meine Vorstellungen mitteilen kann?«

»Nö«, sagte Herr Kummkar.

»Aha«, gab ich etwas verwirrt zurück. »Und was wird das … dann kosten?«

»250 Euro«, kam es aus der Leitung.

»Okay …«, sagte ich und versuchte das Wort so lange wie möglich zu dehnen. »Dann würde ich sagen: Ich freue mich auf die Zusammenarbeit und …«

»Ist gut«, murmelte Herr Kummkar und legte auf.

Glücklich berichtete ich meinem Mann von meinem erfolgreichen Telefonat.

»Heute Abend kann ich den ersten Entwurf für den Flügelchen-Online-Shop sehen! Jetzt geht's endlich los!«

»Und du meinst, das ist seriös? Bei dem Preis und der Geschwindigkeit?« Jons Stirn legte sich in Falten.

»Wieso denn nicht?«, wischte ich seine Vorbehalte beiseite und fügte hinzu: »Das ist bestimmt so einer, der nur vor dem Rechner sitzt. So 'n Computer-Freak. Solche Leute sind halt schnell …«

Am Abend war tatsächlich eine Nachricht von Marco Kummkar in meinem Postfach.

»Das wird was!«, triumphierte ich.

Hier, Shop, bitte Feedback, stand in der Betreffzeile seiner Mail. Mehr nicht. Ich klickte auf den Link. Von der Optik meiner Flügelchen-Website war zwar nicht viel zu entdecken, aber immerhin konnte ich Produkte in den Warenkorb legen und – nein, der Kaufprozess schien noch nicht ganz …

»Ah, ja …«, kommentierte Jon die Seite und ging in die Küche, um das Abendessen zu machen.

»Was heißt hier ›Ah, ja‹?«, rief ich ihm hinterher. »Das ist doch nur der Prototyp!«

Erst am nächsten Morgen testete ich alle Funktionen. Das Ergebnis war nicht so erbaulich. Ich fasste zusammen:

Lieber Herr Kummkar,
vielen Dank für die Mail mit dem Test-Link. Anbei einige Punkte, die mir zur Website aufgefallen sind.
Bitte verändern:
– Die Produktfotos sind total verzerrt.
– Die knallgrüne Farbe des Shops passt nicht zum restlichen Look meiner Site. Bitte angleichen.
– Gabun, Kongo oder Usbekistan sind nicht meine Liefergebiete. Voreinstellung muss Deutschland sein!
– Bilder vom Surfer raus! Was hat das mit einer Imkerei zu tun?
– Der Absender muss »Honigmanufaktur Flügelchen« anstelle »Agnes FIXgel« lauten.
– Wenn man auf »Checkout« klickt, wird die Seite nicht gefunden.
Wenn diese Sachen angepasst sind, sind wir schon einen großen Schritt weiter. Bitte bestätigen Sie mir den Eingang dieser Mail und nennen Sie mir ein verbindliches Datum,

bis wann die Änderungen erfolgen. Mein Wunsch wäre der 20. Januar, damit wir zügig zu einem Ergebnis kommen.

Viele Grüße, Agnes Flügel

Vier Tage später antwortete Marco Kummkar kurz und bündig: *Angekommen Werde bearbeitet Entschuldigung für den verzug!*

»Kummkaaar«, bellte eine weibliche Stimme in den Apparat. Im Hintergrund lief offenbar der Fernseher.

»Guten Tag, Flügel von der Honigmanufaktur Flügelchen. Kann ich Herrn Kummkar bitte sprechen?«

»Wen wollen Se sprechen?«, bellte die Stimme.

»Marco Kummkar. Ist er da?«, antwortete ich freundlich. »Moment!« Die Besitzerin der Stimme knallte den Hörer neben das Telefon und entfernte sich. »Maaaco! Maaaco!«, konnte ich aus der Tiefe einer Wohnung hören. Türen klappten. »Maaco?« Dann kamen die Schritte wieder zurück. »Nee«, sagte die Stimme. »Der Marco is Fanta kaufen.«

Stille.

»Ach so, klar, Fanta kaufen …«, wiederholte ich mechanisch, um Zeit zu gewinnen. »Dann sagen Sie ihm doch bitte, er möge mich zurückrufen. Die Nummer hat er.«

»Mach ick«, sagte die Stimme und knallte grußlos den Hörer auf.

Marco Kummkar rief nicht zurück. Nicht am selben, nicht am nächsten und auch nicht am übernächsten Tag.

»Mit dem stimmt was nicht«, konstatierte Jon, als ich ihm geknickt davon erzählte. »Hast du diesen Mann eigentlich mal gegoogelt?«

»Ja klar, was denkst du denn?«, erwiderte ich ein bisschen zu schnell. Und ein bisschen zu laut.

Hier Finden Sie Links und Informationen zu Marco Kummkar seinen Unternehmungen, stand in rosafarbener Schrift auf der Seite.

Jon schaut mich ungläubig an. Dann klickte er auf einen der Links. Dort war zu lesen: *Mein name ist Marco Kummkar schon früh begon ich mich mit pc hard und software zu befassen und bin mitlerweile zu einer der grössten kompetenzen auf dem pc sector geworden.*

Schweigend starrten wir eine Weile auf den Schirm.

»Gut«, murmelte Jon vor sich hin und nickte. »Der wird deinen Shop also schon mal nicht bauen …«

»Frau Flügel, nehmen Sie bloß Ihre Wäsche von der Leine!« Frau Olschewski wedelte mir mit einem weißen Bettlaken vor der Nase herum. Ich warf einen Blick zu der zwischen Birke und Apfelbaum gespannten Leine, auf der meine Buntwäsche flatterte.

»Wieso?«, fragte ich nach. »Was ist denn mit Ihrem Laken passiert?«

Meine Nachbarin zog ein Gesicht, als hätte ich übersehen, dass das Tuch in ihren Armen in Flammen stand: »Da sind überall braune Flecke drauf!« Sie hielt mir den Stoff entgegen. »Dabei habe ich die Wäsche grad erst aufgehängt!«, fügte sie hinzu.

Ich griff nach meiner Brille. Tatsächlich – das Laken sah nicht gerade aus, als käme es frisch aus der Maschine.

»Ach, du grüne …«, entfuhr es mir. »Das tut mir aber wirklich leid!«

Frau Olschewski zog die Stirn kraus: »Aber da können Sie doch nix dafür, Frau Flügel!«

»Vielleicht kommen Sie erst mal herein«, bat ich die Nachbarin. »Sie müssen ja nicht im Wind stehen.«

Die Seniorin stampfte mit ihren Gummistiefeln ein paar Mal auf die Fußmatte und trat ins Haus.

»Tja«, sagte ich verlegen, »ich fürchte, das waren meine Bienen ...«

Heute war der erste sonnige Tag des Jahres – und damit die erste Gelegenheit, die Wäsche draußen aufzuhängen. Es war zwar noch immer kalt, aber strahlend schön gewesen, als ich den Wäschekorb heute Vormittag über die bereifte Wiese getragen hatte. Ein Hauch von Vorfrühling lag bereits in der Luft. Dass meine Bienen genau diesen Tag gewissermaßen auch für ihre »Wäsche« nutzen würden, hätte ich eigentlich wissen sollen. Bernie hatte es mir, wie es so seine Art war, schon im letzten Sommer in Gedichtform vorgetragen:

»Würdest den ganzen Winter Du nur fressen
Und gingest niemals raus – aufs Klo
Wärst Du aufs Scheißhaus ganz versessen
Den Bienen geht es ebenso!«

Frau Olschewski sah ungläubig auf die kleinen braunen Flecken auf ihrem Laken.

»Die Bienen haben heute nach dem langen Winter einen Reinigungsflug gemacht«, erklärte ich. »Dann fliegen sie mit Vorliebe helle Flächen an und ...«

Unverwandt starrte mich meine Nachbarin an, dann zog ein Grinsen auf ihr Gesicht: »Sie meinen, die haben meine Wäsche ... angeschi...?«

Ich musste lachen. »So könnte man es sagen.«

»Ach du liebes bisschen!« Frau Olschewski kicherte heftig und besah sich nochmals die besprenkelte Fläche. »Nur gut, dass nix auf den Unterbüxen gelandet ist!«

Der Blick auf die Wiese war wunderschön: Schneeglöckchen, gelbe Winterlinge und purpurne Krokusse hatten in den letzten Tagen ihre Köpfe aus der Erde gehoben. Jon und ich saßen dick eingemummelt im Strandkorb.

»Ist das herrlich!«, sagte mein Mann wohlig. »Dieser Winter war einfach zu lang.«

Ich tunkte einen Keks in meinen Milchkaffee und kuschelte mich an seine Schulter.

»Sieh mal, wie viele Bienen diesen alten Blumenkübel anfliegen.« Ich zeigte in die Richtung. Jon hielt die Hand vor die Stirn und blinzelte gegen die Sonne.

»Was machen die denn da?«

»Die bringen Wasser in den Stock.«

»Ja, klar.« Mein Mann tat betont verständig. »Deswegen haben sie auch alle diese kleinen Eimer dabei, oder?«

Ich knuffte ihn in die Seite. Das Wasser wurde im Stock dringend benötigt, um daraus zusammen mit Honig und Blütenpollen den Futterteig für die Nachkommen anzumischen. In diesen Tagen hatten die Königinnen bereits die ersten Eier gelegt, nun schlüpften kleine Bienenmaden und wollten von den Arbeiterinnen gefüttert werden. Sollte ich meinem Mann das jetzt tatsächlich alles erklären?

»Das Wasser nehmen sie in ihrer Honigblase auf und …«, begann ich zu dozieren. Aus Jons Richtung kam ein leises, durchgehendes Geräusch. Sein Kopf war leicht zur Seite geneigt. »Also wirklich! …«

Ich war drauf und dran, ihn empört wachzurütteln. Aber eigentlich hatte er ja recht: Konnte es einen schöneren Moment für ein kleines Nickerchen geben?

»So, hier müssten wir zum Beispiel mal klar Schiff machen.«
Mit diesen Worten führte ich Herrn Nielsen in meine Honigküche.

Der kräftige Herr mit dem rötlichen Haarkranz schob seine kleine Brille auf die Nasenspitze und sah sich um: Oben
auf den Regalen stapelten sich leere Rähmchen und Kartons
mit Etiketten, auf der anderen Längsseite lagerten die Rest-
bestände meiner Vorjahresproduktion.

»Aha«, murmelte Herr Nielsen und durchschritt die wenigen Meter meines Arbeitsraumes so, als ob er gerade eine
Militärparade abnahm. »Das sind jetzt die verschiedenen
Sorten?« Er zeigte auf die kreuz und quer stehenden Kartons
auf der linken Wandseite.

»Genau«, bestätigte ich. »Hier ist Vanille und … ach,
nee …« Ich zog einen Behälter aus dem Regal: Er enthielt
eine bunte Mischung aus kleinen und großen Gläsern, einige
waren nicht etikettiert.

»Frau Flügel«, verkündete Herr Nielsen und reckte sich,
»das lassen Sie mal meine Sorge sein!«

Es war ungefähr drei Wochen her, dass ich im Eckernförder Biomarkt einen Zettel ans Schwarze Brett gehängt hatte:
*Suche flexible & mobile Hilfskraft für meine Honigküche! Wenn Sie
sich für Bienen, Natur und Honig interessieren und handwerklich
begabt sind, ist dies Ihr neuer Mini-Job!*

Die ersten zwei Tage war gar nichts passiert. Dann hatten
direkt nacheinander Jennifer und Carmen angerufen. Beide
gingen noch zur Schule und hatten offenbar große Lust,
»etwas dazuzuverdienen«. Zum ersten Kennenlernen allerdings war Jennifer gar nicht und Carmen zwei Stunden zu
spät erschienen. »Oh, echt? Isses schon vier jetzt?«, war alles, was sie zur Entschuldigung vorgebracht hatte. Als ich
ihr draußen die Bienenstöcke zeigen wollte und eine Hum-

mel knapp an ihrem Kopf vorbeieierte, flüchtete sie ins Haus.

»Ist halt 'n Job für stählerne Nerven«, hatte Jon am selben Abend beim Essen resümiert. »Das kann nicht jeder.«

Erst zwei Wochen später hatte sich Herr Nielsen gemeldet – nun stand er gut gelaunt und auf den Fersen wippend in meiner Honigküche. Der Mann platzte förmlich vor Tatkraft. Was für ein Glücksfall!

»Sind das die Entwicklungsstadien der Biene?«, fragte mein Besucher. Er hatte seine Arme hinter dem Rücken verschränkt und studierte das große Plakat an der Stirnwand des Raumes.

»Ganz genau«, bestätigte ich. »Die Arbeitsbiene durchläuft in ihrem kurzen Leben mehrere Aufgabengebiete.« Ich tippte auf den oberen Teil des Bildes und fuhr fort: »Brut wärmen, Fütterung der Maden, Stock putzen, Nektar- und Pollenverarbeitung …«

»Moment mal«, sagte Herr Nielsen erstaunt. »Ist das zeitlich alles so genau festgelegt? Hier bei ›Bau von Wabenzellen‹ steht ja zwölfter bis achtzehnter Tag?« Ich nickte.

»Das ist die klassische Laufbahn«, erklärte ich, »aber die kann je nach Anforderung im Stock auch komplett umgekrempelt werden.« Herr Nielsen reckte das Kinn vor, um die Abbildungen genauer zu studieren.

»Oha«, rief er aus, »und nach 40 Tagen ist schon Schluss mit dem schönen Bienenleben?«

»Tja«, entgegnete ich lächelnd und hob die Schultern. »Alles hat ein Ende …«

»Nur die Wurst hat zwei!«, ergänzte Herr Nielsen grinsend. Er krempelte seine Ärmel hoch: »Na, Frau Flügel – dann wollen wir mal!«

Es gab in diesem Jahr keinen Raps in meiner unmittelbaren Nähe, daher hatte ich mich schon im Winter auf den umliegenden Gutshöfen umgehört und einen Landwirt gefunden, der Bienen mochte und Raps anbaute. Jetzt, Ende April, sollten meine Majas für die Dauer der Blüte dorthin umziehen.

»Den Anhänger leih ich aus«, hatte ich am Vorabend der Aktion am Telefon zu Bernie gesagt. »Sobald die Tierchen morgen Abend drin sind, verstopf ich die Fluglöcher. Wenn du gegen 19.30 Uhr kommst, können wir loslegen.«

»So machen wir dat, mien Deern«, hatte Bernie zugestimmt und aufgelegt.

Pünktlich wie ein Dachdecker war er in seinem silbernen Wagen zur verabredeten Zeit aufgetaucht. Ich hatte noch mal kontrolliert, ob die Schaumstoffstreifen in den Fluglöchern festsaßen und sich nirgendwo eine Biene durchquetschen konnte. Dann hatten wir begonnen, die Beuten zusammenzubinden, damit sie auf der Fahrt zum Feld auf keinen Fall durch Schlaglöcher oder Unebenheiten auseinanderfallen konnten. Ich konnte gut darauf verzichten, vor zehn wild gewordenen Bienenvölkern flüchten zu müssen. Als wir alles auf den Hänger geladen hatten, fuhren wir im Schneckentempo zu dem sechs Kilometer entfernt gelegenen Gutshof. Bei jeder kleinen Unebenheit zuckte ich innerlich zusammen und blickte ängstlich in den Rückspiegel. Die Kästen schwankten gefährlich, aber alles ging gut. Wohlbehalten luden wir die Bienen am Rapsfeld ab.

»Hoffentlich kommt bald Regen«, sagte Bernie mit besorgtem Blick zum Himmel. »Wenn das so weitergeht, wird's dieses Frühjahr nich viel Honig geben.«

Erschöpft saßen wir auf der Ladefläche des Anhängers nebeneinander. Vor uns erstreckte sich ein riesiges Feld. Einzelne Blüten hatten sich bereits geöffnet und verliehen der Fläche im Abendlicht einen zartgelben Schimmer. In einiger Entfernung sah ich zwei Hasen in einer Treckerspur sitzen. Lerchen zwitscherten.

»Mmh«, stimmte ich Bernie zu. »Regen wäre gut.«

Er nahm einen Schluck aus seiner Mineralwasserflasche und ließ den Blick über den Raps schweifen. Ich schaute ihn von der Seite an und realisierte plötzlich, dass er im letzten Jahr klappriger geworden war. Trotzdem hatte er es sich nicht nehmen lassen, mir beim Umstellen meiner Bienenvölker zu helfen.

»Ich glaub dieses Jahr noch, und dann is Schluss für mich mit den Bienen«, hörte ich Bernie neben mir sagen. Überrascht blickte ich ihn an. Mein Imkervater schaute auf seine Schuhe. Tiefe Falten durchzogen sein Gesicht.

»Aber Bernie«, stotterte ich, »was soll ich denn ohne …« Weiter kam ich nicht.

»Na, na«, murmelte er, ohne aufzusehen. »Du wirst schon zurechtkommen … tust du doch jetzt schon.« Ich wollte das nicht hören. Irgendetwas schnürte mir die Kehle zu. Ich schluckte.

»Aber deine Bienen!«, flüsterte ich. »Die … die brauchen dich doch auch!« Bernie drehte sich zu mir.

»Mien Deern«, lächelte er müde, »die sind doch bei dir gut aufgehoben.« Er legte seine Hand auf meine Schulter: »Oder etwa nicht?« Ich konnte nichts sagen. Ich nickte und biss mir auf die Lippe. Bernie hob den Kopf und sah zum Horizont. »Dat geit alles weiter … alles immer weiter.«

Verschwommen blickte ich auf das Feld. Irgendwo da hinten ging die Sonne unter. Es sah wunderschön aus.

Als wir vor einem Jahr hierher gezogen sind, waren die Blüten der Apfelbäume schon weiter, überlegte ich, während ich in der Morgensonne auf der Bank vorm Haus saß und meinen Milchkaffee trank. Mir fiel der Tag unseres Umzugs wieder ein. Damals hatte ich zum ersten Mal auf dieser Bank gesessen. Mir war, als wäre seitdem eine Ewigkeit vergangen, aber gleichzeitig hatte ich das Gefühl, als hätte ich die letzten zwölf Monate im Zeitraffer erlebt.

Was stand noch mal auf dem Zettel, der am Silvesterabend aus meinem Knallbonbon geflogen war? Ich ging ins Wohnzimmer und kramte in der Schale auf dem Tisch: *Strebe nicht an, was Du meinst erreichen zu können, sondern das, was Du wirklich willst.*

Ich nahm den Zettel mit und setzte mich wieder auf meine Bank. Pauli und Michel strichen um meine Beine. Damals wusste ich nicht, ob es richtig oder falsch war, hierher zu ziehen, dachte ich und betrachtete den unscheinbaren Zettel in meiner Hand, aber jetzt, jetzt weiß ich es: Es war richtig, weil ich genau das getan habe, was ich wirklich wollte.

Glossar

ABLEGER (S. 30, 56, 125, 180) Mittels eines Ablegers kann man aus einem Volk zwei machen. Dazu entnimmt man einem Volk Brutwaben, Leerwaben und Mittelwände sowie eine Königin bzw. eine Weiselzelle und setzt alles in einen neuen Stock.

ABSPERRGITTER (S. 40–42) Gitter aus Kunststoff oder Metall, dessen Öffnungen so klein sind, dass nur Arbeiterinnen, nicht aber Drohnen oder die Königin sie passieren können. Trennt den Brut- vom Honigraum.

AMEISENSÄURE (S. 165, 218) Organische Säure, wird zur Bekämpfung der Varroamilbe eingesetzt.

ARBEITERIN (S. 41, 47, 217, 241 f., 291) Stellen den größten Anteil im Staat und bilden neben den Drohnen (männlich) und der Königin (weiblich und fruchtbar) die dritte Kaste.

BESTÄUBUNG (S. 63, 79 f., 201) Übertragung des Pollens mit den darin befindlichen Spermazellen auf die empfänglichen weiblichen Blütenteile.

BEUTE (S. 294) Eine Beute ist die künstliche Behausung der Bienen. Es gibt unterschiedliche Arten der Beute. Früher wurden ausgehöhlte Baumstämme und Bienenkörbe aus Stroh (siehe Strohstülper) benutzt. Heute sind Magazinbeuten üblich, die aus einer oder mehreren Zargen zusammengesetzt werden.

BIENENFLUCHT (S. 95 f.) Eine Bienenflucht ist eine Art Schleuse, die zwischen Brut- und Honigraum gelegt wird. Die Bienen können die Schleuse nur in eine Richtung, vom Honigraum in den Brutraum, passieren. Nach zwölf bis 24 Stunden, haben die meisten Bienen den Honigraum verlassen und der Honig lässt sich leichter ernten.

BUCKFAST (S. 71, 75 f.) Circa 100 Jahre alte Zuchtrasse der Westlichen Honigbiene (Apis mellifera).

CARNICA (S. 74 ff.) Natürlich entstandene Rasse (Unterart) der Westlichen Honigbiene (Apis mellifera).

DROHN, DROHNE (S. 47, 149 f., 217, 242) Vertreter der männlichen Kaste des Bienenvolks. Ist ohne Stachel, hat keine Sammelaufgabe, kommt nur im Frühling und Sommer vor.

DROHNENMÜTTERCHEN (S. 241 f.) Arbeiterin, die aufgrund von Störungen im Volk beginnt (wenn z. B. keine Königin mehr vorhanden ist), selbst Eier zu legen.

DROHNENSCHLACHT (S. 207, 217) Vertreibung der Drohnen aus dem Stock gegen Ende des Sommers.

FAULBRUT (S. 218) Unterschieden werden die eher harmlose Europäische und die gefährliche Amerikanische Faulbrut. Letztere ist eine durchgehend tödlich verlaufende Erkrankung der älteren Bienenbrut (Streckmaden) in der bereits mit einem Wachsdeckel verschlossenen Brutzelle.

FLUGLOCH (S. 117, 119, 126, 148, 160, 188 f., 215, 281, 294) Ein- und Ausflugöffnung des Stocks, an einer der Seiten knapp über dem Boden gelegen.

FUTTERWABE (S. 238, 263) Mit Honig oder Winterfutter gefüllte Wabe.

GELEE ROYALE (S. 29, 277) Auch Weiselfuttersaft genannt. Gemisch aus den Sekreten der Futtersaftdrüse und der Oberkieferdrüse der Arbeiterinnen. Wird eine Larve bis zum Zeitpunkt der Verdeckelung ihrer Zelle mit diesem Weiselfuttersaft gefüttert, schlüpft sie als Königin.

HONIGWABE (S. 40 f., 95) Mit Honig gefüllte Wabe.

KÖNIGIN (S. 29 f., 40, 47, 120 ff., 148 ff., 217, 241 f., 263, 291) Einziges fruchtbares Weibchen im Bienenstaat, deutlich größer als die Arbeiterinnen. Besitzt eine Lebensdauer von bis zu vier Jahren und sorgt für die gesamte Nachkommenschaft des Volks. Durch Abgabe bestimmter Duftstoffe sichert sie außerdem den Zusammenhalt des Volkes und hemmt die Eibildung bei den Arbeiterinnen.

LARVE (S. 217) Auch Made. Zweites Entwicklungsstadium der späteren Biene (Ei, Larve, Puppe, Insekt).

MADE (S. 29, 291, 293) Siehe Larve.

MITTELWAND (S. 41, 45 f., 125, 165, 276, 278) Platte aus Bienenwachs mit sechseckiger Zellprägung, auf der die Bienen die Zellen leichter zu einer Bienenwabe aufbauen können. So wird der Wabenbau beschleunigt und die Wabe lässt sich leichter ausschleudern. Ein Fertighaus zum Selbstausbau.

NEKTAR (S. 22, 29, 40, 83 f., 90, 93 f., 98 f., 159, 164, 182, 210, 216, 293) Zuckerhaltige Flüssigkeit aus besonderen Drüsen der Blüte. Ausgangsmaterial für Blütenhonig.

OXALSÄURE (S. 165, 218) Wirkstoff zur Bekämpfung der Varroamilbe.

PHEROMONE (S. 96) Hormonähnliche Duftstoffe, steuern diverse Abläufe und Verhaltensweisen im Bienenvolk.

POLLEN (S. 84, 128, 166 ff., 212, 291, 293) Blütenstaub, Eiweißnahrung des Bienenvolks.

POLLENHÖSCHEN Blütenstaub, den die Bienen in speziellen »Körbchen« an ihren Hinterbeinen sammeln, um ihn in den Stock zu tragen.

PROPOLIS (S. 44) Kittähnliche, aus gesammelten Baumharzen hergestellte Bausubstanz. Wird zum Verschließen von Ritzen und Spalten im Stock verwendet und wegen seiner vielfältigen Inhaltsstoffe auch in der alternativen Medizin verwendet.

RÄHMCHEN (S. 41, 44 ff., 292) Rahmen aus Holzleisten, mit Mittelwänden (Wachsplatten) versehen, auf denen die Bienen wiederum Futter- oder Brutwaben bauen. Einzelne

Rähmchen können entnommen, begutachtet und bei Bedarf ausgetauscht werden.

RÄUBEREI (S. 207, 215, 218) Gelegentlich auftretendes kollektives Verhalten von Bienenvölkern in trachtarmen Zeiten, also Zeiten, in denen die Bienen nicht genügend Blüten zu ihrer Versorgung finden. Dabei werden schwächere Völker von stärkeren mit der Absicht überfallen, deren Honigvorräte zu »rauben«.

REFRAKTOMETER (S. 94, 127) Optische Messeinrichtung zur Bestimmung des Brechungsindex von flüssigen oder festen, transparenten Stoffen. Beim Imkern zur Ermittlung des Wasser- bzw. Zuckergehalts des Honigs eingesetzt.

REINIGUNGSFLUG (S. 290) Erster Ausflug der Bienen nach der Winterpause bei Temperaturen über zwölf Grad. Dabei entleeren die Bienen ihre Kotblase, die sich über den Winter gefüllt hat.

RUNDTANZ (S. 181) Einfachstes Element der Bienentanzsprache. Die tanzende Biene zeigt damit eine Futterquelle in bis zu 100 Metern Entfernung vom Stock an.

SCHLEUDER, SCHLEUDERN (S. 40f., 63, 70, 89ff., 97, 99, 125, 127, 213, 232) Einer Waschtrommel ähnelnder, vertikal stehender Zylinder, in dem die mit Honig gefüllten Waben mittels schneller Drehung und der daraus resultierenden Zentrifugalkraft ausgeschleudert werden. Der Honig trifft auf die Innenseite der Außenwand, läuft an ihr herunter und sammelt sich am Boden der Schleuder. Von dort wird er durch ein Ventil abgelassen.

SCHWÄNZELTANZ (S. 30, 148, 181) Komplexer Teil der Bienentanzsprache. Zeigt weiter entfernte Futterquellen sowie ihre ungefähre geografische Lage im Verhältnis zum Stock an.

SCHWÄRMEN (S. 125) Der natürliche Vermehrungsprozess eines Bienenvolks. Er bedeutet, dass ein Volk sich teilt und ein Teil der Bienen, ein Schwarm also, mit der Königin den Bienenstock verlässt. Der andere Teil verbleibt mit einer frisch geschlüpften Königin im ursprünglichen Stock. Die ausgeflogenen Bienen sammeln sich nicht weit von der alten Behausung in einer Schwarmtraube. Wenn die Späherbienen ein neues Heim entdeckt haben, folgt ihnen der Rest des Schwarms dorthin. Ein Bienenschwarm ist etwas ganz Natürliches. Trotzdem möchten die meisten Imker das Ausschwärmen ihrer Bienen verhindern, denn zum einen hören Bienen in Schwarmstimmung auf, Honig zu sammeln. Außerdem nehmen sie einen Teil des Honigvorrats als Wegzehrung mit und der Imker erleidet dadurch einen Verlust, sowohl an Bienen als auch an Honig.

SCHWARMZELLE (S. 125, 181) Weiselzelle, die zur Schwarmzeit angelegt wird, meist am Rand eines Rähmchens. Zeigt dem Imker die Schwarmbereitschaft eines Volks an. Aus dieser Zelle soll die Nachfolgerin der mit einem Teil des Volks ausschwärmenden Königin schlüpfen.

SMOKER (S. 42, 76, 95, 183 f., 218) Metallenes Henkelgefäß, in dem Holzspäne rauchend verbrannt werden. Der Rauch kann mittels einer Art Blasebalg aus dem Smoker in eine bestimmte Richtung geblasen werden. Wirkt auf die Bienen beruhigend.

STOCKMEISSEL (S. 43 f., 49, 76) Allroundwerkzeug des Imkers, löst z. B. durch Propolis verklebte Rähmchen aus dem Stock.

STROHSTÜLPER Traditioneller Bienenkorb aus Strohgeflecht.

TANZSPRACHE (S. 181) Verschiedene Tänze, die zurückkehrende Sammelbienen im Stock aufführen, um weiteren Sammelbienen Futterquellen anzuzeigen. Im Jahr 1923 von Karl von Frisch entdeckt, der dafür den Nobelpreis erhielt.

TRACHT (S. 83 f., 140) Sammelbegriff für Pollen und Nektar, abhängig von der Jahreszeit, also z. B. Obstblütentracht, Sommertracht, Rapstracht usw.

TRAUBE, BIENENTRAUBE, WINTERTRAUBE (S. 119, 121 f., 262) Vom gesamten Bienenvolk eingenommene Überwinterungsposition in Form einer dichten Traube, um bei möglichst geringem Energieaufwand die überlebensnotwendige Mindesttemperatur aufrechtzuerhalten.

WANDERN (S. 169) Ein Imker »wandert« mit seinen Völkern, wenn er mit seinen Bienen dahin fährt, wo er eine gute Trachtquelle findet, z. B. Raps, Klee oder Lindenblüten.

WEISELZELLE (S. 29 f., 47, 120) Zelle, in der eine Königin heranwächst. Größer als normale Brut- oder Futterzellen.

VARROA, VARROAMILBE (S. 165, 217, 245) Circa 1,5 Millimeter große Milbe, gefährlicher Bienenparasit mit hoher Vermehrungsrate. Die Milbe befällt sowohl die Brut als auch die erwachsene Biene und beißt sich ähnlich einem Blutegel fest. 1977 aus Asien nach Europa eingeschleppt.

ZARGE (S. 40 ff., 73, 95, 184 f., 216, 238 f.) Eine Zarge ist ein Element eines Bienenstocks. Je nach Platzbedarf der Bienen und ihres Honigs können mehrere quadratische Zargen aufeinandergestapelt werden. Es gibt ganz unterschiedliche Modelle an Zargen. Sie haben unterschiedliche Formate und sind entweder aus Holz oder (aus Gewichtsgründen) aus FCKW-freiem, recycelbarem Styropor. Damit der Bienenstock komplett wird, werden die Zargen durch ein Bodenelement und einen Deckel ergänzt. In der Zarge befinden sich die Rähmchen mit den Bienenwachswaben, die einzeln entnommen werden können.

Danksagung

Ohne Bernie wäre das alles nicht geschehen. Ich danke ihm, dass er mir die fantastische Welt der Bienen nahegebracht hat.

Eine innige Umarmung an meinen Mann Jon Flemming Olsen für seine klugen Hinweise bei der Entstehung des Buches. Ihm möchte ich sagen: »Vielen Dank für deinen Mut, deine Unterstützung und auch für deine Liebe. Ohne all das wäre die Erfüllung meiner ›Wunschliste‹ nicht möglich gewesen.«

Ich danke meiner Freundin Sabine (Helga) Kolmar, die mir zur Seite gestanden hat, als es dringend notwendig war. Ihr rufe ich ein fröhliches »Frau Flügel ist wieder da« zu.

Ein Spezialdank an Sarah Wiener – die sich ohne zu zögern bereit erklärt hat, das Vorwort zu diesem Buch beizusteuern.

Großen Dank an Gila Keplin von der Literarischen Agentur Simon – für ihre gut gelaunte und konstruktive Unterstützung sowie an Andrea Kunstmann vom Ludwig-Verlag – die die Idee zu diesem Buch hatte.

Außerdem danke ich meinen Eltern Gisela und Prof. Dr. Hansjürgen Flügel, der Lektorin Anja Freckmann, Diana von Webel, Eckhard (Ecki) Voß, meiner Schwester Carola Flügel, meinen Schwiegereltern Traute und Olaf Olsen und den Imkeroriginalen Hotte und Heini. Posthum möchte ich noch meinem Großvater Dr. Paul Gross und vor allem meiner Großmutter Johanna Gross danken, die immer als »guter Geist« über mir schwebt.

Dieses Buch will kein Lehrbuch sein und ich konnte bei Weitem nicht alles berücksichtigen, was das Thema Bienen zu bieten hat. Ich würde mich aber freuen, wenn es Lust auf »mehr« machen würde und dazu anregt, unsere Umwelt bienenfreundlicher zu gestalten. Auch wenn es in einigen meiner Geschichten so wirken könnte: Bienen sind weder aggressiv noch stechlustig. Trotz der vielen Bienenstöcke auf unserem Grundstück sind weder wir noch unsere Gäste »einfach so« gestochen worden.

Sehr empfehlen möchte ich die CD »Der Bien: Superorganismus Honigbiene« von Professor Jürgen Tautz von der Universität Würzburg. Diese CD hat mir so manche Honigabfüllstunde unterhaltsam und spannend versüßt.